Springer-Lehrbuch

Univ.-Prof. Dr. Wolfram Schiffmann
FernUniversität Hagen
Technische Informatik I, Rechnerarchitektur
Universitätsstr. 1
58097 Hagen
Wolfram.Schiffmann@FernUni-Hagen.de

Dipl.-Phys. Robert Schmitz
Universität Koblenz-Landau
Institut für Physik
Universitätsstr. 1
56070 Koblenz
schmitz@uni-koblenz.de

Dipl.-Informatiker Jürgen Weiland
Lessingstr. 45
45772 Marl
juergen@weiland.as

ISBN 3-540-20793-7 3. Aufl. Springer-Verlag Berlin Heidelberg New York
ISBN 3-540-42171-8 2. Aufl. Springer-Verlag Berlin Heidelberg New York

Bibliografische Information der Deutschen Bibliothek
Die Deutsche Bibliothek verzeichnet diese Publikation in der Deutschen Nationalbibliografie; detaillierte bibliografische Daten sind im Internet über http://dnb.ddb.de abrufbar.

Springer-Verlag ist ein Unternehmen von Springer Science+Business Media

springer.de

Umschlaggestaltung: design & production, Heidelberg
Satz: Digitale Druckvorlage der Autoren

Gedruckt auf säurefreiem Papier 07/3020/M - 5 4 3 2 1 0

Vorwort zur dritten Auflage

Dieses Übungsbuch zur Technischen Informatik entstand aus Lehrveranstaltungen, die wir seit mehreren Jahren an den Universitäten Hagen und Koblenz für Informatikstudenten anbieten. Die positive Resonanz auf die beiden Lehrbücher, die unter dem gleichen Titel nun bereits in mehreren Auflagen vorliegen, ermunterte uns, auch ein entsprechendes Übungsbuch zu erstellen. Die vorliegende dritte überarbeitete Auflage des Übungsbandes soll daher als Ergänzung zu den beiden Lehrbüchern *Schiffmann/Schmitz: Technische Informatik Bd. 1: Grundlagen der digitalen Elektronik* sowie *Bd. 2: Grundlagen der Computertechnik* dienen. Gegenüber der zweiten Auflage wurden im Kapitel *Computertechnik* zehn neue Aufgaben hinzugefügt.

Neben das theoretische Studium sollten Übungen treten, um einerseits die praktische Anwendung der Theorie zu verdeutlichen und andererseits ihr Verständnis zu vertiefen bzw. zu festigen. Mit der vorliegenden Auswahl von Aufgaben und Lösungen haben wir versucht, diesen beiden Aspekten gerecht zu werden. Wie in den beiden Lehrbücher beschränken wir uns auch hier auf die *Grundlagen* der Technischen Informatik und schließen dabei auch die Grundlagen der Elektronik ein, obwohl diese nicht direkt zur Technischen Informatik gehören.

Digitale Informationsverarbeitung beruht auf der Darstellung von Daten durch elektrische Ströme oder Spannungen. Derart repräsentierte Daten können schnell und einfach übertragen, elektronisch verknüpft oder gespeichert werden. Die Grundlage für die Analyse dieser Vorgänge bildet also die Elektrotechnik. Wir haben uns deshalb bemüht, einige Aufgaben aus diesem Bereich zu finden, die für die Informatik von besonderem Interesse sind. Es folgen Aufgaben zu Halbleiterbauelementen und einfachen elektronischen Verknüpfungsgliedern.

Ein Schwerpunkt der Aufgaben konzentriert sich auf die Themenbereiche *Schaltnetze* und *Schaltwerke*, die die Basis aller digitalen Systeme zur Informationsverarbeitung bilden. Anhand der ausgewählten Aufgaben sollen vor allem verschiedene Methoden zur Analyse und Synthese dieser grundlegenden Funktionseinheiten von Computern eingeübt werden. Neben der Anwendung von KV–Tafeln, die eine Standardmethode zur Minimierung von Schaltfunktionen darstellen, wird auch das weniger geläufige Verfahren von Quine–McCluskey benutzt. Im Anhang findet man eine vergleichende Gegenüberstellung dieser beiden Optimierungsverfahren.

Während die meisten Aufgaben des Übungsbuchs sich auf den Band 1 der Lehrbücher beziehen, sind im letzten Kapitel die Aufgaben zur Computertechnik zusammengestellt. Ergänzend zu den Beispielen im Band 2 findet man hier weitere Aufgaben zu den Simulationsprogrammen **opw** und **ralu**, die kostenlos über die Webseite „`Technische-Informatik-Online.de`" bereitgestellt werden. Mit Hilfe dieser beiden Programme können eigene Steueralgorithmen bzw. Mikroprogramme auf einer „virtuellen" Hardware praktisch erprobt werden. Beide oben genannten Programme sind sowohl im C–Quellcode (Benutzung über eine Shell) als auch im Maschinencode für die WINDOWS–Oberfläche verfügbar. Darüber hinaus findet man auf der Webseite auch Hilfsprogramme zur Lösung der Aufgaben aus dem Bereich Zahlendarstellung und asynchroner Kommunikation.

Das Buch besteht im wesentlichen aus zwei Teilen – den Aufgabenstellungen und den Musterlösungen. Diese Zweiteilung soll den Benutzer motivieren, zunächst selbständig eine Lösung zu erarbeiten und diese später anhand der Musterlösung zu überprüfen. Die Aufgaben sind gemäß den Themen in den beiden Lehrbüchern geordnet, so dass die zugrundeliegende Theorie parallel dazu erarbeitet werden kann. Teilweise bauen die Aufgaben auch aufeinander auf, was durch Querverweise gekennzeichnet ist. Jede Aufgabe trägt außerdem eine Kurzbezeichnung, um das dort behandelte Problem möglichst prägnant zu charakterisieren.

Die Lösungen zu den Aufgaben findet man im zweiten Teil des Buches. Natürlich handelt es sich dabei nicht um *die* Standardlösungen schlechthin. Es werden aber nicht nur einfach die Endergebnisse präsentiert, sondern wir haben uns bemüht, dem Leser unseren Lösungsweg verständlich und übersichtlich darzulegen. Dadurch hat man z.B. die Möglichkeit, jederzeit die Musterlösung zu verlassen, wenn der Einstieg in eine Lösung gefunden ist. Darüberhinaus wurden häufig alternative Lösungswege angegeben.

Im Anhang werden schließlich einige Hilfsmittel beschrieben, die für die Lösung bestimmter Aufgaben nützlich sind. Dabei handelt es sich meistens um abgeleitete Formeln, die bei ihrer Anwendung einige Zusatzrechnungen ersparen können.

Wie Eingangs bereits bemerkt wurde, soll das Übungsbuch als eine Ergänzung zu den beiden Lehrbücher betrachtet werden. Da diese ausführliche Literaturhinweise zur erforderlichen Theorie enthalten, haben wir hier auf ein Literaturverzeichnis verzichtet.

Ein Sachverzeichnis am Ende des Übungsbuchs erleichtert den Zugriff auf Aufgaben und Lösungen zu bestimmten Themengebieten.

Für die Hilfe, das Buch mit dem LaTeX–Formatiersystem zu setzen, möchten wir uns besonders bei Frau Franzen bedanken. Frau Hestermann-Beyerle und Herrn Dr. Merkle vom Springer–Verlag sei für die gute und freundliche Zusammenarbeit gedankt. Weiterhin danken wir allen unseren Familienangehörigen, Freunden und Kollegen deren Zuspruch und Ermunterung uns angespornt hat. Wir danken auch Herrn Prof. Dr. H. Druxes, dass er unsere Arbeit unterstützt hat. Wir hoffen, dass dieses Buch bei vielen Studenten und Interessierten Anklang findet.

Hagen und Koblenz, im Dezember 2003

Wolfram Schiffmann
Robert Schmitz
Jürgen Weiland

Inhaltsverzeichnis

Teil I

Aufgaben

1 Grundlagen der Elektrotechnik

Aufgabe 1: Punktladungen

Gegeben sind drei Punktladungen im materiefreien Raum, die wie in Abb. A1.1 angeordnet sind.

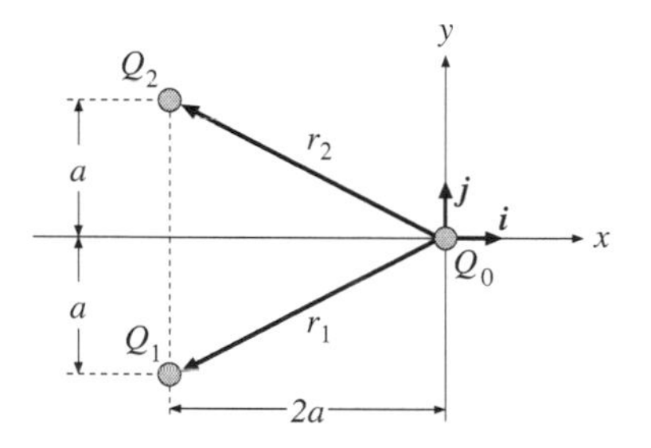

Abb. A1.1: Drei Punktladungen

Für die Ladungen und deren Abstände zu Q_0 gilt dabei:

$$|Q_0| = |Q_1| = |Q_2|\,, \quad |\boldsymbol{r}_1| = |\boldsymbol{r}_2|$$

Bestimmen Sie die Gesamtkraft, die die Ladungen Q_1 und Q_2 auf Q_0 ausüben, wenn

A.1.1: alle Ladungen positiv sind,

A.1.2: alle Ladungen negativ sind,

A.1.3: Q_1 negativ ist und Q_2 und Q_0 positiv sind.

A.1.4: Wie groß ist die elektrische Feldstärke am Ort von Q_0 für den Fall, dass Q_1 positiv und Q_2 negativ ist ?

Lösung auf Seite 69

Aufgabe 2: Elektronenstrahlröhre

Abbildung A2.1 zeigt den Aufbau einer Elektronenstrahlröhre. Die Elektronenbewegung wird auf dem Weg von der Kathode K zum Bildschirm S bezüglich Geschwindigkeit

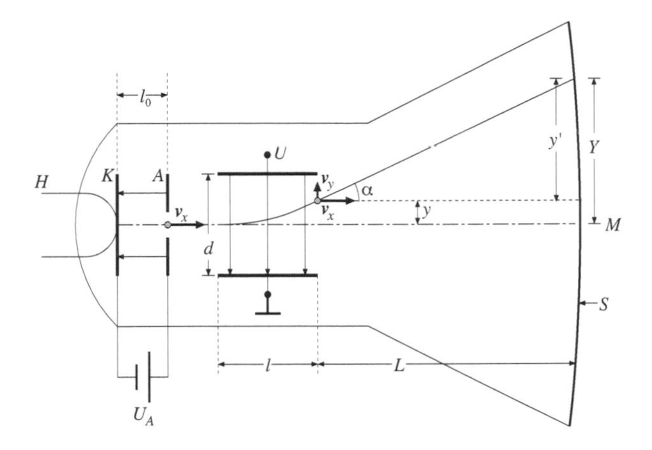

Abb. A2.1: Ablenkung eines Elektronenstrahls im elektrischen Feld (Elektronenstrahlröhre)

und Richtung beeinflusst, und zwar:

- Nach Austritt aus der Kathode nehmen die Elektronen aus dem elektrischen Feld zwischen Kathode und Anode Energie auf und werden beschleunigt.
- Im transversalen elektrischen Feld des Ablenkkondensators wird die Richtung beeinflusst, die Elektronen bewegen sich auf einer Parabelbahn (wie ein horizontal geworfener Körper im Gravitationsfeld der Erde).
- Zwischen Ablenkkondensator und Schirm bewegen sich die Elektronen geradlinig in die Richtung, die durch v_x und v_y bestimmt wird.

Es gelte:

Anodenspannung	:	$U_A = 4\,\mathrm{kV}$
Länge des Ablenkkondensator	:	$l = 2\,\mathrm{cm}$
Abstand der Platten	:	$d = 0,5\,\mathrm{cm}$
Ablenkspannung	:	$U = 250\,\mathrm{V}$
Abstand Ablenkkondensator–Bildschirm	:	$L = 20\,\mathrm{cm}$

In welchem Abstand Y vom Mittelpunkt M trifft der Elektronenstrahl auf dem Bildschirm auf ?

Hinweis: Randfeldeinflüsse des Ablenkkondensators können vernachlässigt werden. Die Elektronenladung (Elementarladung) beträgt $e_0 = 1,6 \cdot 10^{-19}\,\mathrm{C}$, die Elektronenmasse $m_0 = 9,1 \cdot 10^{-31}\,\mathrm{kg}$.

Lösung auf Seite 72

Aufgabe 3: Kapazität eines Koaxialkabels

Berechnen Sie die Kapazität eines Koaxialkabels je Längeneinheit (Ethernetleitung), dessen Innenleiter einen Durchmesser von $2\,r_i$ und dessen Außenleiter einen Durchmesser von $2\,r_a$ hat. Die Dielektrizitätszahl des Dielektrikums ist ε_r.

Lösung auf Seite 74

Aufgabe 4: Elektronenbeweglichkeit in Metallen

Liegt an den Enden eines metallischen Leiters eine Spannung, so entsteht in ihm ein elektrisches Feld, das auf die freien Leitungselektroden eine Kraft ausübt. Die freien Elektronen bewegen sich mit einer Geschwindigkeit v (Driftgeschwindigkeit) in Richtung der elektrischen Feldstärke (Abb. A4.1).

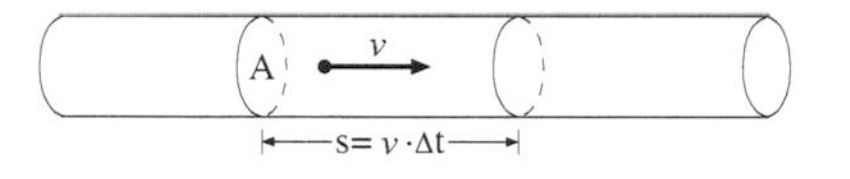

Abb. A4.1: Geschwindigkeit eines Elektrons im Metall

Durch folgende Überlegung kann die Geschwindigkeit der Elektronen in Metallen berechnet werden.

Die Anzahl, der pro Zeiteinheit durch die Querschnittsfläche A hindurch strömenden Elektronen ist:

$$Z \sim A \cdot n \cdot v$$

Dabei ist:

A : Querschnittsfläche des Leiters
n : Teilchenzahldichte der freien Elektronen pro cm^3
v : Driftgeschwindigkeit der Elektronen

Wird als Zeiteinheit Δt gewählt, dann ist die Ladungsmenge, die durch die Querschnittsfläche strömt, proportional dem Volumen:

$$V = A \cdot s = A \cdot v \cdot \Delta t$$

d.h.

$$\Delta Q - n \cdot e_0 \cdot A \cdot v \cdot \Delta t$$

mit

$$\begin{aligned} I &= \frac{\mathrm{d}Q}{\mathrm{d}t} \\ &= \lim_{\Delta t \to 0} \frac{n \cdot e_0 \cdot A \cdot v \cdot \Delta t}{\Delta t} \\ &= n \cdot e_0 \cdot A \cdot v \\ \Leftrightarrow v &= \frac{I}{n \cdot e_0 \cdot A} \end{aligned}$$

Mit dem Ohmschen Gesetz $I = \frac{U}{R}$ und $R = \varrho \frac{l}{A}$ folgt für den Betrag der Geschwindigkeit:

$$v = \frac{U}{l \cdot \varrho \cdot n \cdot e_0}$$

Da U/l die Feldstärke ist, gilt

$$\begin{aligned} v &= E \cdot \frac{1}{\varrho \cdot n \cdot e_0} \\ &= E \cdot \mu \end{aligned}$$

wobei man mit

$$\mu = \frac{1}{\varrho \cdot n \cdot e_0}$$

die Elektronenbeweglichkeit bezeichnet.

Wie groß ist die Elektronenbeweglichkeit von Kupfer und die Geschwindigkeit der Elektronen in einer 1 m langen Kupferleitung von $0,5\,\text{mm}^2$ Querschnitt, wenn an den Leitungsenden eine Spannung von $0,1\,\text{V}$ anliegt ?

Hinweis: Der spezifische Widerstand beträgt $\varrho = 1,7 \cdot 10^{-6}\,\Omega\text{cm}$, die Dichte $n = 8,43 \cdot 10^{22}\,\text{cm}^{-3}$.

Lösung auf Seite 76

Aufgabe 5: Widerstandsnetzwerk 1

Gegeben ist das Netzwerk aus Abb. A5.1.

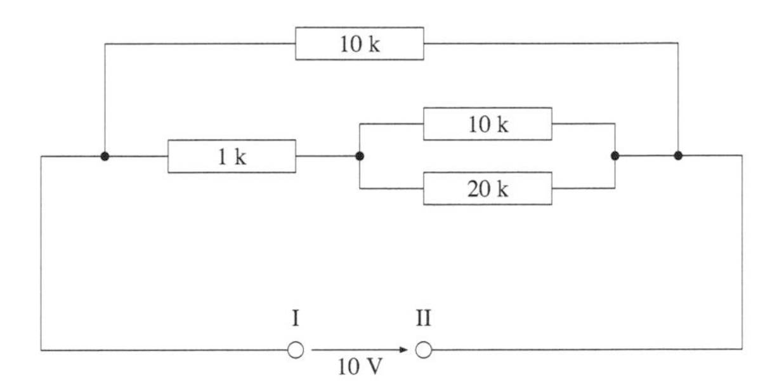

Abb. A5.1: Widerstandsnetzwerk zur Aufgabe 5

A.5.1: Tragen Sie Zählpfeile für Ströme und Spannungen in das Schaltbild ein !

A.5.2: Berechnen Sie den Gesamtwiderstand der Schaltung zwischen den Punkten I und II !

A.5.3: Berechnen Sie sämtliche (Knoten–) Ströme und (Zweig–) Spannungen.

Lösung auf Seite 77

Aufgabe 6: Widerstandsnetzwerk 2

Gegeben ist das Netzwerk aus Abb. A6.1.

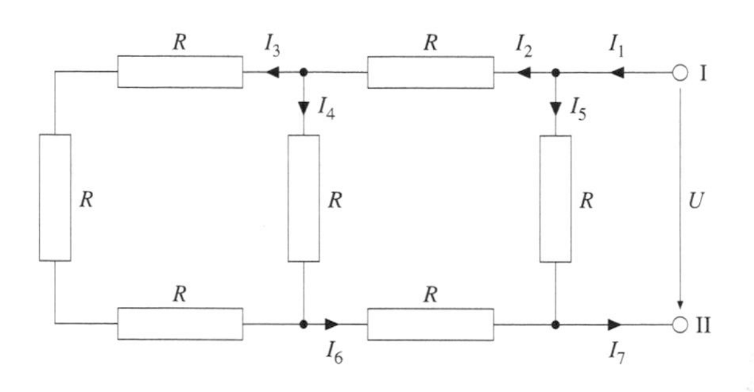

Abb. A6.1: Widerstandsnetzwerk zur Aufgabe 6

A.6.1: Berechnen Sie den Gesamtwiderstand zwischen den Punkten I und II, wenn jeder Widerstand der angegebenen Schaltung den Wert $R = 1\,\Omega$ hat !

A.6.2: Zwischen den Punkten I und II wird eine Spannung $U = 10\,\mathrm{V}$ angelegt. Wie groß sind die Ströme I_1 bis I_7 ?

Lösung auf Seite 78

Aufgabe 7: Maschenregel

Gegeben ist ein Netz mit 5 Knoten (Abb. A7.1).

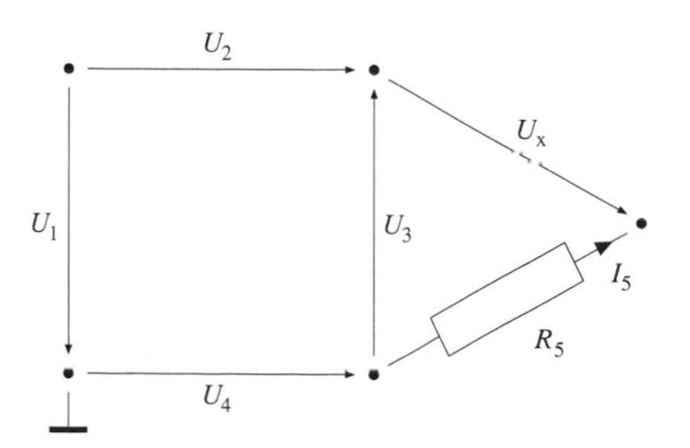

Abb. A7.1: Netz mit unbekannter Spannung U_x

Dabei seien folgende Größen gegeben:

$$U_1 = 2\,\mathrm{V} \qquad U_2 = 7\,\mathrm{V} \qquad U_4 = 3\,\mathrm{V} \qquad R_5 = 1\,\mathrm{k\Omega} \qquad I_5 = 1\,\mathrm{mA}$$

Bestimmen Sie die Spannung U_x mit Hilfe der Maschenregel !

Lösung auf Seite 81

Aufgabe 8: Zwei Spannungsquellen

Gegeben ist die Schaltung aus Abb. A8.1 mit zwei Gleichspannungsquellen.

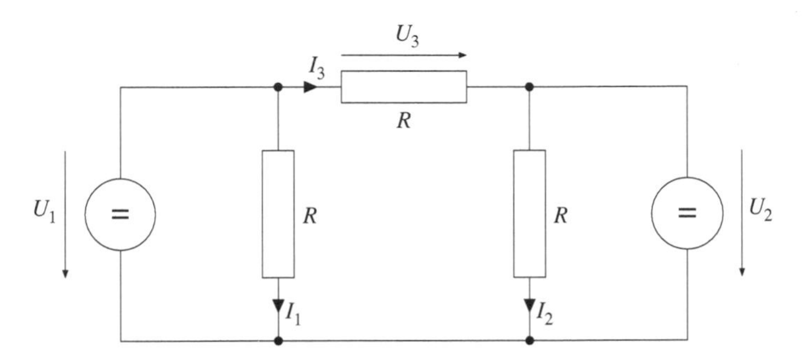

Abb. A8.1: Netz mit zwei Gleichspannungsquellen

Folgende Größen sind gegeben:

$$U_1 = 1\,\text{V} \qquad R = 1\,\Omega \qquad I_2 = 5\,\text{A}$$

L.8.1: Bestimmen Sie die Ströme I_1 und I_3, sowie die Spannungen U_2 und U_3 !

L.8.2: Interpretieren Sie die Ergebnisse für U_3 und I_3 !

Lösung auf Seite 81

Aufgabe 9: Strom– und Spannungsfehlerschaltung

A.9.1: Zeichnen Sie eine Stromfehler– und eine Spannungsfehlerschaltung zur Bestimmung eines unbekannten Widerstandes R_x.

A.9.2: Geben Sie für die Stromfehlerschaltung den Fehlerstrom als Funktion der Widerstände der Messgeräte an !

Lösung auf Seite 82

Aufgabe 10: Messbereichserweiterung

Ein Strommessgerät hat einen Innenwiderstand $R_i = 200\,\Omega$ und der Skalenendwert wird bei einem Strom von $I = 0,3\,\text{mA}$ erreicht.

Geben Sie eine geeignete Schaltung mit Dimensionierung zur Messbereichserweiterung an, so dass jeweils der Skalenendwert bei einem Strom von

A.10.1: $I = 2\,\text{mA}$ und

A.10.2: $I = 1\,\text{A}$ erreicht wird !

Lösung auf Seite 84

Aufgabe 11: Dreieck– und Sternschaltung

Jede Dreieckschaltung von Widerständen lässt sich in eine äquivalente Sternschaltung umwandeln und umgekehrt (Abb. A11.1).

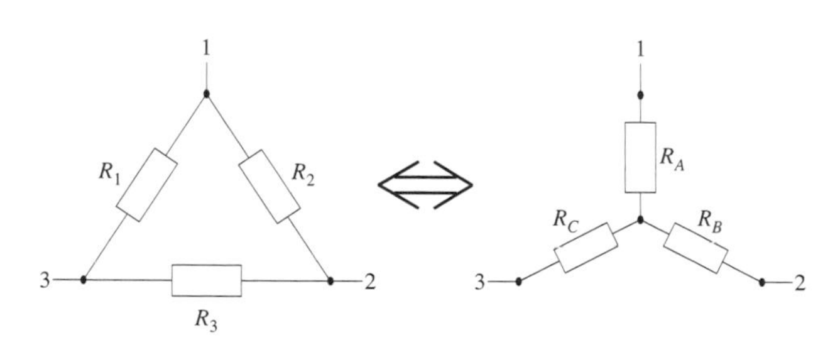

Abb. A11.1: Äquivalenz zwischen Dreieckschaltung und Sternschaltung

Berechnen Sie aufgrund der Widerstände R_1 bis R_3 der Dreieckschaltung die Widerstände R_A bis R_C der Sternschaltung.

Hinweis: Setzen Sie die Widerstände zwischen jeweils zwei Punkten der beiden Schaltungen gleich, und addieren bzw. subtrahieren Sie die erhaltenen Gleichungen in geeigneter Weise.

Lösung auf Seite 85

Aufgabe 12: Wheatstonebrücke

Gegeben ist die Schaltung aus Abb. A12.1 (so genannte Wheatstonebrücke).

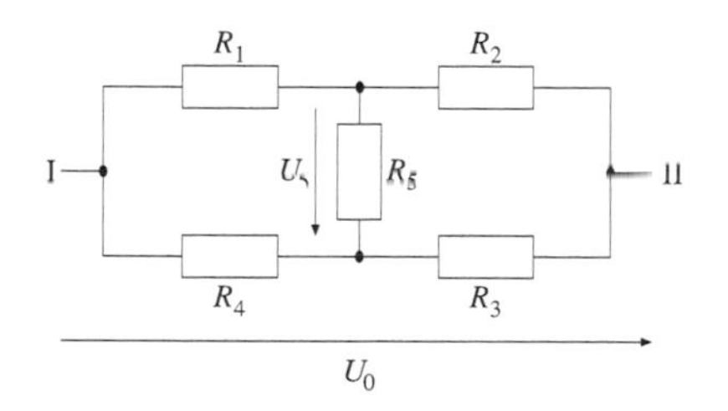

Abb. A12.1: Wheatstonebrücke

Diese Schaltung kann zur indirekten Widerstandsmessung benutzt werden. Zum Abgleich der Brücke wird dann der Strom durch R_5, bzw. die Spannung U_5, mittels geeigneter Widerstände (Potentiometer) auf Null geregelt (vgl. A.12.3).

A.12.1: Berechnen Sie den Gesamtwiderstand der Schaltung zwischen den Punkten I und II.
Hinweis: Verwenden Sie dabei das Ergebnis der Aufgabe 11.

A.12.2: Ermitteln Sie eine Gleichung zur Berechnung von U_5, in Abhängigkeit aller 5 Widerstände.

A.12.3: In welchem Verhältnis müssen R_1 bis R_4 zueinander stehen, damit $U_5 = 0\,\text{V}$ gilt ?

Lösung auf Seite 87

Aufgabe 13: Lorentzkraft

In einer Fernsehröhre (einem Monitor) wird der Elektronenstrahl durch magnetische Felder gesteuert.

Ein Elektron, das durch das elektrische Feld zwischen Kathode und Anode beschleunigt wurde (vgl. Aufgabe 2) durchläuft nach Passieren der Anode auf einer Strecke l ein homogenes magnetisches Ablenkfeld der Stärke B (Abb. A13.1).

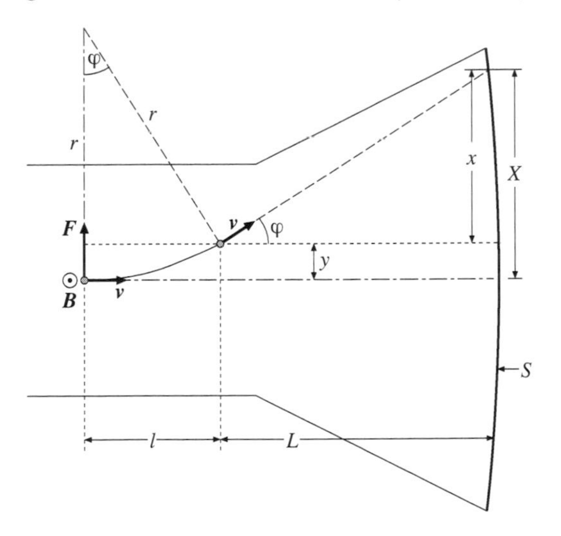

Abb. A13.1: Ablenkung eines Elektrons in einer Elektronenstrahlröhre

Es gelte:

$$
\begin{aligned}
e &= 1,6 \cdot 10^{-19}\,\text{C} \\
m &= 9,1 \cdot 10^{-31}\,\text{kg} \\
B &= 1 \cdot 10^{-3}\,\text{T} \\
l &= 10\,\text{cm} \\
L &= 30\,\text{cm}
\end{aligned}
$$

Wie groß ist die Ablenkung X auf dem Bildschirm S, wenn das Elektron mit einer Geschwindigkeit von $v = 6 \cdot 10^7\,\text{m/s}$ in das Magnetfeld eintritt ?

Lösung auf Seite 89

Aufgabe 14: Effektivwert

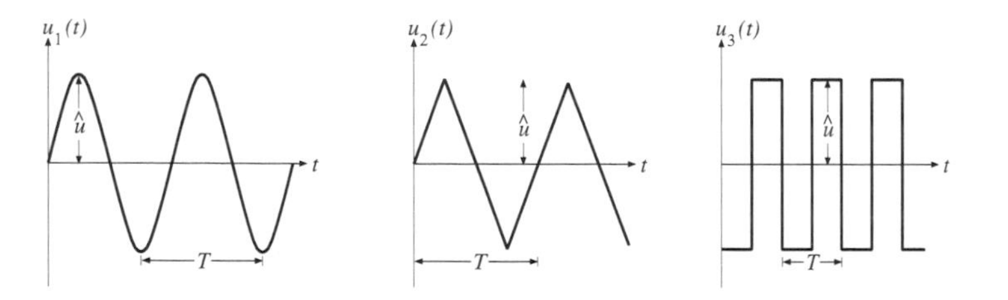

Abb. A14.1: Periodische Signale

Gegeben seien drei periodische Signale (Abb. A14.1), die in einer Periode T durch folgende Gleichungen definiert sind:

$$u_1(t) = \hat{u} \cdot \sin \frac{2\pi}{T} t$$

$$u_2(t) = \begin{cases} \frac{4 \cdot \hat{u}}{T} \cdot t & \text{für } -\frac{T}{4} \leq t < \frac{T}{4} \\ \frac{4 \cdot \hat{u}}{T} \cdot \left(\frac{T}{2} - t\right) & \text{für } \frac{T}{4} \leq t < \frac{3}{4}T \end{cases}$$

$$u_3(t) = \begin{cases} -\hat{u} & \text{für } 0 \leq t < \frac{T}{2} \\ +\hat{u} & \text{für } \frac{T}{2} \leq t < T \end{cases}$$

A.14.1: Leiten Sie die allgemeine Gleichung zur Berechnung der Effektivspannung U_{eff} her ! Klären Sie dabei, welcher Zusammenhang zwischen dem Effektivwert und der Leistung besteht, die von einem Wechselstrom an einen ohmschen Widerstand abgegeben wird.

A.14.2: Berechnen Sie die Effektivspannungen der angegebenen Signale in Abhängigkeit von deren Amplitude $\hat{u}$ (auch Scheitelwert genannt) !

A.14.3: Zur Messung des Effektivwertes mit einem Drehspulinstrument wird ein Gleichrichter benutzt, der den Betrag $|u(t)|$ des Signals bildet. Aufgrund der mechanischen Trägheit der Anzeigenadel des Drehspulinstrumentes wird der Zeitmittelwert des Betragsignals abgelesen, der als *Gleichrichtwert* $\overline{|u(t)|}$ bezeichnet wird:

$$\overline{|u(t)|} = \frac{1}{T} \int_0^T |u(t)| \, \mathrm{d}t$$

Berechnen Sie den Gleichrichtwert des Sinussignals $u_1(t)$ in Abhängigkeit von der Amplitude $\hat{u}$!

A.14.4: Es ist üblich, die Anzeige eines Drehspulinstrumentes zur Messung von Wechselströmen (bzw. –spannungen) auf Effektivwerte zu skalieren. Bei einem Multimeter werden stets sinusförmige Spannungen vorrausgesetzt. Der Gleichrichtwert muss mit dem so genannten *Formfaktor* multipliziert werden, um den Effektivwert zu bestimmen. Berechnen Sie den Formfaktor für das Sinussignal !

A.14.5: Wie ermittelt man aus dem Anzeigewert A eines Multimeters den Effektivwert eines angelegten Rechtecksignals, dessen Verlauf nach $u_3(t)$ gegeben ist ?

Lösung auf Seite 90

Aufgabe 15: Oszilloskop

Bei der Messung einer unbekannten Wechselspannung ist auf dem Bildschirm eines Oszilloskops der Kurvenverlauf aus Abbildung A15.1 zu sehen.

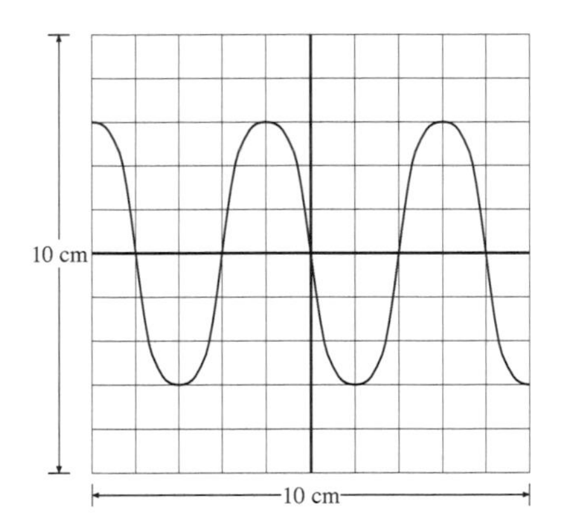

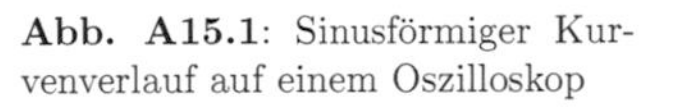
Abb. A15.1: Sinusförmiger Kurvenverlauf auf einem Oszilloskop

Das Gerät ist dabei folgendermaßen eingestellt:

- Y-Ablenkung: 5 V pro cm
- X-Ablenkung: 0,5 ms pro cm

Ermitteln sie die Spitzenspannung U_{ss}, die Amplitude $\hat{U}$, die Effektivspannung U_{eff}, die Periodendauer T und die Frequenz f des aufgezeichneten Signals.

Lösung auf Seite 92

Aufgabe 16: Induktion

Auf eine Spule mit der Induktivität $L = 1\text{H}$ wirkt ein dreieckförmiger Strom ein (Abb. A16.1).

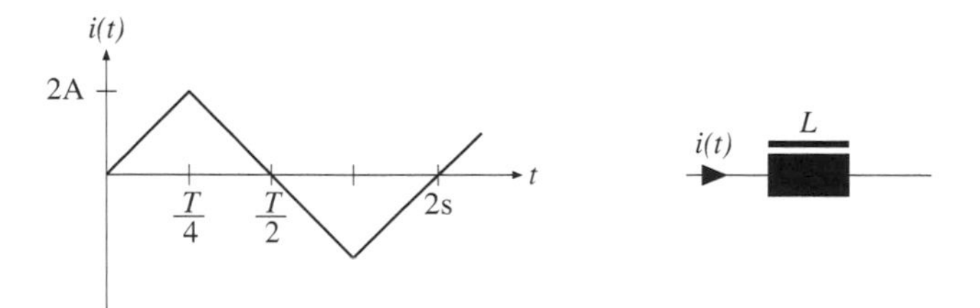

Abb. A16.1: Spule mit einwirkendem Strom

Wie groß ist die in der Spule induzierte Spannung zum Zeitpunkt $\frac{T}{2}$?

Lösung auf Seite 93

Aufgabe 17: Kondensatoraufladung

Wie lange dauert es, bis ein Kondensator von $500\,\mu\text{F}$ über einen Widerstand von $1\,\text{k}\Omega$ auf 80 % aufgeladen ist ?

Lösung auf Seite 93

Aufgabe 18: RC–Glied

Gegeben ist die Schaltung aus Abb. A18.1, die mit der angegebenen periodischen Eingangsspannung $u_1(t)$ versorgt wird.

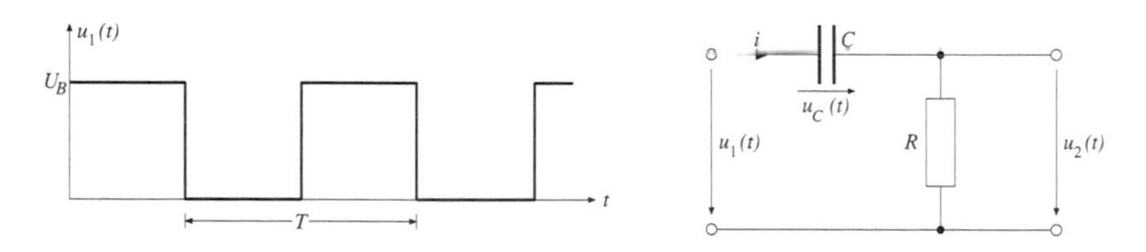

Abb. A18.1: CR–Glied mit periodischer Eingangsspannung

A.18.1: Wird der Kondensator C aufgeladen, entladen oder alternierend auf– und entladen ? Geben Sie die Bedeutung von τ an !

A.18.2: Zeichnen Sie $u_2(t)$ für τ klein gegen T.

Lösung auf Seite 94

Aufgabe 19: Impulse auf Leitungen

Ein Impulsgenerator (Rechner) sendet über ein Koaxialkabel der Länge $l = 1\,\mathrm{m}$ einen Impuls von $2\,\mathrm{V}$ der Dauer $T = 30\,\mathrm{ns}$ (Abb. A19.1).

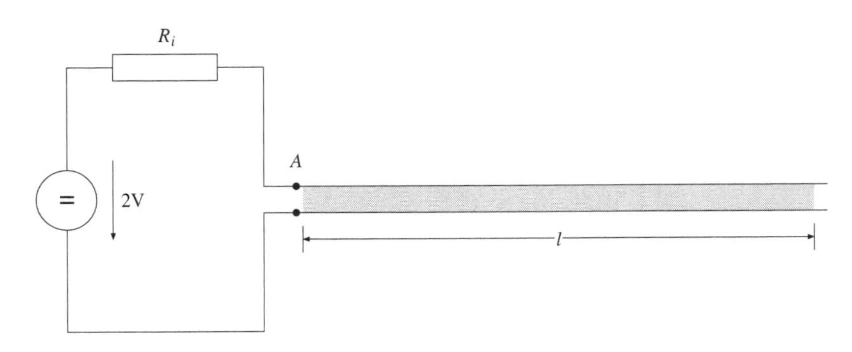

Abb. A19.1: Ersatzschaltbild eines Senders mit angeschlossenem Koaxialkabel

Der Innenwiderstand des Generators ist $R_i = 50\,\Omega$. Der Wellenwiderstand des Koaxialkabels ist $Z_W = 50\,\Omega$, die Dielektrizitätskonstante des Dielektrikums ist $\varepsilon_r = 2,25$ ($\mu_r = 1$).

Zeichen Sie die Kurvenform am Kabeleingang in einem Spannungs–Zeit–Diagramm, wenn

A.19.1: der Kabelausgang offen ist!

A.19.2: der Kabelausgang kurzgeschlossen ist!

A.19.3: Erläutern Sie, weshalb der Kabelausgang mit einem $50\,\Omega$ Widerstand abgeschlossen werden sollte !

Lösung auf Seite 95

Aufgabe 20: Datenübertragung

Abbildung A20.1 zeigt die Datenübertragung zwischen Rechnern mittels Koaxialkabel. Der Generator G (Rechner) sendet mit einer Datenrate von $2\,\mathrm{MBit/s}$ und einer Spannung von $U_0 = 10\,\mathrm{V}$. Das Koaxialkabel hat einen Wellenwiderstand von $Z_W = 50\,\Omega$ und eine Dämpfung von $16\,\mathrm{dB/km}$. Es soll ferner $R_i = Z_W$ sein. Die Dielektrizitätskonstante des Dielektrikums ist $\varepsilon_r = 2,25$ ($\mu_r = 1$).

Der Eingangswiderstand von Rechner 1 ist $R_1 = 5\,\mathrm{k}\Omega$ und wird als ohmscher Widerstand angesehen.

Der Widerstandswert von R_2 soll sehr hoch sein ($R_2 \to \infty$, z.B. der Eingangswiderstand eines Oszilloskops), damit er das zu übertragende Signal nicht stört.

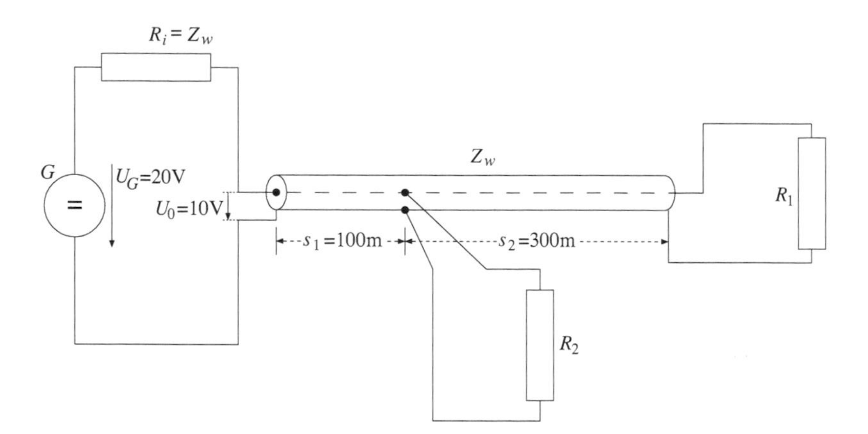

Abb. A20.1: Datenübertragung zwischen Rechnern

Welche Bitfolge „sieht" R_2 (bzw. ein Oszilloskop), wenn der Generator das Byte `10000001` (hexadezimal `81`, dezimal `129`) sendet und der Pegel für $U_{Hmin} = 2,4\,\text{V}$ ist.

Lösung auf Seite 97

2 Halbleiterbauelemente

Aufgabe 21: Bändermodell

Bestimmen Sie die Wellenlänge von Licht, das in GaAs ein Valenzelektron ins Leitungsband hebt. Die verbotene Zone zwischen Valenzband und Leitungsband ist bei GaAs $1,43\,\mathrm{eV}$ breit.

Lösung auf Seite 101

Aufgabe 22: Diodenkennwerte messen

Zeichnen Sie Messschaltungen für die Aufnahme einer Diodenkennlinie in Sperrichtung und in Durchlaßrichtung und begründen Sie die gewählten Schaltungen !

Lösung auf Seite 102

Aufgabe 23: Diodenkennlinien erstellen

In der Schaltung nach Abbildung A23.1 wurden die Daten der Tabelle A23.1 gemessen.

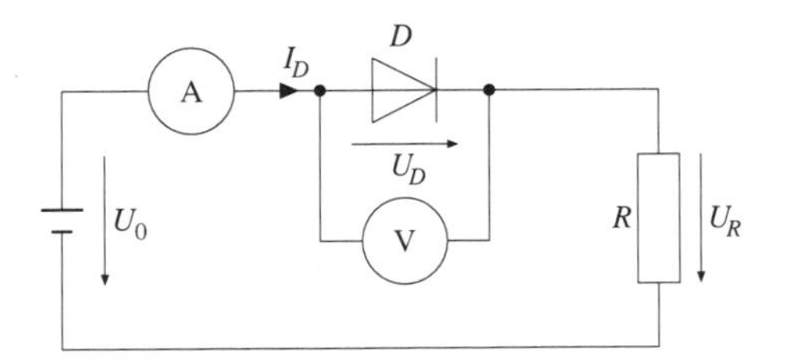

Abb. A23.1: Diode–Widerstand–Serienschaltung

U_D/ V	0.2	0.3	0.4	0.5	0.6	0.65
I_D/ mA	0.45	4.2	18.4	50	97	126

Tabelle A23.1: Messdaten der Diode–Widerstand–Serienschaltung

A.23.1: Skizzieren Sie den Widerstand der Diode und den Strom durch die Diode als Funktion der Spannung U_D !

A.23.2: Welcher Strom I_D stellt sich in der abgebildeten Schaltung ein, wenn $U_0 = 1\,\mathrm{V}$ und $R = 10\,\Omega$ ist ?

A.23.3: Wie groß muss R gewählt werden, wenn sich für $U_0 = 1\,\mathrm{V}$ der Strom $I_D = 30\,\mathrm{mA}$ einstellen soll ?

Lösung auf Seite 103

Aufgabe 24: Freilaufdiode

Gegeben ist die Schaltung aus Abb. A24.1.

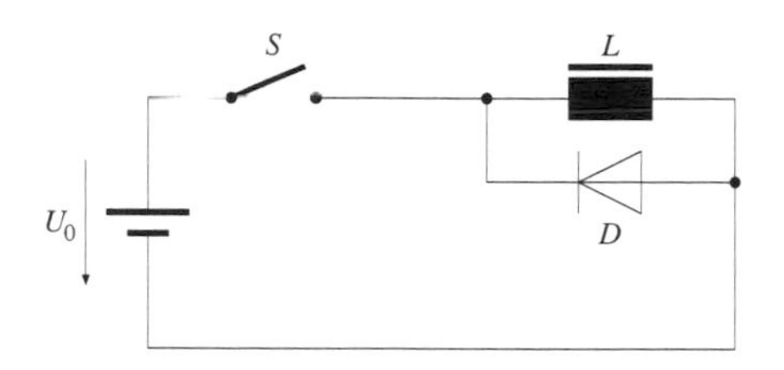

Abb. A24.1: Diode mit parallel geschalteter Spule

Erklären Sie die Funktion der Diode D, die parallel zur Spule L (z.B. Relais) geschaltet ist. Warum ist die Diode für die Spannung U_0 in Sperrichtung geschaltet ?
Hinweis: Bedenken Sie das Verhalten der Spule beim Ein– und Ausschalten des Schaltkreises mittels des Schalters S.

Lösung auf Seite 105

Aufgabe 25: Zenerdiode

Bei der Schaltung einer Zener Diode (Z–Diode) aus Abb. A25.1 wurden die Daten der Tabelle A25.1 gemessen.

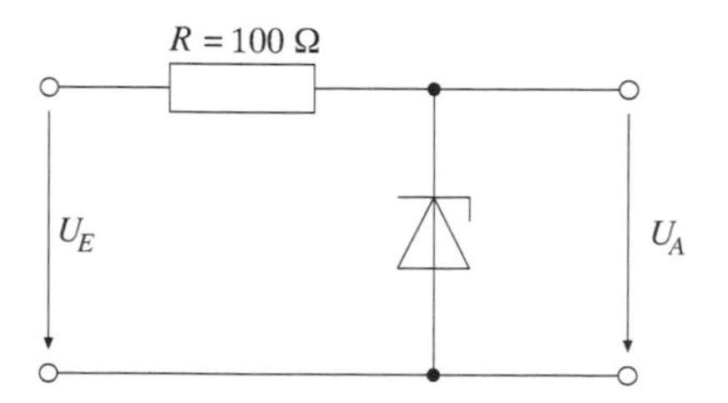

Abb. A25.1: Schaltung mit Z–Diode

Um wieviel Volt ändert sich U_A, wenn sich U_E zwischen 10 V und 12 V ändert ?

Lösung auf Seite 106

U_D/V	0	-1	-3	-5.5	-6	-6.1	-6.2	-6.3
I_D/mA	0	0.9	2.7	5	11	52	103	154

Tabelle A25.1: Messtabelle der Schaltung aus Abbildung A25.1

Aufgabe 26: Transistor–Kennlinie

Gegeben ist das $I_C = I(U_{CE})$ – Kennlinienfeld des Transistors BC140 (Abb. A26.1).

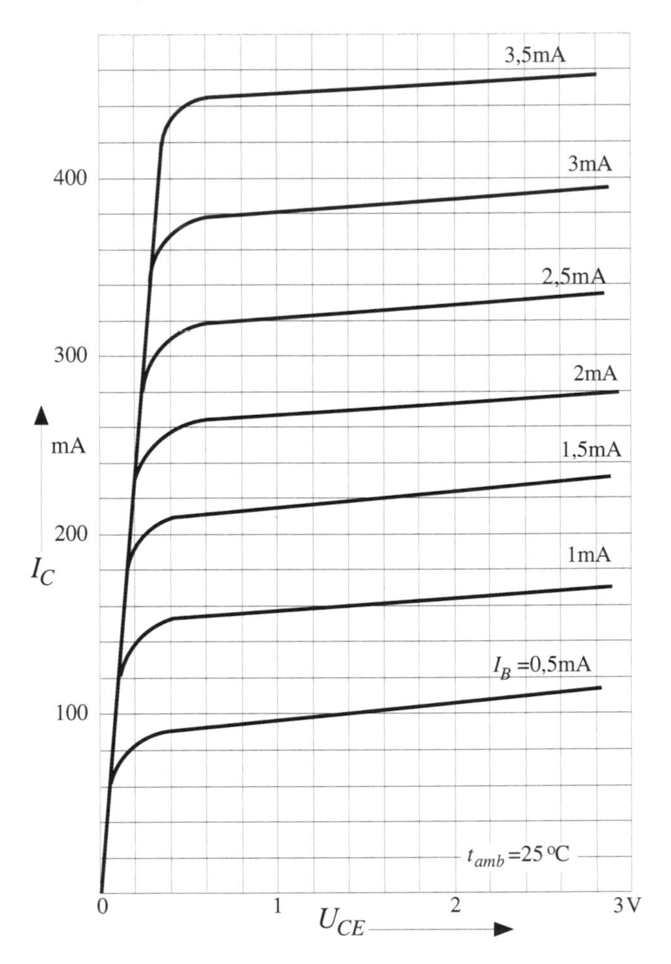

Abb. A26.1: Ausgangskennlinienfeld des Transistors BC140

A.26.1: Wie groß ist der maximale Kollektorstrom I_C, wenn der Kollektorwiderstand $R_C = 7,5\,\Omega$ und die Versorgungsspannung $U_B = 3\,\text{V}$ beträgt ?

A.26.2: Tragen Sie die Widerstandsgerade für R_C in das Kennliniendiagramm ein. Bestimmen Sie für den Basisstrom $I_B = 2\,\text{mA}$ die Spannung U_{CE} und den Spannungsabfall an R_C.

A.26.3: Wie groß muss der Basisstrom I_B sein, wenn $U_{CE} \leq 0,4\,\text{V}$ sein soll ? Zeichnen Sie den neuen Arbeitspunkt in das Diagramm ein.

Lösung auf Seite 107

3 Elektronische Verknüpfungsglieder

Aufgabe 27: RTL–NICHT–Glied

A.27.1: Skizzieren Sie die Schaltung eines NICHT–Schaltgliedes, das mit einem NPN–Transistor und Widerständen aufgebaut ist (Resistor–Transistor–Logic) !

A.27.2: Dimensionieren Sie diese Schaltung so, dass sich bei einer Eingangsspannung $U_E = 5\,\text{V}$ ein Strom $I_E = 1\,\text{mA}$ und eine Ausgangsspannung $U_A = 0,5\,\text{V}$ einstellt !
Verwenden Sie zur Lösung dieser Aufgabe das Ausgangskennlinienfeld aus Abb. A27.1.

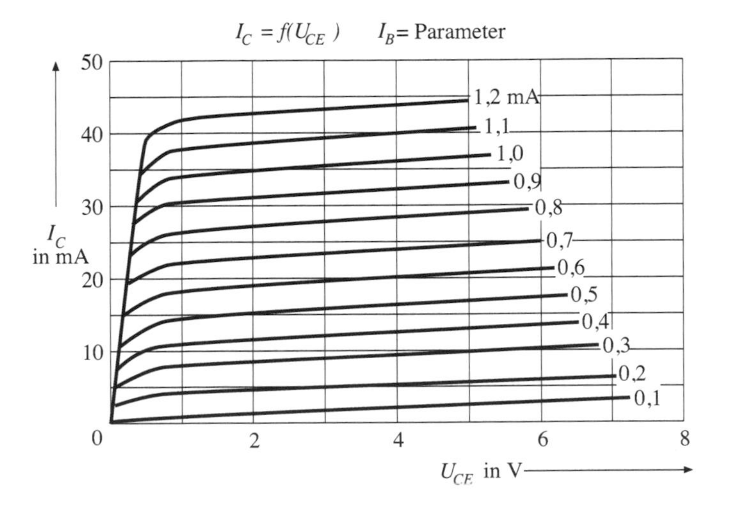

Abb. A27.1: Ausgangskennlinienfeld eines NPN–Transistors

Lösung auf Seite 109

Aufgabe 28: TTL–Glieder

Vorweg sollen zwei besondere Schaltungstechniken erläutert werden.

Darlington–Schaltung

Eine Darlington–Schaltung ist eine Verstärkerschaltung aus zwei Bipolartransistoren, mit der eine hohe Stromverstärkung erreicht wird (Abb. A28.1).

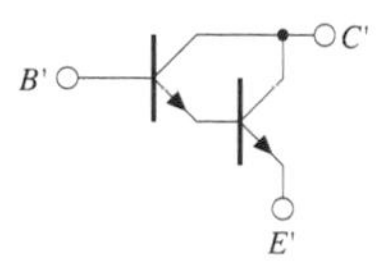

Abb. A28.1: Die Darlington–Schaltung

Die Gesamtstromverstärkung entspricht etwa dem Produkt der Einzelstromverstärkungen:

$$B \approx B_1 \cdot B_2$$

Die Schaltung aus den zwei Transistoren T_1 und T_2 kann als ein Transistor mit den Anschlüssen E', B' und C' betrachtet werden.

Wired–Verknüpfungen

Wenn die Ausgänge von zwei (oder mehr) Verknüpfungsgliedern galvanisch (leitend) verbunden werden, dann entsteht eine Verknüpfung, die je nach dem inneren Schaltungsaufbau einem UND– oder ODER–Glied entspricht.

Hat ein Ausgang H–Pegel und der andere L–Pegel (Abb. A28.2), dann ist der Zustand des Verbindungspunktes zunächst unbestimmt.

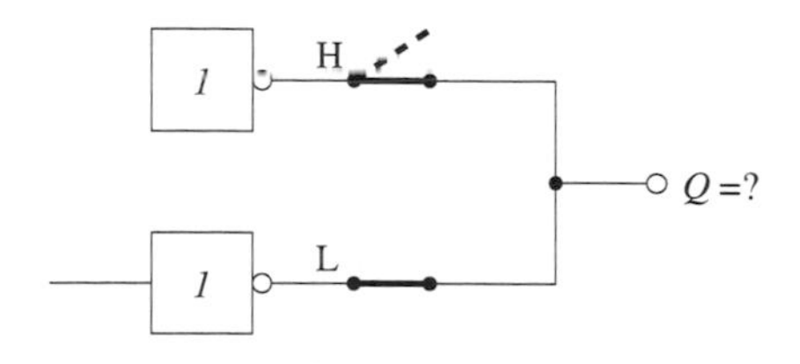

Abb. A28.2: Eine Wired–Verknüpfung zweier Schaltglieder

Es wird folgende Pegelzuordnung (positive Logik) angenommen:

$$\begin{aligned} \text{L–Pegel} &\triangleq 0\,\text{V (Masse)} \\ \text{H–Pegel} &\triangleq \text{Betriebsspannung (z.B. } 5\,\text{V)} \end{aligned}$$

Ist der Ausgang, der L–Pegel führt, niederohmig gegen Masse, dann wird auch der Ausgang mit H–Pegel auf L–Pegel gezogen. Q kann nur dann H–Pegel annehmen, wenn

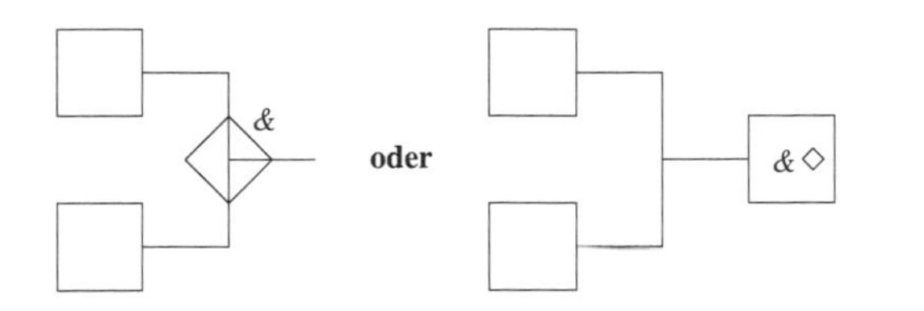

Abb. A28.3: Wired–AND Verknüpfung

beide Ausgänge H–Pegel führen. Durch die galvanische Verbindung entsteht eine UND–Verknüpfung (Wired–AND), bei positiver Logik (Abb. A28.3).

Ist der Ausgang, der H–Pegel führt, niederohmig gegen die Betriebsspannung, kann der L–Pegel führende Ausgang auf H–Pegel gehoben werden. Der Punkt Q hat H–Pegel, wenn ein Ausgang H–Pegel hat. Durch die galvanische Verbindung entsteht bei positiver Logik eine ODER–Verknüpfung (Wired–OR, Abb. A28.4).

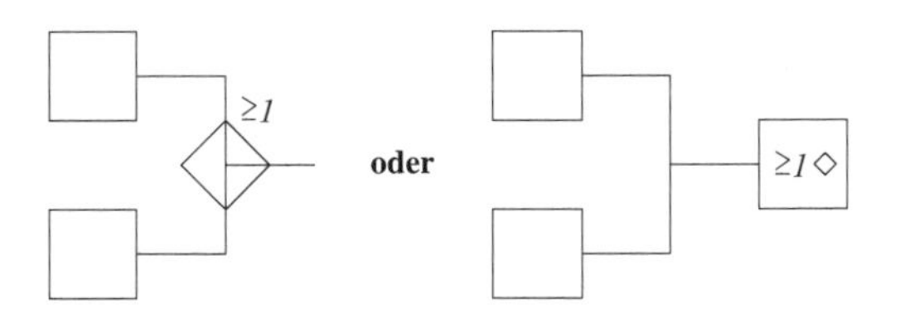

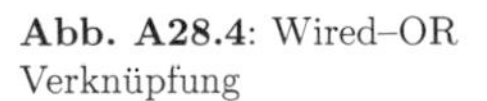

Abb. A28.4: Wired–OR Verknüpfung

Gegeben sind nun die drei TTL–Schaltkreise der Abb. A28.5–A28.7, wobei nur die Schaltung von jeweils einem Verknüpfungsglied gezeigt wird.

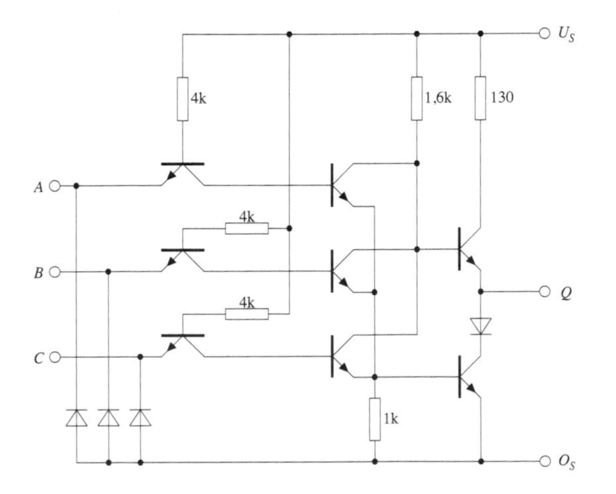

Abb. A28.5: Schaltbild eines Verknüpfungsgliedes des TTL–Bausteines IC7427

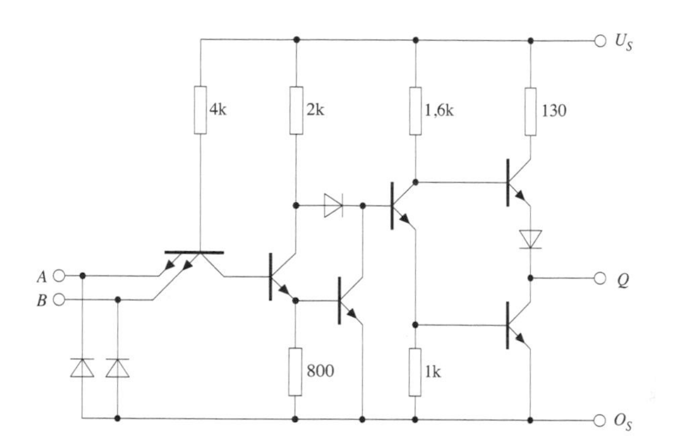

Abb. A28.6: Schaltbild eines Verknüpfungsgliedes des TTL–Bausteines IC7408

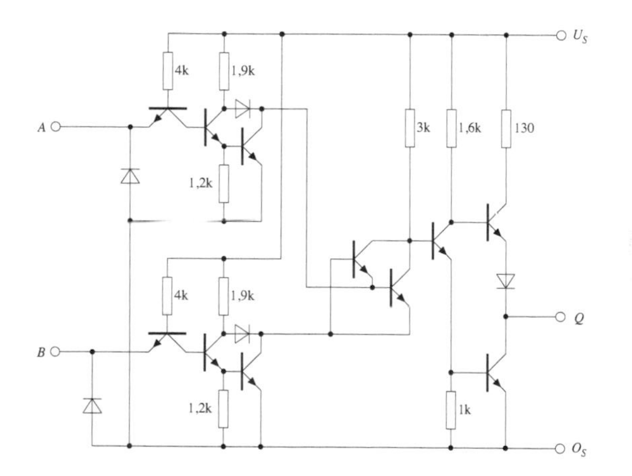

Abb. A28.7: Schaltbild eines Verknüpfungsgliedes des TTL–Bausteines IC7486

Bestimmen Sie die Boolesche Verknüpfung, die diese Schaltkreise in positiver Logik realisieren.

Hinweis: Beachten Sie die Beschreibung des Standard TTL–Schaltkreises im Lehrbuch.

Lösung auf Seite 111

Aufgabe 29: Signalübergangszeiten eines CMOS–NICHT–Gliedes

A.29.1: Skizzieren Sie die Schaltung eines NICHT–Schaltgliedes (Inverter), das in CMOS–Technologie aufgebaut ist !

A.29.2: Der Ausgang sei mit einem parallelgeschalteten Kondensator (Leitungen, nachfolgende Schaltglieder) belastet. Die Kapazität C_L betrage 150 pF. Der Kanalwiderstand des PMOS–Transistors ist $R_P = 500\,\Omega$, der des NMOS–Transistors ist $R_N = 200\,\Omega$. Berechnen Sie die Signalübergangszeit t_{HL} ($U_A = 90\% U_B \rightarrow U_A = 10\% U_B$, U_B = Betriebsspannung) !

A.29.3: Berechnen Sie die Signalübergangszeit t_{LH} ($U_A = 10\% U_B \rightarrow U_A = 90\% U_B$) !

Lösung auf Seite 115

Aufgabe 30: CMOS–NOR–Glied

Skizzieren Sie die Schaltung eines C–MOS–Schaltgliedes mit zwei Eingängen, das bei positiver Logik eine NOR–Verknüpfung erzeugt, und erklären Sie die Arbeitsweise dieser Schaltung.

Lösung auf Seite 118

4 Schaltnetze

Aufgabe 31: Wechselschalter

Ein $1 \times$UM Schalter (Abb. A31.1) hat die drei Kontakte 1, 2 und 3. Dabei kann der Kontakt 3 entweder mit dem Kontakt 1 oder mit dem Kontakt 2 leitend verbunden werden.

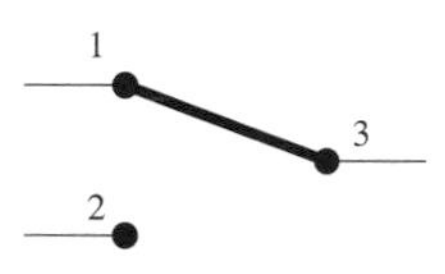

Abb. A31.1: Ein $1 \times$UM Schalter

Mit zwei solcher Schalter soll eine Lampe ein– und ausgeschaltet werden. Dabei soll jeder Schalter unabhängig von der Stellung des anderen Schalters die Lampe ausschalten können, wenn sie an war, und einschalten können, wenn sie aus war (so genannte Wechselschaltung, z.B. in Hausfluren).

A.31.1: Mit welcher logischen Verknüpfung kann das funktionale Verhalten einer solchen Wechselschaltung ausgedrückt werden ?

A.31.2: Wie sieht die Verschaltung der Schalter mit der Lampe aus ?

Lösung auf Seite 120

Aufgabe 32: Schaltnetz mit 3 Variablen

Gegeben ist das Schaltbild aus Abb. A32.1.

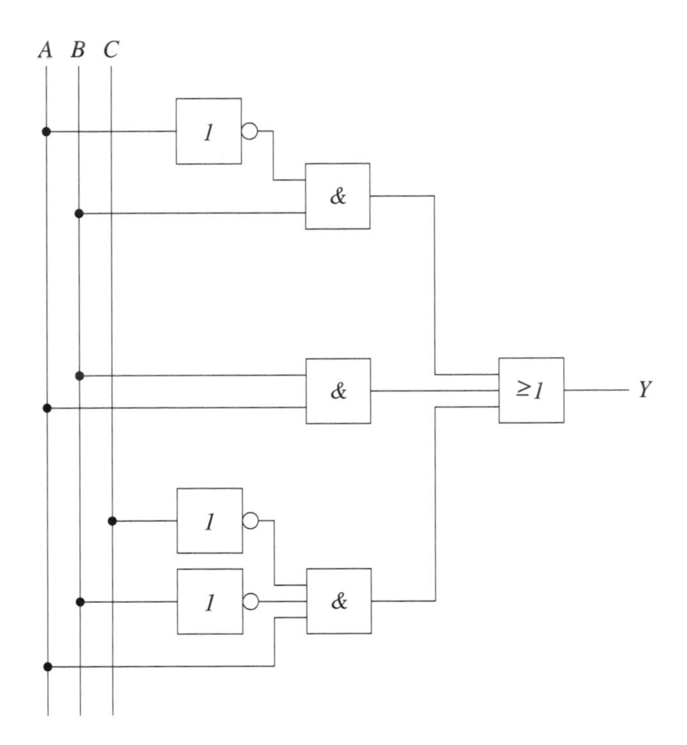

Abb. A32.1: Schaltnetz mit drei Variablen

A.32.1: Ermitteln Sie die Funktionsgleichung $Y = \ldots$

A.32.2: Vereinfachen und minimieren Sie diese Funktionsgleichung.

A.32.3: Zeichnen Sie von der minimierten Funktionsgleichung das Schaltnetz.

Lösung auf Seite 122

Aufgabe 33: Vierstufiges Schaltnetz

Gegeben ist das Schaltnetz aus Abb. A33.1.

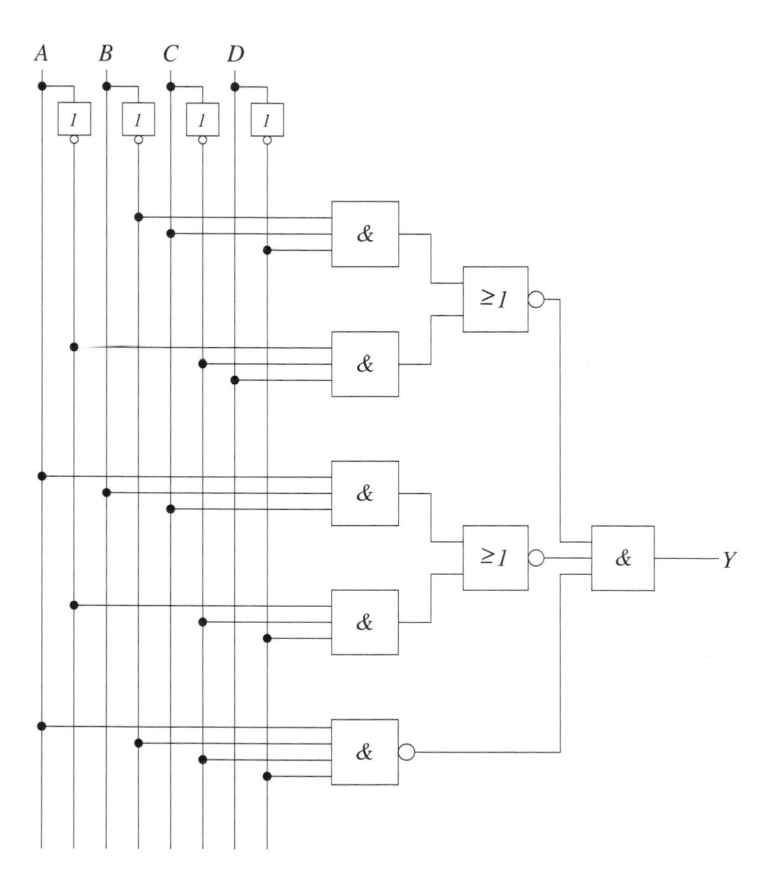

Abb. A33.1: Vierstufiges Schaltnetz mit vier Variablen

A.33.1: Ermitteln Sie die Funktionsgleichung $Y = \ldots$

A.33.2: Vereinfachen und minimieren Sie diese Funktionsgleichung.

A.33.3: Zeichnen Sie von der minimierten Funktionsgleichung das Schaltnetz.

Lösung auf Seite 123

Aufgabe 34: Dreistufiges Schaltnetz

Gegeben ist das Schaltnetz aus Abb. A34.1.

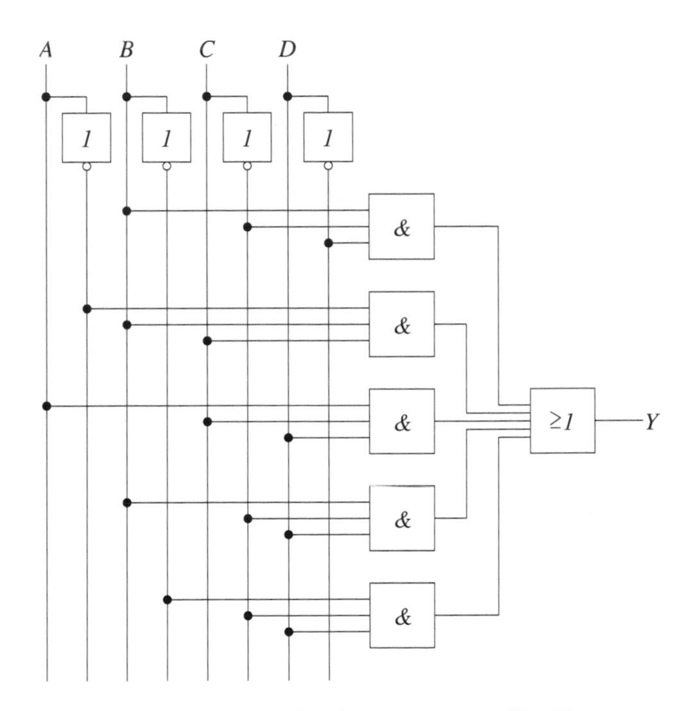

Abb. A34.1: Dreistufiges Schaltnetz mit vier Variablen

A.34.1: Vereinfachen Sie das Schaltnetz mit Hilfe eines KV–Diagramms.

A.34.2: Zeichnen Sie das Schaltnetz der minimalen Schaltfunktion.

Lösung auf Seite 129

Aufgabe 35: NAND–Logik

Formen Sie folgende, in mathematischer Notation angegebene, Schaltfunktion so um, dass sie ausschließlich mit NAND–Schaltgliedern realisiert werden kann:

$$f(x_1, x_2, x_3) = (x_1 + \overline{x_2}) \cdot x_1 + (x_1 + \overline{x_2}) \cdot \overline{x_3}$$

Lösung auf Seite 131

Aufgabe 36: NOR–Logik

Formen Sie folgende, in mathematischer Notation angegebene, Schaltfunktion so um, dass sie ausschließlich mit NOR–Schaltgliedern realisiert werden kann:

$$f(x_1, x_2) = x_1 \cdot x_2 + \overline{x_1} \cdot \overline{x_2}$$

Hinweis: Bestimmen Sie zunächst aus der DNF die KNF!

Lösung auf Seite 131

Aufgabe 37: Synthese mit 4 Variablen

A.37.1: Erstellen Sie aus der Funktionstabelle in Tabelle A37.1 die vollständige DNF, tragen Sie diese in die KV–Tafel ein und entwickeln Sie daraus die minimierte DF (Disjunktive Form) !

A	B	C	D	Y
0	0	0	0	0
0	0	0	1	1
0	0	1	0	0
0	0	1	1	0
0	1	0	0	0
0	1	0	1	0
0	1	1	0	0
0	1	1	1	0

A	B	C	D	Y
1	0	0	0	1
1	0	0	1	0
1	0	1	0	1
1	0	1	1	0
1	1	0	0	1
1	1	0	1	0
1	1	1	0	1
1	1	1	1	1

Tabelle A37.1: Funktionstabelle eines Schaltnetzes mit 4 Variablen

A.37.2: Entwickeln Sie im selben Sinn die minimierte KF !

A.37.3: Zeichnen Sie beide Schaltungen !

Lösung auf Seite 132

Aufgabe 38: Implikation

Realisieren Sie eine Implikation (ODER mit einem negierten Eingang) nur unter Verwendung von NAND–Gattern. Erstellen Sie:

A.38.1: Wertetabelle

A.38.2: KV–Diagramm

A.38.3: Schaltung

Lösung auf Seite 134

Aufgabe 39: Quine–McCluskey

Eine Schaltfunktion $Y(x_5, x_4, x_3, x_2, x_1)$ nimmt für folgende Belegungen des Eingangsvektors den Wert 1 an:

x_5	x_4	x_3	x_2	x_1
0	0	0	0	0
0	0	0	1	0
0	0	1	1	1
0	1	0	0	0
0	1	0	1	0
0	1	1	1	1
1	0	1	1	1
1	1	0	0	0
1	1	0	0	1
1	1	0	1	0
1	1	0	1	1
1	1	1	1	0

A.39.1: Warum ist es falsch, die Funktion Y in einem *einzigen* KV–Diagramm darzustellen ? Skizzieren Sie hierzu ein solches KV–Diagramm für 5 Variablen !

A.39.2: Zeichnen Sie zwei KV–Diagramme für die Funktion Y, die sich durch die Belegung der Variablen x_5 (0 oder 1) unterscheiden ! Leiten Sie daraus die minimale Form für Y ab !
Hinweis: Stellen Sie sich vor, dass die beiden Diagramme übereinander liegen. In der dritten Dimension kann nun in der gewohnten Weise vereinfacht werden.

A.39.3: Vereinfachen Sie die Funktion nach der Methode von Quine–McCluskey !

Lösung auf Seite 135

Aufgabe 40: Lastkontrolle

In einer Werkhalle stehen 4 Motoren mit unterschiedlicher Leistungsaufnahme (Tabelle A40.1).

Motor	Leistungsaufnahme in kW
1	2
2	3
3	5
4	1

Tabelle A40.1: Leistungsaufnahmen der 4 Motoren

Entwickeln Sie ein Schaltnetz mit einem Ausgang Y, der 1 ist, wenn dem Netz mehr als 6 kW entnommen wird. Dabei seien den Motoren $1-4$ die Eingänge $A-D$ des

Schaltnetzes zugeordnet (ein Eingang ist 1, wenn der Motor läuft). Erstellen sie die Funktionstabelle, KV–Tafel und das minimierte Schaltnetz. Versuchen Sie anschließend die Anzahl der benötigten Schaltglieder zu minimieren.

Lösung auf Seite 141

Aufgabe 41: Paritätsbit

A.41.1: Entwerfen Sie ein Schaltnetz, das bei paralleler Datenübertragung von 4–stelligen Binärwörtern im 8421–Dual–Code auf einer fünften Leitung ein Paritätsbit sendet. Ist die Anzahl der Einsen im zu übertragenden Binärwort ungerade, dann soll auf der Paritätsbitleitung eine Null gesendet werden. Ist die Anzahl der Einsen gerade soll eine Eins gesendet werden.
Hinweis: Damit ist gewährleistet, dass das zu sendende Wort immer eine ungerade Anzahl Einsen enthält (ungerade Parität). Das sich ergebende 5–stellige Binärwort enthält dann mindestens eine Eins, nicht nur Nullen.

A.41.2: Überlegen Sie, inwieweit Sie das Schaltnetz erweitern können, damit es sich sowohl zum Generieren, als auch zum Überprüfen von gerader als auch ungerader Parität verwenden lässt. Zeichnen Sie dann eine einfache Sender–Empfänger Schaltung.

Lösung auf Seite 142

Aufgabe 42: Analyse eines TTL–Bausteines

Analysieren Sie das Schaltnetz des TTL–Bausteines SN74180 (Abb. A42.1) !

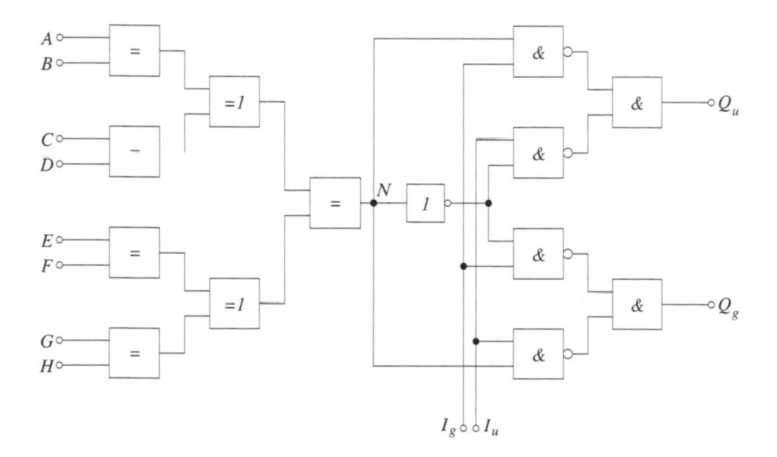

Abb. A42.1: Schaltbild des TTL–Bausteines SN74180.

Stellen Sie das Boolesche (logische) Verhalten gemäß Tabelle A42.1 dar !

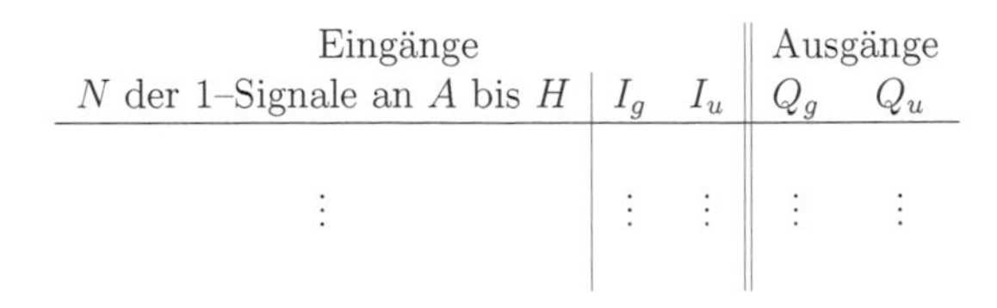

Eingänge			Ausgänge	
N der 1–Signale an A bis H	I_g	I_u	Q_g	Q_u
⋮	⋮	⋮	⋮	⋮

Tabelle A42.1: Tabellenschema zum Verhalten des TTL–Bausteines SN74180

Lösung auf Seite 145

Aufgabe 43: 1–Bit Volladdierer

Entwerfen Sie einen 1–Bit–Volladdierer !

Lösen Sie dazu folgende Aufgaben:

A.43.1: Stellen Sie die Funktionstabelle für die Stellensumme und den Übertrag auf.

A.43.2: Erstellen Sie die DNF–KV–Diagramme für die Stellensumme und den Übertrag.

A.43.3: Geben Sie die minimierten Schaltfunktionen an.

Lösung auf Seite 148

Aufgabe 44: 4–Bit Subtrahierer

Entwerfen Sie ein Schaltnetz, das zwei 4–stellige Dualzahlen $a = a_3a_2a_1a_0$ und $b = b_3b_2b_1b_0$ subtrahieren kann. Benutzen Sie dabei 1–Bit–Volladdierer als Grundbausteine und geben Sie ein Zahlenbeispiel an. Dabei sind a_3 bzw. b_3 die höherwertigen Stellen.

Lösung auf Seite 149

Aufgabe 45: Normalform–Paralleladdierer

Entwerfen Sie mittels der DNF ein Schaltnetz, das zwei 2–Bit Zahlen $a = a_1a_0$ und $b = b_1b_0$ addiert (Normalform–Paralleladdierer). Dabei sind a_1 bzw. b_1 die höherwertigen Stellen.

Lösung auf Seite 151

Aufgabe 46: Multiplizierer

Entwerfen Sie ein Schaltnetz, das zwei 2–Bit Zahlen miteinander multipliziert.

Die Multiplikation von Dualzahlen kann auf verschiedene Arten durchgeführt werden (verschiedene Algorithmen):

– wiederholte Addition

– Addition mit Verschiebung (Shiften)

Hier soll die Multiplikation jedoch als Normalform–Parallelmultiplikation ausgeführt werden.

A.46.1: Erstellen Sie eine minimale Schaltung gemäß den Schritten zur Synthese von Schaltnetzen aus dem Lehrbuch, Band 1.

A.46.2: Realisieren Sie zusätzlich die Schaltung nur mit NAND–Gliedern.

Lösung auf Seite 154

Aufgabe 47: 1–Bit ALU

Entwerfen Sie ein Schaltnetz, das arithmetische und logische Verknüpfungen von zwei Variablen A und B durchführt (1–Bit ALU). Die Verknüpfungen sollen über die 3 Steuervariablen S_2, S_1, S_0 entsprechend gegebener Tabelle (Tabelle A47.1) durchgeführt werden.

S_2	S_1	S_0	Funktion
0	0	0	$A \wedge B$
0	0	1	$A \vee B$
0	1	0	$A\,\overline{B} \vee \overline{A}\,B$
0	1	1	A
1	0	0	$\overline{A}$
1	0	1	$A + B$
1	1	0	$\overline{A} + 1$
1	1	1	B

Tabelle A47.1: Zuordnung der ALU–Operationen zu den Steuervariablen S_2, S_1, S_0

Das Schaltnetz soll neben dem Ergebnisausgang noch einen Übertragsausgang besitzen, der für die nicht arithmetischen Operationen immer 0 sein soll. Ein Blockschaltbild der zu erstellenden ALU stellt somit Abb. A47.1 dar.

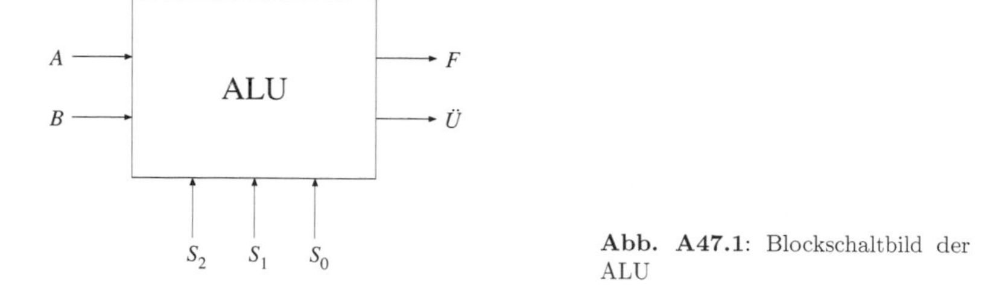

Abb. A47.1: Blockschaltbild der ALU

A.47.1: Erstellen Sie die vollständige Funktionstabelle auf Basis der Tabelle A47.1.

A.47.2: Vereinfachen Sie die Funktionsgleichungen für das Ergebnis und den Übertrag mit einem geeigneten Verfahren.

A.47.3: Erstellen Sie das Schaltbild der ALU.

Lösung auf Seite 158

Aufgabe 48: Multiplexer

Realisieren Sie folgende Schaltfunktion mit **einem** 4 : 1 Multiplexer und Schaltgliedern, die Elementarverknüpfungen (UND, ODER, NICHT) bilden können !

$$f = A + B \cdot D + C \cdot D + \overline{B} \cdot \overline{D}$$

Lösung auf Seite 165

Aufgabe 49: Dual– zu Siebensegmentdekoder

Gegeben ist der Festwertspeicher und eine Siebensegmentanzeige aus Abb. A49.1.

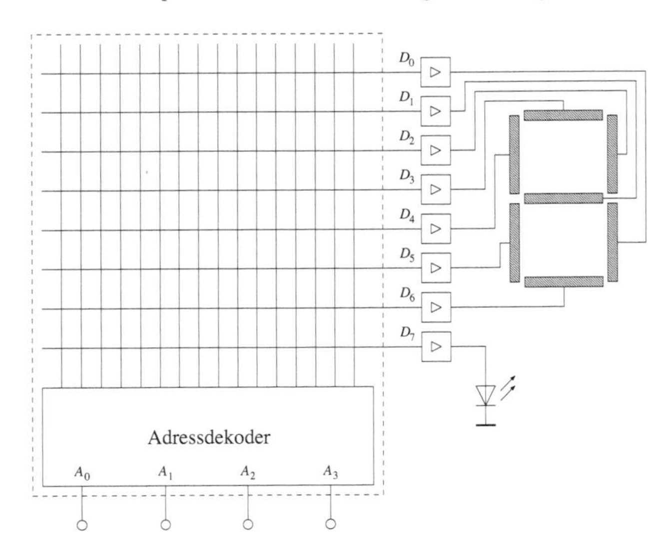

Abb. A49.1: PROM zur Ansteuerung einer Siebensegmentanzeige

Geben Sie die Programmierung des PROM durch Markierung der entsprechenden Leitungskreuzungen an, so dass die Siebensegmentanzeige wie folgt anzeigt: Liegen an den Adreßeingängen die Dualzahlen 0000 ... 1001 an, zeigt die Siebensegmentanzeige die entsprechenden Dezimalziffern 0 ... 9 an. Liegen die Dualzahlen 1010 ... 1111 an, werden die Zeichen $A \dots F$ dargestellt, wobei A, C, E und F groß und B und D klein angezeigt werden sollen.

Die Leuchtdiode D_7 soll immer leuchten, wenn eine Zahl größer als 9 vorkommt.
Geben Sie außer den Markierungen in der Zeichnung noch die „Programmierung" im Hexcode an !

Lösung auf Seite 167

Aufgabe 50: Hazards

Die Schaltung aus Abb. A50.1 soll auf Hazards untersucht werden.

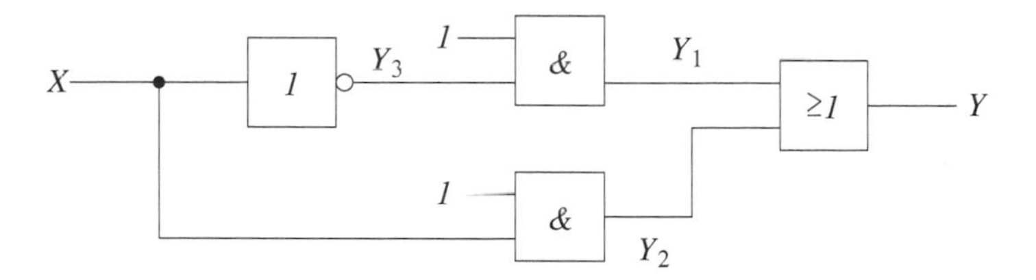

Abb. A50.1: Schaltnetz, das auf Hazards untersucht werden soll

Der Einfachheit halber wird vorrausgesetzt, dass alle Schaltglieder die gleiche Signallaufzeit τ haben und dass keine Laufzeiten auf den Verbindungsleitungen vorhanden sind.

A.50.1: Tragen Sie die Signallaufzeiten in die folgende Schaltfunktion ein !

$$Y(t) = \overline{X(t - \ldots)} \vee X(t - \ldots)$$

A.50.2: Am Eingang X wird nun ein Rechteckimpuls von der Dauer 4τ angelegt (Abb. A50.2).
Hinweis: Der „0"–Zustand zwischen $0 \leq t < \tau$ soll ausreichend lange vorher bestanden haben.

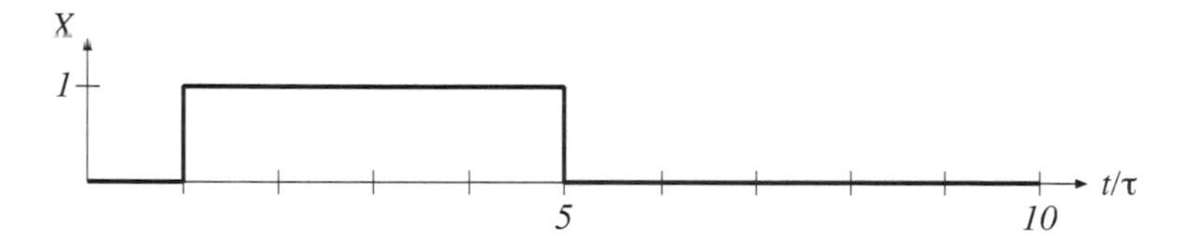

Abb. A50.2: Rechteckimpuls am Eingang X

Erstellen Sie je ein Impulsdiagramm für die Ausgänge Y_1 bis Y_3 und Y !

A.50.3: Klassifizieren Sie den Hazard, der am Ausgang Y entsteht !

Lösung auf Seite 168

5 Speicherglieder

Aufgabe 51: Dynamische Eintransistor–Speicherzelle

Die Schaltung einer dynamischen Eintransistor–Speicherzelle ist in Abbildung A51.1 dargestellt.

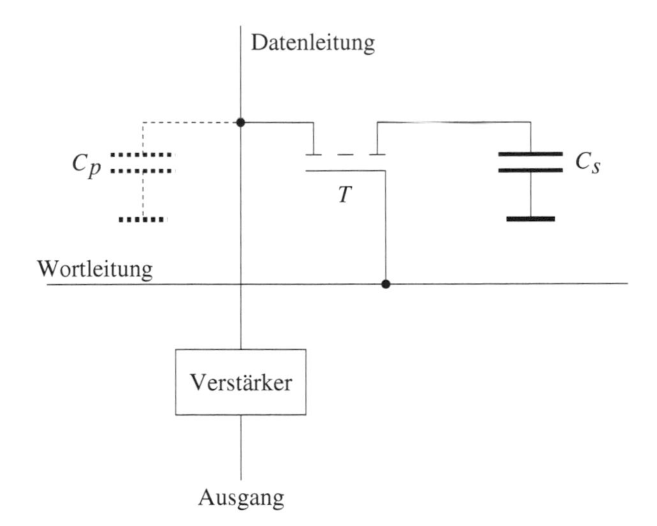

Abb. A51.1: Dynamische Eintransistor–Speicherzelle

Das Datenbit wird im Kondensator C_s gespeichert. Der Kondensator wird durch die Kapazität der Drainzone mit der Substratschicht gebildet. Der Kondensator C_p besteht aus der *parasitären* Kapazität der Datenleitung. C_p ist größer als C_s.

Zum Schreiben wird durch H–Pegel auf der Wortleitung der Transistor T leitend und die Kapazität C_s wird auf den Pegel der Datenleitung (H oder L) aufgeladen.

Beim Lesen wird wiederum durch H–Pegel auf der Wortleitung T leitend. Dann findet ein *Ladungsausgleich* zwischen C_s und C_p statt. Zu Beginn des Lesezyklus wird die Datenleitung und damit C_p auf H–Pegel gelegt. War in C_s eine 0 (L–Pegel) gespeichert, wird C_p teilweise entladen und C_s aufgeladen. Diese Spannungsänderung auf der Datenleitung wird von einem Verstärker ausgewertet.

War auf C_s eine 1 (H–Pegel) gespeichert, dann tritt an C_p keine Spannungsänderung auf. Bei diesen Lesevorgängen geht durch Ladungsausgleich die Information verloren. Nach jedem Lesezyklus muss daher die Information wieder neu eingeschrieben werden.

Die dynamische Eintransistor–Speicherzelle kann durch die Schaltung aus Abbildung A51.2 modelliert werden.

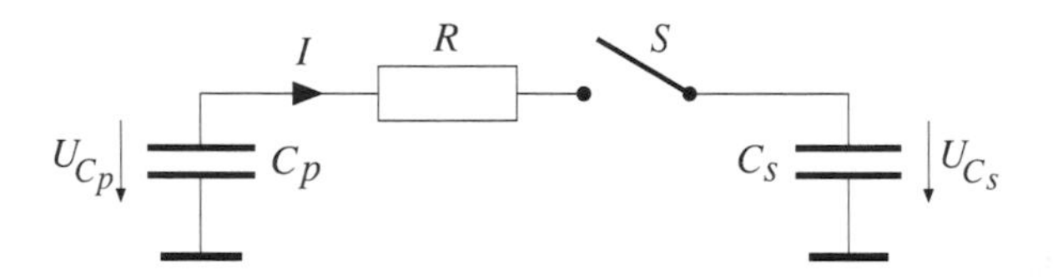

Abb. A51.2: Ersatzschaltung der dynamischen Eintransistor–Speicherzelle

Durch den Schalter S wird über den Widerstand R eine leitende Verbindung zwischen der Kapazität C_p und C_s hergestellt, so dass ein Ladungsausgleich zwischen beiden Kondensatoren stattfinden kann. Der Schalter S übernimmt dabei die Schalterfunktionen des Transistors T und R dessen Widerstand.

Zum Zeitpunkt $t_0 = 0$ ist der Kondensator C_p auf die Spannung $u_{C_p} = U_0$ aufgeladen. Der Kondensator C_s sei entladen. Der Schalter S wird geschlossen und es findet ein Ladungsausgleich statt; es fließt ein Ausgleichsstrom i von C_p nach C_s.

A.51.1: Berechnen Sie den zeitlichen Verlauf von u_{C_p}, u_{C_s} und i. Stellen Sie die Ergebnisse grafisch dar.

A.51.2: Berechnen Sie die Zeitkonstante für das Ersatzschaltbild mit den Werten:

$$C_s = 1\,\text{pF} \qquad C_p = 10\,\text{pF} \qquad U_{C_p}(t_0) = 5\,\text{V} \qquad R = 1\,\text{k}\Omega$$

Lösung auf Seite 170

Aufgabe 52: RS–Kippglied

Gegeben ist das Schaltzeichen (Abb. A52.1) und die Beschreibung eines asynchronen RS–Kippgliedes nach DIN 40700:

a — S — c
b — R — d

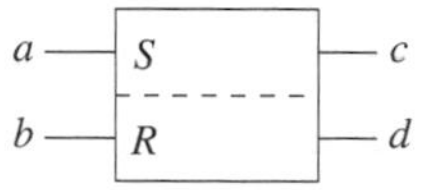

Abb. A52.1: Schaltzeichen des RS–Kippgliedes nach DIN 40700

Wenn die Variablen an beiden Eingängen verschiedene Werte oder gleichzeitig den Wert 0 haben, zeigen die Variablen an den beiden Ausgängen komplementäre (verschiedene) Werte. Wenn zunächst die Variablen an beiden Eingängen verschiedene Werte haben und dann den Wert 0 einnehmen, ändern sich die Werte der Variablen an den Ausgängen nicht. Solange die Variablen an beiden Eingängen gleichzeitig den Wert 1 einnehmen, haben die Variablen an beiden Ausgängen den gleichen Wert; wenn nachher die Variablen an den Eingängen gleichzeitig den Wert 0 einnehmen bzw. in diesen übergehen, dann ist nicht vorhersehbar, wie die Werte 1 und 0 den beiden Ausgängen zugeordnet sind.

Ergänzen Sie das in der Abb. A52.2 vorgegebene Impulsdiagramm. Dabei sind die Anfangszustände angegeben.

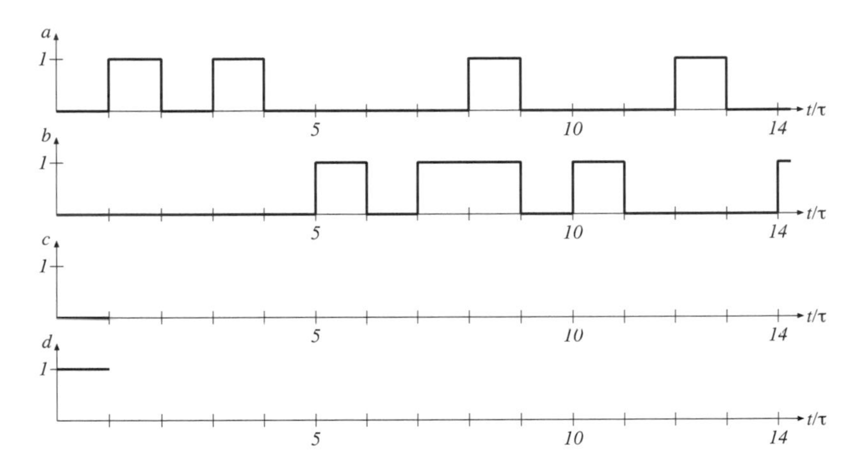

Abb. A52.2: Impulsdiagramm zur Aufgabe 52

Lösung auf Seite 174

Aufgabe 53: D–Kippglied mit Taktzustandssteuerung

Gegeben ist das Schaltzeichen (Abb. A53.1) und die Beschreibung eines taktzustandsgesteuerten D–Kippgliedes nach DIN 40700:

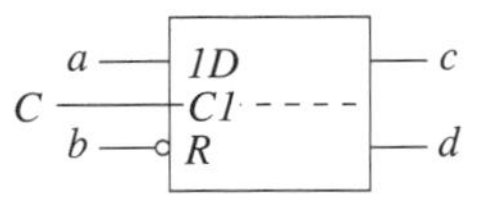

Abb. A53.1: Schaltzeichen des D–Kippgliedes nach DIN 40700

Wenn die Variable am C–Eingang den Wert 1 annimmt, wird der zu diesem Zeitpunkt vorhandene Wert der Variablen am D–Eingang im Kippglied gespeichert.

Zusätzlich verfügt das Kippglied (Flipflop) über einen 0–aktiven Rücksetzeingang der zudem taktunabhängig ist, da in dem Schaltzeichen für den R–Eingang keine Abhängigkeitsnotation (siehe Lehrbuch) eingetragen ist.

Ergänzen Sie das in der Abb. A53.2 vorgegebene Impulsdiagramm. Dabei sind die Anfangszustände angegeben.

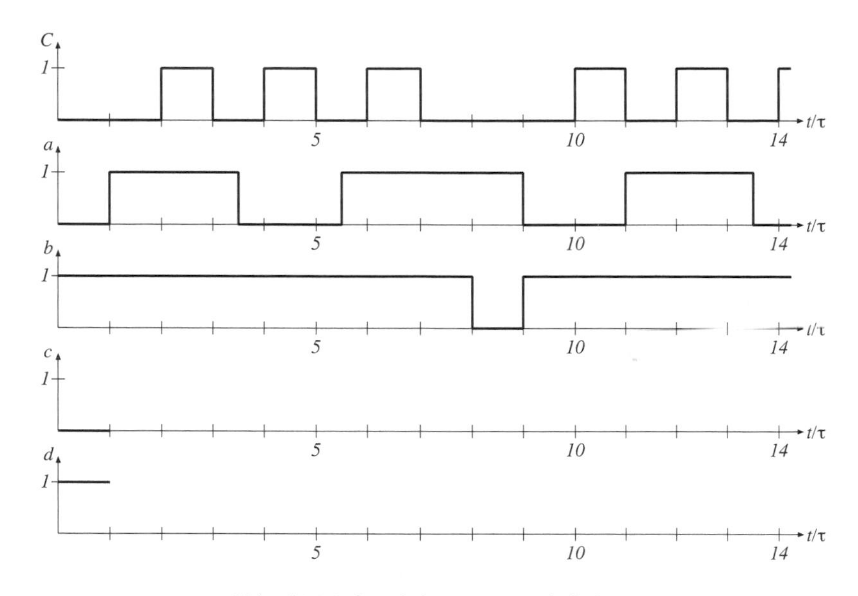

Abb. A53.2: Impulsdiagramm zur Aufgabe 53

Lösung auf Seite 175

Aufgabe 54: Übergangsfunktion des JK–Flipflop

Geben Sie die ausführliche Funktionstabelle eines JK–Flipflops an und leiten Sie daraus die Übergangsfunktion (charakteristische Gleichung) ab.

Lösung auf Seite 176

Aufgabe 55: JK–Master–Slave–Kippglied

Gegeben ist das Schaltzeichen (Abb. A55.1) und die Beschreibung eines taktflankengesteuerten JK–Master–Slave–Kippgliedes nach DIN 40700:

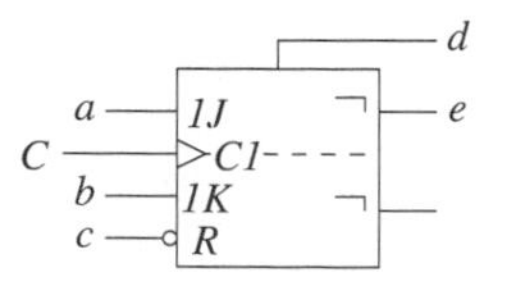

Abb. A55.1: Schaltzeichen des JK–Master–Slave–Kippgliedes nach DIN 40700

> Die Übernahme der Information am J– und am K–Eingang in das Kippglied erfolgt mit dem Übergang vom Wert 0 zum Wert 1 der Variablen am C–Eingang. Die Ausgabe erfolgt mit dem Übergang vom Wert 1 zum Wert 0 der Variablen am C–Eingang.

Der Ausgang d stellt den Ausgang Q des Master–Kippgliedes dar.

Ergänzen Sie das in der Abb. A55.2 vorgegebene Impulsdiagramm. Dabei sind die Anfangszustände angegeben.

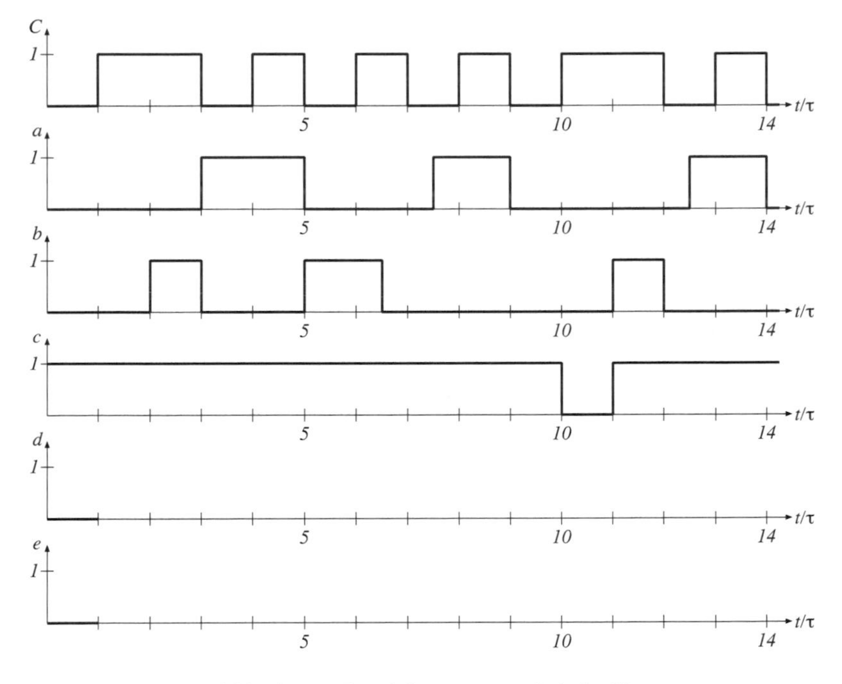

Abb. A55.2: Impulsdiagramm zur Aufgabe 55

Hinweis: Setz– und Haltezeiten werden eingehalten. Beachten Sie insbesondere die Eingangs–Änderungen zwischen den Taktimpulsen.

Lösung auf Seite 177

Aufgabe 56: D–Kippglied mit Taktflankensteuerung

Gegeben ist das Schaltzeichen (Abb. A56.1) und die Beschreibung eines D–Kippgliedes mit Einflankensteuerung:

> Wenn die Variable am C–Eingang vom Wert 0 zum Wert 1 übergeht, wird der zu diesem Zeitpunkt vorhandene Wert der Variablen am D–Eingang im Kippglied gespeichert.

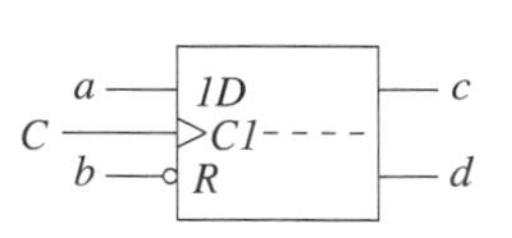

Abb. A56.1: Schaltzeichen des D-Kippgliedes nach DIN 40700

Ergänzen Sie das in der Abb. A56.2 vorgegebene Impulsdiagramm. Dabei sind die Anfangszustände angegeben.

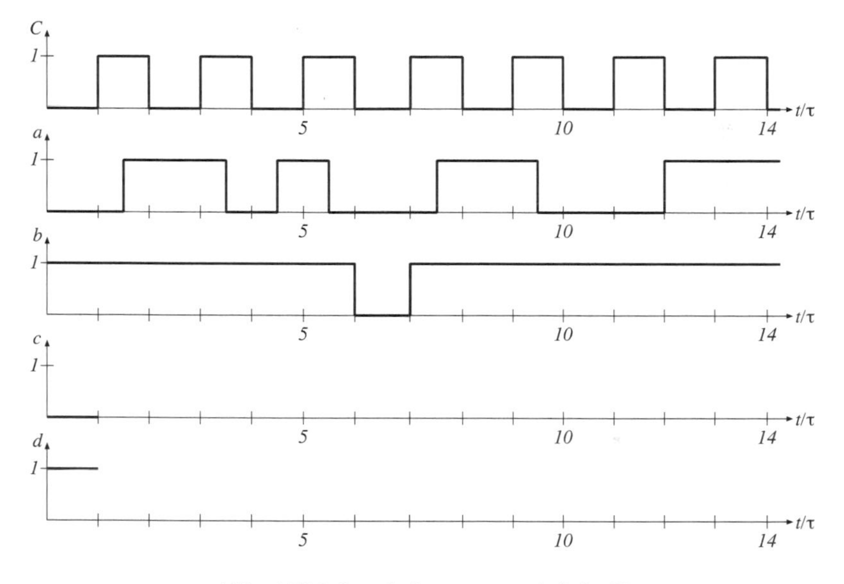

Abb. A56.2: Impulsdiagramm zur Aufgabe 56

Hinweis: Setz- und Haltezeiten werden eingehalten.

Lösung auf Seite 178

6 Schaltwerke

Aufgabe 57: Schaltwerk mit JK–Flipflops

Stellen Sie für die Schaltung aus Abb. A57.1 eine Tabelle der nacheinander auftretenden Zustände auf. Benutzen sie dazu Tabelle A57.1.

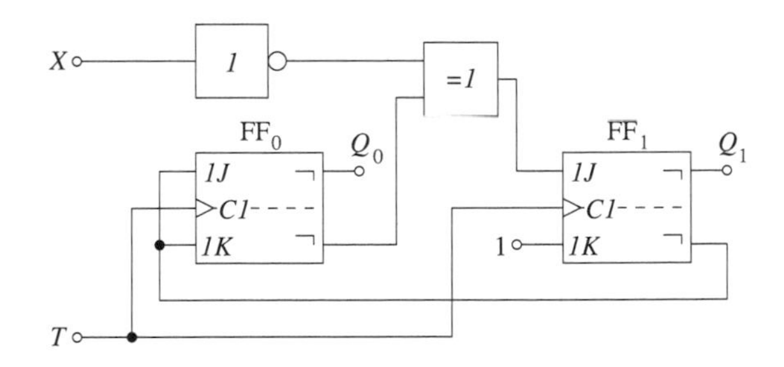

Abb. A57.1: Schaltwerk mit 2 JK–Flipflops

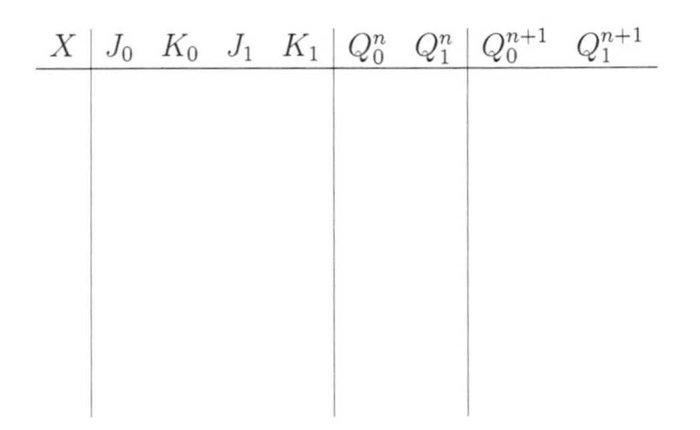

X	J_0	K_0	J_1	K_1	Q_0^n	Q_1^n	Q_0^{n+1}	Q_1^{n+1}

Tabelle A57.1: Folgezustandstabelle für Aufgabe 57

Hinweis: Der Anfangszustand der Speicherglieder soll als 0 angenommen werden !

Lösung auf Seite 179

Aufgabe 58: Asynchrones Schaltwerk

Gegeben ist das Schaltwerk aus Abb. A58.1.

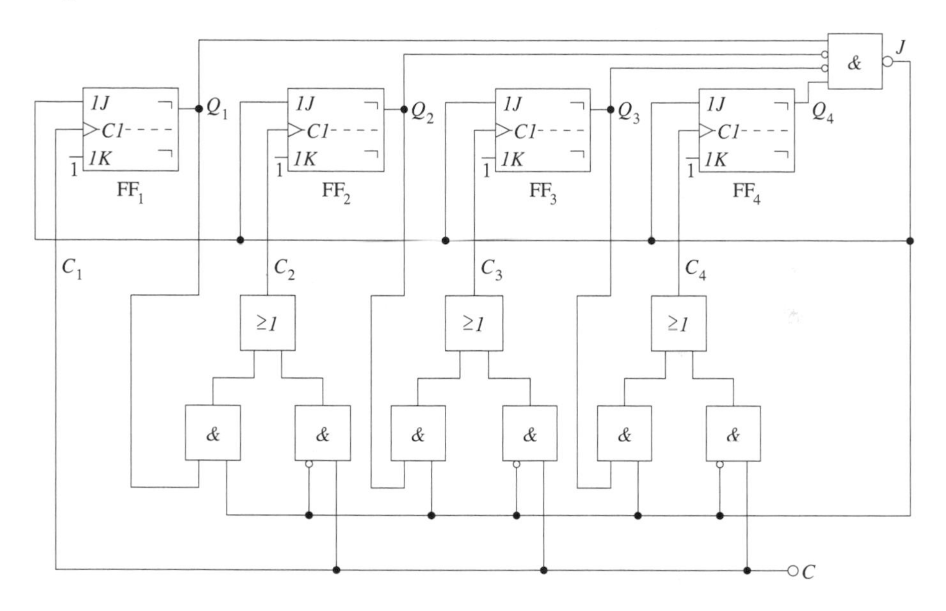

Abb. A58.1: Asynchrones Schaltwerk mit JK–Flipflops

A.58.1: Um welchen Automatentypen handelt es sich ? **Begründung** !

A.58.2: Analysieren Sie das Schaltwerk und stellen Sie das Verhalten in einer Tabelle dar.

A.58.3: Finden Sie einen Begriff, der das Verhalten des Schaltwerkes beschreibt.

Hinweis: Der Anfangszustand der Speicherglieder soll als 0 angenommen werden !

Lösung auf Seite 180

Aufgabe 59: 2–Bit–Synchronzähler

Analysieren Sie den Synchronzähler aus Abb. A59.1.

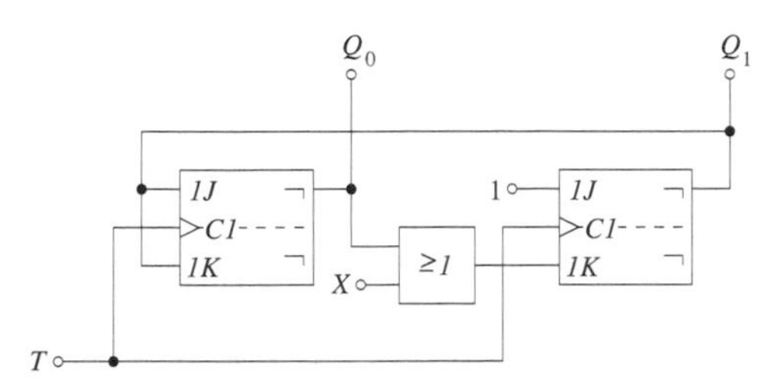

Abb. A59.1: Synchronzähler mit 2 Ausgängen

A.59.1: Bestimmen Sie ausgehend vom Startzustand $Q_0 = 0$ und $Q_1 = 0$ den Zählzyklus für $X = 1$ und für $X = 0$ und zeichnen Sie die Zustandstabelle !

A.59.2: Zeichnen Sie den Zustandsgraphen !

Lösung auf Seite 183

Aufgabe 60: 3–Bit–Synchronzähler

Analysieren Sie den Synchronzähler aus Abb. A60.1.

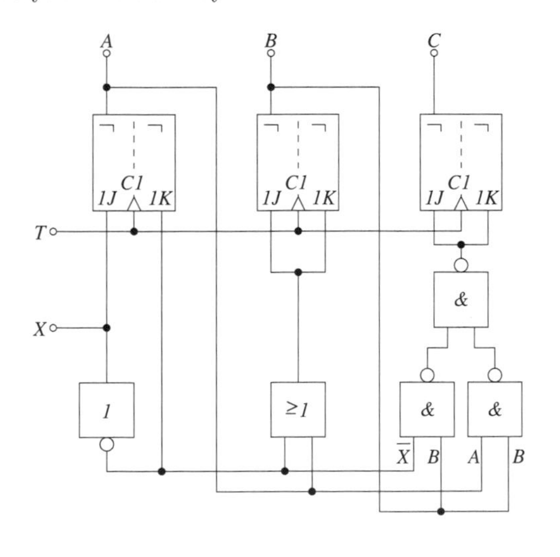

Abb. A60.1: Synchronzähler mit 3 Ausgängen

A.60.1: Bestimmen Sie ausgehend vom Startzustand $A = 0$, $B = 0$ und $C = 0$ den Zählzyklus für $X = 1$ und für $X = 0$ und zeichnen Sie die Zustandstabelle!

A.60.2: Zeichnen Sie den Zustandsgraphen !

Lösung auf Seite 183

Aufgabe 61: Medvedev–Automaten

Neben Moore– und Mealy–Automaten gibt es noch die Sonderform der sogenannten Medvedev–Automaten. Dies sind Automaten, bei denen der Ausgangsvektor identisch mit dem Zustandsvektor ist. Strukturell heißt das, dass jeder Ausgang des Automaten mit dem Ausgang eines Zustands–Flipflops identisch ist und auch jeder Flipflop–Ausgang im Ausgangsvektor enthalten ist.

A.61.1: Kann ein Mealy-Automat ein Medvedev-Automat sein ?

A.61.2: Wie lautet die Ausgangsfunktion eines Medvedev-Automaten ?

A.61.3: Ist jeder Medvedev-Automat ein Moore-Automat ?

A.61.4: Was wäre der einfachste Medvedev-Automat ?

A.61.5: Ist der Automat aus Aufgabe 60 ein Medvedev-Automat ?

Lösung auf Seite 185

Aufgabe 62: Johnsonzähler

Analysieren Sie den so genannten Johnsonzähler aus Abb. A62.1.

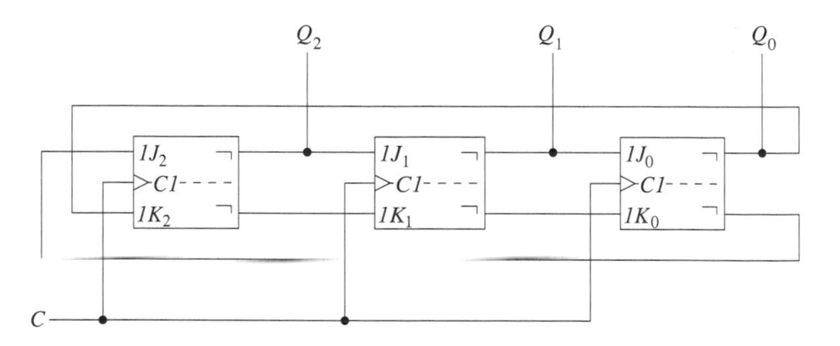

Abb. A62.1: Johnsonzähler

A.62.1: Bestimmen Sie ausgehend vom Startzustand $Q_0 = 0$, $Q_1 = 0$ und $Q_2 = 0$ den Zählzyklus !

A.62.2: Vervollständigen Sie das Impulsdiagramm (Abb. A62.2) !

Lösung auf Seite 185

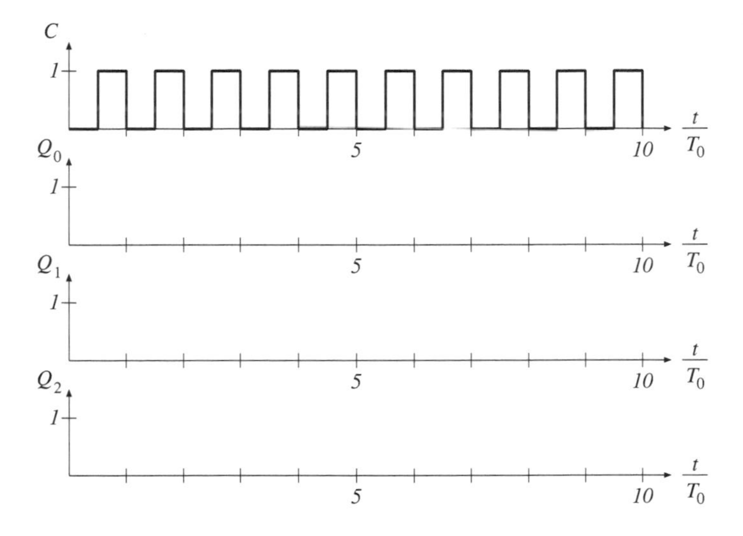

Abb. A62.2: Taktsignal und Impulsdiagramme für Aufgabe 62

Aufgabe 63: Serienaddierer

Abbildung A63.1 zeigt den Zustandsgraphen eines Serienaddierers, d.h. der Serienaddierer wird als Schaltwerk betrachtet.

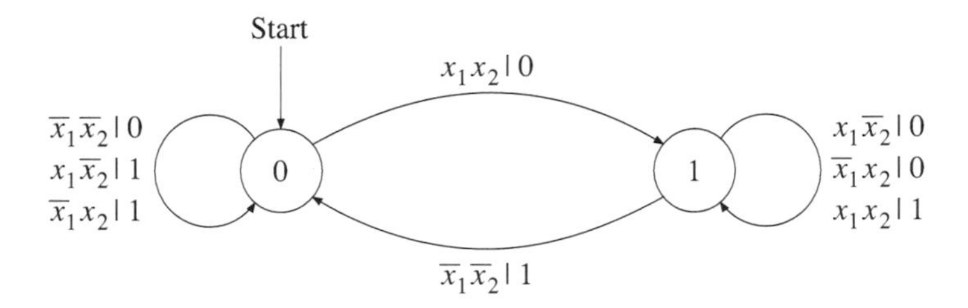

Abb. A63.1: Zustandsgraph eines Serienaddierers

Analysieren Sie das Schaltwerk und lösen Sie dabei folgende Aufgaben:

A.63.1: Um welchen Automatentypen handelt es sich ? **Begründung** !

A.63.2: Erstellen Sie die Zustandsfolgetabelle ! Welche Funktion haben die beiden Zustände ?

A.63.3: Geben Sie die Übergangs– und Ausgangsfunktion in minimaler DF an !

A.63.4: Zeichnen Sie das Schaltwerk und benutzen Sie im Schaltnetz Antivalenzglieder !

Hinweis: Der Anfangszustand des Speichergliedes soll als 0 angenommen werden !

Lösung auf Seite 186

Aufgabe 64: Entwurfsschritte

A.64.1: Nennen Sie die Schritte für den Entwurf eines synchronen Schaltwerkes mit JK–Flipflops.

A.64.2: Führen Sie diese Schritte am Beispiel eines 4–Bit–Zählers aus. Geben Sie dazu das (Teil–) Schaltwerk für die Stelle mit der Wertigkeit 2^1 an ! Der Zähler soll folgende Zählfolge aufweisen:

$$0 \quad 15 - 4 - 1 - 5 - 11 - 3 - 8 - 6 - 7$$

Lösung auf Seite 188

Aufgabe 65: Synchronzähler

Entwerfen Sie einen 3–Bit–Synchronzähler mit folgender Zählfolge:

$$0 - 1 - 3 - 7 - 6 - 5 - 0 - \cdots$$

Erstellen Sie dabei:

A.65.1: Zustandsgraph

A.65.2: Automatentabelle

A.65.3: Minimierte Funktionsgleichungen

A.65.4: Schaltbild

Lösung auf Seite 191

Aufgabe 66: Modulo–4 Zähler

Entwerfen Sie mit JK–Flipflops einen steuerbaren Modulo–4 Zähler, der bei Steuervariable $X = 0$ vorwärts und bei $X = 1$ rückwärts zählt. Erstellen Sie dabei:

A.66.1: Zustandsgraph

A.66.2: Funktionstabelle

A.66.3: Minimierte Funktionsgleichungen

A.66.4: Schaltbild

Lösung auf Seite 192

Aufgabe 67: Zustandsautomaten

Gegeben ist der Zustandsgraph eines synchronen Schaltwerkes nach Abb. A67.1.

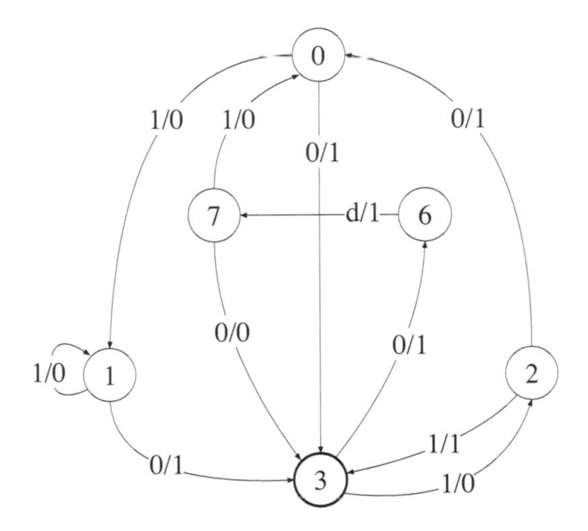

Abb. A67.1: Zustandsgraph eines synchronen Schaltwerkes

Das Schaltwerk besitzt die Zustände Z_i $(i = 0, 1, 2, 3, 6, 7)$ und verfügt sowohl über einen Eingang X als auch einen Ausgang Y. Die Beschriftung der einzelnen Kanten ist in der Form X/Y angegeben, wobei ein d für *don't care* steht. Der Zustand 3 ist der Startzustand des Schaltwerkes. Realisieren Sie das beschriebene Schaltwerk mit Hilfe von JK–Flipflops. Die Kodierung der einzelnen Zustände soll dabei der Darstellung des Zustands als duale Zahl entsprechen, d.h. der Zustand 3 soll als 011 kodiert werden.

A.67.1: Erstellen Sie die Wertetabelle für die Steuereingänge der JK–Flipflops. Beachten Sie dabei die Möglichkeiten zur Optimierung.

A.67.2: Geben Sie für die Steuersignale jeweils eine kürzeste DF an. Die Optimierung soll dabei für jedes Steuersignal einzeln erfolgen und die Unvollständigkeit der Wertetabelle ausnutzen.

Lösung auf Seite 196

Aufgabe 68: Schieberegister

Entwerfen Sie ein 3–Bit–Schieberegister mit folgenden Eigenschaften:

- Rechtsschieben
- Linksschieben
- Parallel einlesen
- Löschen

Lösen Sie dazu folgende Aufgaben:

A.68.1: Entwerfen Sie einen 4:1 Multiplexer !

A.68.2: Vervollständigen Sie das gegebene Schaltbild (Abb. A68.1), so dass das Schieberegister die geforderten Eigenschaften erfüllt !

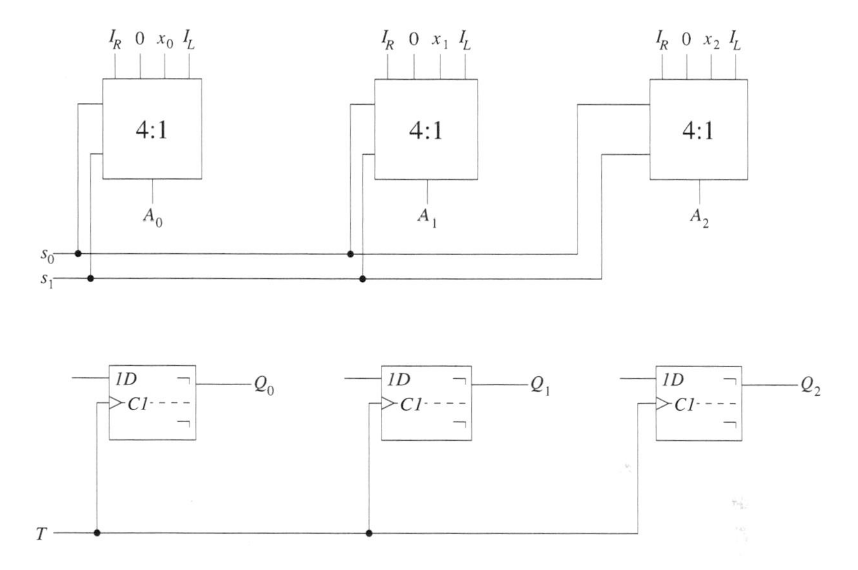

Abb. A68.1: Zu vervollständigendes Schaltbild eines 3–Bit–Schieberegisters

Lösung auf Seite 199

Aufgabe 69: Mikroprogrammsteuerwerk

Entwerfen Sie einen steuerbaren Modulo–4 Zähler, der bei der Belegung der Steuervariable mit $X = 0$ vorwärts und mit $X = 1$ rückwärts zählt, indem Sie das Mikroprogrammsteuerwerk aus Abb. A69.1 programmieren.

Markieren Sie dazu die Stellen, an denen Koppelelemente (z.B. Dioden) eingebaut werden müssen, um die 1 von der Wortleitung auf die Datenleitung zu schalten.

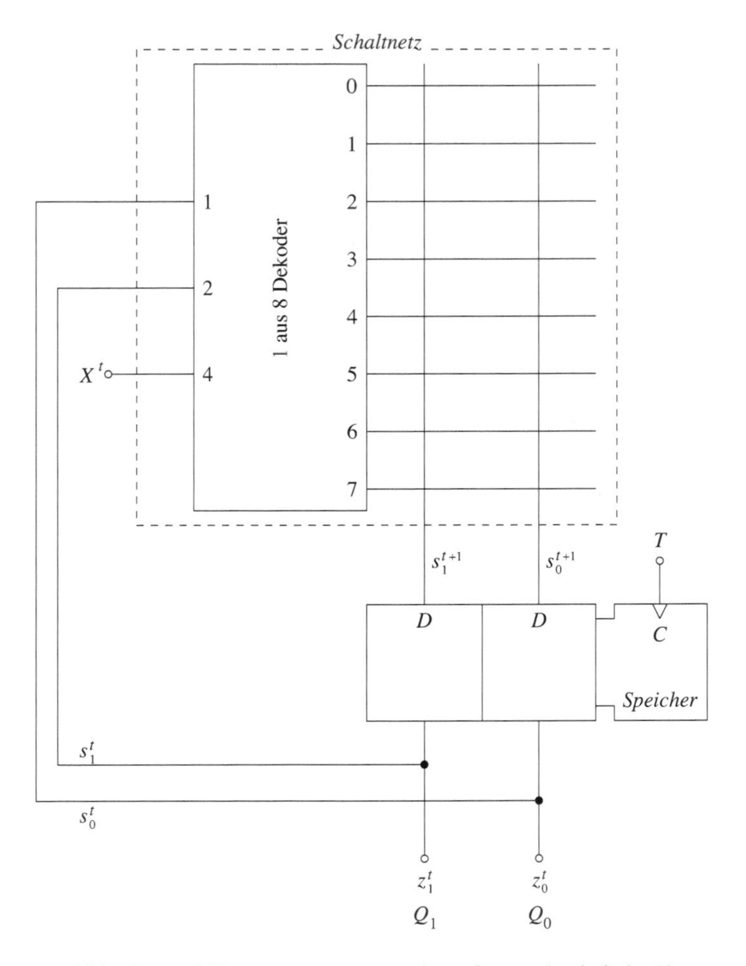

Abb. A69.1: Mikroprogrammsteuerwerk zur Lösung der Aufgabe 69

Lösung auf Seite 201

Aufgabe 70: 4–Bit Synchronzähler

Es soll ein 4–Bit Synchronzähler (0−15) mit D–Flipflops entworfen werden. Zur Verfügung stehen außer vier D–Flipflops noch ein Festwertspeicher (Abb. A70.1).

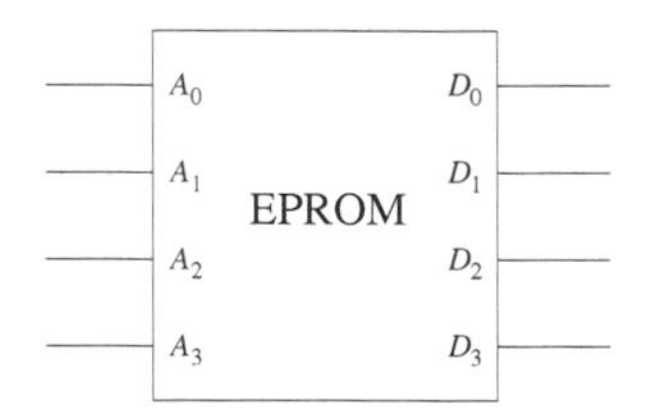

Abb. A70.1: EPROM zur Lösung der Aufgabe 70

Zeichnen Sie die Schaltung und geben Sie die „Programmierung" des Speichers in Hexdezimaldarstellung an !

Lösung auf Seite 202

Aufgabe 71: Umschaltbarer 3–Bit–Synchronzähler

Wie in Aufgabe 70 soll ein umschaltbarer 3-Bit–Synchronzähler mit D–Flipflops und einem 16 × 6–Bit EPROM entworfen werden. Zeichnen Sie die Schaltung und geben Sie die Programmierung des EPROMs im Hexcode an !

Zählfolgetabelle:

	0	1	2	3	4	5	6	7
$X = 0$	2	4	3	6	6	0	0	0
$X = 1$	1	2	3	4	1	0	4	0

Lösung auf Seite 202

Aufgabe 72: PLA–Baustein

Gegeben ist eine PLA–Struktur (Abb. A72.1) mit integrierten D–Flipflops (vgl. Lehrbuch, Band 1).

Programmieren Sie die PLA–Struktur so, dass ein Modulo–12 Zähler realisiert wird.

A.72.1: Tragen Sie in der UND– und ODER–Matrix die entsprechenden Koppelelemente (in Form von Verbindungspunkten) ein.

A.72.2: Zeichnen Sie auch die Rückkopplungsverbindungen von den D–Flipflops zu den Eingängen.

Lösung auf Seite 204

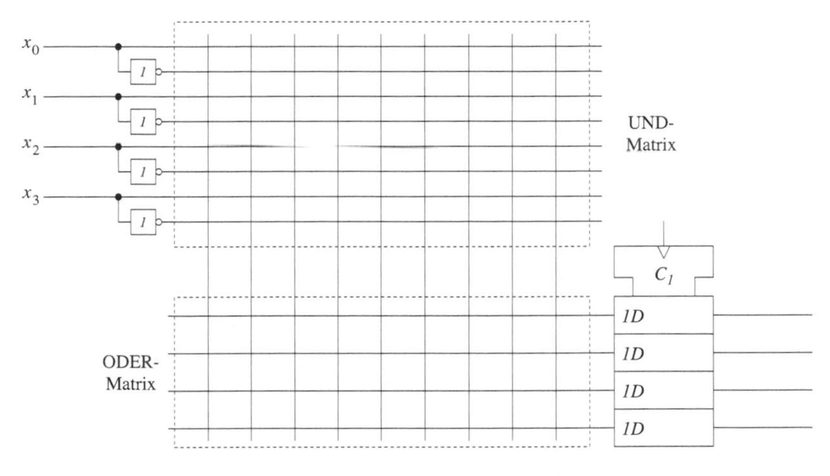

Abb. A72.1: FPLS zur Aufgabe 72

Aufgabe 73: 8421–BCD–Code Tester

Entwerfen Sie ein Schaltwerk, das seriell empfangene 4–stellige Binärworte auf 8421–BCD[1]–Zahlen überprüft. Die Eingabe beginnt mit der werthöchsten Stelle (MSB[2]). Wenn eine 8421–BCD–Zahl erkannt wird, soll das durch ein 1–Signal am Ausgang angezeigt werden.

Hinweis: Die Aufgabe kann durch das Blockschaltbild aus Abbildung A73.1 dargestellt werden.

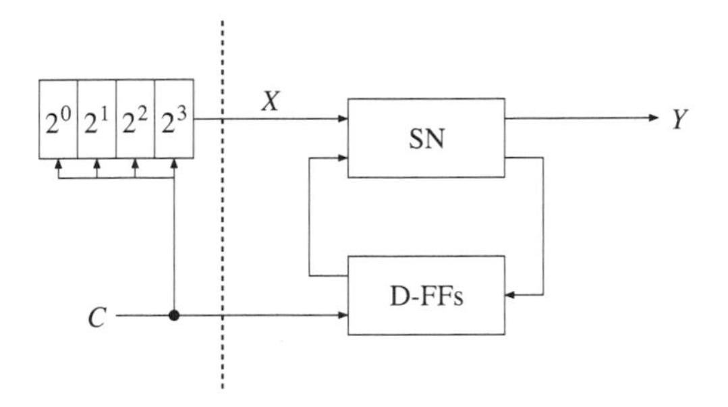

Abb. A73.1: Blockschaltbild eines 8421–BCD–Code Testers, der durch ein Rechtsschieberegister angesteuert wird

Lösung auf Seite 206

[1]Binary Coded Decimals: Dualzahlen von 0 bis 9

[2]Most Significant Bit

7 Computertechnik

Aufgabe 74: Maximale Taktfrequenz

Wie hoch darf die maximale Taktfrequenz eines synchronen Schaltwerks sein, das durch die Kenngrößen $T_{Rg} = 300\text{ps}$, $T_W = 2\text{ns}$, $T_{gR} = 200\text{ps}$, $T_K = 1\text{ns}$, $T_{gt} = 100\text{ps}$ und $T_g = 4\text{ns}$ beschrieben wird?

Lösung auf Seite 212

Aufgabe 75: Operationswerk

Skizzieren Sie ein Operationswerk mit zwei Registern R_1 und R_2. Durch eine Steuervariable S soll es möglich sein, im darauffolgenden Taktzyklus eine der beiden folgenden Mikrooperationen auszuführen.

$S = 0$ Tausche die Registerinhalte von R_1 und R_2.

$S = 1$ Addiere die Registerinhalte von R_1 und R_2 und schreibe die Summe in das Register R_1. Das Register R_2 soll dabei unverändert bleiben.

Lösung auf Seite 212

Aufgabe 76: Dualzahlen

Bestimmen Sie den dezimalen Wert W der folgenden Dualzahlen. Das Komma trennt wie bei Dezimalzahlen den ganzzahligen vom gebrochenen Anteil.

A.76.1: `1001,100101`

A.76.2: `10110,10111`

Lösung auf Seite 213

Aufgabe 77: Hexadezimalzahlen

Bestimmen Sie den dezimalen Wert W der beiden folgenden Hexadezimalzahlen:

A.77.1: `A5C8`

A.77.2: `9B15`

Lösung auf Seite 213

Aufgabe 78: Umwandlung natürlicher Zahlen

Da eine ALU nur Binärzeichen verarbeiten kann, werden die dem Menschen geläufigen Dezimalzahlen in Dualzahlen umgewandelt. Bei der Umwandlung von einem (polyadischen) Zahlensystem zu einem anderem, darf der Wert einer Zahl nicht verändert werden. Wir wollen im Folgenden die Umwandlung natürlicher Zahlen in dezimaler Darstellung in die duale Darstellung betrachten:

$$W_{10} \stackrel{!}{=} W_2 = \sum_{i=0}^{m} b_i \cdot 2^i$$

Nach dem Hornerschema kann das Polynom zur Berechnung des dualen Wertes wie folgt dargestellt werden:

$$W_{10} = (\ldots(((b_m \cdot 2 + b_{m-1})\, 2 + b_{m-2})\, 2 + b_{m-3})\, 2 + \ldots b_1)\, 2 + b_0$$

Dividiert man die beiden Seiten durch 2, so ergibt sich ein ganzzahliger Teil $W_{10}^{(1)}$ und ein Rest, der b_0 entspricht. Dividiert man $W_{10}^{(1)}$ erneut durch 2, so erhält man b_1 als Rest und $W_{10}^{(2)}$ als ganzzahligen Anteil, usw. Diese *Divisionsmethode* wird solange fortgesetzt, bis der ganzzahlige Anteil null ergibt.

Wie lautet die duale Darstellung der folgenden Dezimalzahlen ?

A.78.1: $W_{10} = 130.956$

A.78.2: $W_{10} = 240.159$

Hinweis: Der Punkt dient lediglich zur besseren Lesbarkeit und darf nicht als Komma zur Trennung des ganzzahligen vom gebrochenen Teil interpretiert werden !

Lösung auf Seite 214

Aufgabe 79: Umwandlung gebrochener Zahlen

A.79.1: Geben Sie eine Umwandlungsmethode an, um gebrochene Dezimalzahlen, deren Wert durch

$$w_{10} = \sum_{i=1}^{n} d_{-i} \cdot 10^{-i}$$

gegeben ist, in eine äquivalente Dualzahl zu überführen. Der Wert der Dualzahl ergibt sich analog zu

$$w_2 = \sum_{i=1}^{m} b_{-i} \cdot 2^{-i}$$

Hinweis: Benutzen Sie das Hornerschema zur Darstellung der letzten Gleichung.

A.79.2: Wenden Sie die Umwandlungsmethode aus A.79.1 auf folgende Dezimalzahl an:

$$w_{10} = 0,180690$$

Die duale Darstellung soll 20 Stellen hinter dem Komma haben. Benutzen Sie zur Probe das Hornerschema mit 10 Stellen und ermitteln sie den darstellungsbedingten Fehler !

A.79.3: Bestimmen Sie in Verbindung mit Aufgabe 78 die Darstellung von π im dualen Zahlensystem mit 20 Stellen hinter dem Komma !

Lösung auf Seite 215

Aufgabe 80: Subtraktion von Dualzahlen

Zeigen Sie, dass man die Subtraktion zweier Dualzahlen auf die Addition des Zweierkomplements des Subtrahenden zurückführen kann.

Lösung auf Seite 216

Aufgabe 81: Zweierkomplement

Zeigen Sie, dass man das Zweierkomplement einer Dualzahl erhält, indem man diese Zahl bitweise invertiert und das Ergebnis um Eins erhöht.

Lösung auf Seite 217

Aufgabe 82: Subtraktionsprogramm

Schreiben Sie für die Operationswerk–Simulation (Anhang E.1) ein Programm zur Subtraktion zweier Zahlen. Der Minuend soll vom X–Dateneingang und der Subtrahend vom Y–Dateneingang gelesen werden. Das Ergebnis soll im Register Y stehen.

Lösung auf Seite 219

Aufgabe 83: Multiplikation und Division in dualer Darstellung

Führen Sie folgende Rechnungen im Dualsystem durch:

A.83.1: $135_{10} \cdot 21_{10} =?$

A.83.2: $1150_{10} : 46_{10} =?$

Lösung auf Seite 219

Aufgabe 84: Multiplikationsprogramm

Schreiben Sie für die Operationswerk–Simulation (Anhang E.1) ein Programm zur Multiplikation zweier Zahlen. Die Zahlen sollen von den Dateneingängen gelesen werden und das Ergebnis soll im Register Y stehen.

Lösung auf Seite 220

Aufgabe 85: Bereichsüberschreitung beim Zweierkomplement

A.85.1: Zeichnen Sie einen Zahlenkreis für die Zweierkomplementdarstellung einer 3–Bit Zahl (vgl. Lehrbuch Band 2). Die duale Darstellung soll außerhalb und der dezimale Wert innerhalb des Zahlenkreises abgetragen werden.

A.85.2: Geben Sie vier Beispiele für Additionen an, bei denen sich ein

a) negatives Ergebnis

b) positives Ergebnis

c) Underflow

d) Overflow

ergibt ! Beachten Sie dabei die Belegung der Überträge c_2 und c_3 bzw. deren Antivalenz–Verknüpfung.

Lösung auf Seite 221

Aufgabe 86: 8–Bit Subtraktionen im Dualsystem

Subtrahieren Sie im Dualsystem, indem Sie das Zweierkomplement addieren. Alle Zahlen sollen mit einer Maschinenwortbreite von acht Bit dargestellt werden. Vergleichen Sie ihre Ergebnisse mit entsprechenden Rechnungen im Dezimalsystem und kommentieren Sie die Ergbnisse !

A.86.1: Geben Sie den mit der vorgegebenen Maschinenwortbreite darstellbaren Zahlenbereich an !

Bestimmen Sie nun folgende Differenzen:

A.86.2: $115_{10} - 68_{10} =?$

A.86.3: $70_{10} - 87_{10} =?$

A.86.4: $-54_{10} - 76_{10} =?$

Lösung auf Seite 222

Aufgabe 87: Umrechnung von m/s in km/h

Ein digitaler Geschwindigkeitssensor liefert einen 8–Bit Eingangsvektor X als vorzeichenlose Dualzahl. Die Geschwindigkeit wird mit einer Auflösung von 0,25 m/s gemessen. Der Messwert soll zyklisch in km/h umgerechnet werden, die in einem Register Y gespeichert wird. Die Ausgänge dieses Registers sind identisch mit dem Ausgabevektor Y. Die Geschwindigkeit soll mit einer Auflösung von 0,1 km/h als Dualzahl ausgegeben werden.

A.87.1: Entwerfen Sie ein ASM–Diagramm, in dem lediglich Additions– und 1–Bit Schiebeoperationen verwendet werden.

A.87.2: Entwerfen Sie das entsprechende Operationswerk.

A.87.3: Entwerfen Sie ein Steuerwerk mit One–hot Zustandscodierung

Lösung auf Seite 224

Aufgabe 88: Bestimmung des Logarithmus zur Basis 2

Entwerfen Sie ein komplexes Schaltwerk, das aus einem n–Bit Eingangsvektor X den ganzzahligen Teil des Logarithmus zur Basis 2 ermittelt. Sobald ein gültiger Eingangsvektor am Eingang anliegt, wird die Berechnung durch ein Signal $Start = 1$ gestartet. Durch das Signal $Fertig = 1$ soll angezeigt werden, dass das Ergebnis am Ausgang Y gültig ist.

A.88.1: Entwerfen Sie zuerst das ASM–Diagramm für ein MEALY–Schaltwerk, das die Aufgabenstellung löst.

A.88.2: Entwerfen Sie das Operationswerk.

A.88.3: Entwerfen Sie ein MEALY-Steuerwerk, das eine One–hot Codierung verwendet.

Lösung auf Seite 225

Aufgabe 89: Befehlssatz eines Prozessors

Entwickeln Sie einen Mini–Befehlssatz für die RALU–Simulation (Anhang E.2). Dabei sollen sich die Befehle an denen des Microprozessors 6502 orientieren.

Dieser Prozessor verfügt über ein Register namens Akkumulator, über das alle mathematischen Operationen „laufen". Das heißt, sowohl eine an den Operationen beteiligte Zahl, als auch das Ergebnis stehen im Akku. Weiterhin gibt es zwei Index–Register X und Y, die sich für Zählvorgänge eignen. Um diese Register in der RALU zu simulieren, treffen wir folgende Zuordnung: Der Akkumulator soll das RALU–Register 15 sein, die Indexregister X und Y die RALU–Register 13 und 14. Weiterhin können bei der Implementierung der Befehle die Register 10 bis 12 genutzt werden.

Somit stehen die Register 0 bis 9 für spätere Makroprogramme zur Verfügung, wobei Register 0 die Rolle des Parameters zukommt, da bei der RALU–Simulation Mikroprogramme nicht parametrisiert sein können.

A.89.1: Realisieren Sie folgende Befehle für den Akkumulator:

Mnemonic	*Beschreibung*
`lda`	load accumulator: Lade den Akkumulator mit dem Wert aus Register 0
`sta`	store accumulator: Schreibe den Akkumulatorwert ins Register 0
`cmp`	compare accumulator: Vergleiche den Akkumulatorwert mit Register 0. Danach soll aufgrund der Status–Flags verzweigt werden können, wenn der Akkumulator kleiner, gleich oder größer als der Wert von Register 0 ist. Der Wert des Akkus soll nicht verändert werden !
`adc`	add with carry: Addiere Register 0 zum Akkumulator, benutze das Carry–Flag dabei als Grundübertrag.
`sbc`	subtract with carry: Subtrahiere Register 0 vom Akkumulator, benutze das Carry–Flag dabei als Entleihung.

A.89.2: Realisieren Sie folgende Befehle für die Index–Register:

Mnemonic	*Beschreibung*
`ldx`	load x–register: Lade X–Register mit dem Wert aus Register 0
`ldy`	load y–register: Lade Y–Register mit dem Wert aus Register 0
`stx`	store x–register: Schreibe X–Register ins Register 0
`sty`	store y–register: Schreibe Y–Register ins Register 0
`dex`	decrement x–register: Vermindere das X–Register um eins.
`dey`	decrement y–register: Vermindere das Y–Register um eins.
`inx`	increment x–register: Erhöhe das X–Register um eins.
`iny`	increment y–register: Erhöhe das Y–Register um eins.
`cpx`	compare x–register: Analog zu cmp für den Akku.
`cpy`	compare y–register: Analog zu cmp für den Akku.

A.89.3: Realisieren Sie folgende Befehle für die Index–Register und den Akkumulator:

Mnemonic	*Beschreibung*
`txa`	transfer x to a: Tranferiere X–Register zum Akkumulator.
`tya`	transfer y to a: Tranferiere Y–Register zum Akkumulator.
`tax`	transfer a to x: Tranferiere Akkumulator zum X–Register.
`tay`	transfer a to y: Tranferiere Akkumulator zum Y–Register.

A.89.4: Schreiben Sie nur mit den in den Aufgaben A.89.1 bis A.89.3 erstellten Mikroprogrammen (Maschinenbefehle) folgende Makroprogramme:

Mnemonic	*Beschreibung*
`mul`	multiply: Multipliziere Akku mit Register 0.
`div`	divide: Dividiere Akku durch Register 0.

Dabei sollen in den Makroprogrammen weder Steuerworte gesetzt noch `clock`–Befehle verwendet werden.

Lösung auf Seite 227

Aufgabe 90: Fahrenheit nach Celsius

Schreiben sie ein Makroprogramm für die RALU (Anhang E.2), zur Umwandlung von Grad Fahrenheit nach Grad Celsius nach der Formel:

$$°C = (\ °F - 32\ )\ /\ 1,8$$

Benutzen Sie die Mikro– und Makroprogramme (Maschinenbefehle bzw. Makros für `mul` und `div`) aus der Aufgabe 89. Der Betrag des Ergebnisses soll in Register 0 stehen, und das Vorzeichen im Y–Register (1=negativ, 0=positiv).

Hinweis: Nachkommastellen des Ergebnisses sollen unberücksichtigt bleiben.

Lösung auf Seite 231

Aufgabe 91: Briggscher Logarithmus

Schreiben Sie ein RALU–Programm (Anhang E.2) zur Berechnung des Briggschen Logarithmus (Logarithmus zur Basis 10) nach der Formel:

$$\log x = \frac{\operatorname{ld} x}{\operatorname{ld} 10}$$

Schreiben Sie dazu das Programm zur Berechnung des Logarithmus dualis aus dem Lehrbuch (Lehrbuch Band 2) so um, dass sie es als Mikroprogramm aufrufen können. Verwenden Sie ferner die aus Aufgabe 89 bekannten Mikro– und Makroprogramme !

Lösung auf Seite 232

Aufgabe 92: Exponent für Gleitkommaformat nach IEEE–754

A.92.1: Geben Sie eine Gleichung an, um den Exponenten bei der Gleitkommadarstellung nach IEEE–754 zu ermitteln !

Demonstrieren Sie die Anwendung an folgenden Zahlen:

A.92.2: 4096

A.92.3: π

A.92.4: -280492

Lösung auf Seite 233

Aufgabe 93: Gleitkomma–Multiplikation

A.93.1: Welche Schritte müssen durchgeführt werden, um zwei Gleitkommazahlen (vgl. Lehrbuch Band 2) miteinander zu multiplizieren ?

A.93.2: Demonstrieren Sie die Anwendung dieser Schritte an folgender Gleitkomma–Multiplikation:

$$0,8365 \cdot 10^{3} * 0,103 \cdot 10^{-2}$$

Lösung auf Seite 234

Aufgabe 94: Branch Target Cache

Gegeben sei folgendes kurzes Programm

```
1: Load R1,#10      ; R1 mit 10 laden
2: Add R1,R1,#1     ; R1 inkrementieren
3: Store [R2],R1    ; R1 indirekt in externes RAM (Adresse R2) speichern
4: Jump 1           ; bei 1 fortfahren
```

A.94.1: Wie viele Schreib/Lese-Zugriffe sind auf das externe RAM zu beobachten, wenn der Prozessor keinerlei Cachespeicher besitzt?

A.94.2: Nun werde der Prozessor um einen BTC (Branch Target Cache) erweitert. Wie viele Zugriffe erfolgen auf das externe RAM, wenn in jedem BTC-Eintrag ein Maschinenbefehl gespeichert werden kann?

Lösung auf Seite 235

Aufgabe 95: Analyse von CISC–Assembler

Gegeben sind zwei C–Programme (Tabelle A95.1) sowie die beiden daraus übersetzten Assemblerprogramme eines CISC–Prozessors (Tabelle A95.2).

Welches Assemblerprogramm entspricht welchem C–Programm ? **Begründung** !

do–*Schleife*	while–*Schleife*

main()
{
    register int i;
 	
    i=0;
    do{ i++; } while(i<10);
}
	main()
	{
	    register int i;
	
	    i=0;
	    while (i<10) i++;
	}

Tabelle A95.1: C–Programme einer do– und einer while–Schleife

Assembler–Programm 1	*Assembler–Programm 2*

.globl _main
_main:
    link a6,#0
    clrl d0
L2:
    addql #1,d0
L4:
    moveq #9,d1
    cmpl d0,d1
    jlt L3
    jra L2
L3:
L1:
    unlk a6
    rts
	.globl _main
	_main:
	    link a6,#0
	    clrl d0
	L2:
	    moveq #9,d1
	    cmpl d0,d1
	    jlt L3
	    addql #1,d0
	    jra L2
	L3:
	L1:
	    unlk a6
	    rts

Tabelle A95.2: Assembler–Programme der C–Programme aus Tabelle A95.1

Lösung auf Seite 235

Aufgabe 96: CISC versus RISC

Gegeben ist das C–Programm aus Tabelle A96.1, welches auf ein Array von Zeichen zugreift.

Array–Zugriff

```
main()
{
    register char c;
    char *name = "Hallo";

    c = name[2];
}
```

Tabelle A96.1: Einfaches C–Programm

Dieses Programm wurde für einen RISC– und für einen CISC–Prozessor übersetzt. Die beiden entsprechenden Assemblerprogramme zeigt Tabelle A96.2.

Assembler–Programm 1

```
        data
        align     4
@LC0:
        string     "Hallo\000"
        text
        align     4
        global     _main
_main:
        subu      r31,r31,64
        st        r1,r31,36
        st        r30,r31,32
        addu      r30,r31,32
@Ltb0:
        or.u      r8,r0,hi16(@LC0)
        or        r8,r8,lo16(@LC0)
        st        r8,r30,16
        or        r11,r0,2
        ld        r9,r30,16
        addu      r11,r11,r9
        ld.b      r12,r0,r11
@L1:
@Lte0:
        subu      r31,r30,32
        ld        r1,r31,36
        ld        r30,r31,32
        addu      r31,r31,64
        jmp       r1
```

Assembler–Programm 2

```
.cstring
LC0:
    .ascii "Hallo\0"
.text
    .align 1
.globl _main
_main:
    link a6,#-4
    movel #LC0,a6@(-4)
    movel a6@(-4),a0
    addqw #2,a0
    moveb a0@,d0
L1:
    unlk a6
    rts
```

Tabelle A96.2: Assembler–Programme zum C–Programm aus Tabelle A96.1

Welches Assemblerprogramm entspricht welcher Architektur ? **Begründung** !

Lösung auf Seite 236

Aufgabe 97: Scheduling und Renaming

Gegeben sei ein Maschinenprogramm und ein superskalarer Prozessor mit zwei Integer-ALUs (IU) und zwei Load/Store-Einheiten (LS). Bis auf die Multiplikation benötigen alle Operationen nur einen Taktzyklus. Die Multiplikation erfordert zwei Taktzyklen.

```
1.  LOAD R1,[A] 2.  LOAD R2,[B] 3.  MUL R3,R1,R2 4.  LOAD R1,[C]
5.  LOAD R2,[D] 6.  MUL R4,R1,R2 7.  ADD R1,R3,R4 8.  STORE [E],R1
9.  SUB R2,R3,R4 10. STORE [F],R2
```

A.97.1: Wie viele Taktzyklen würden zur Ausführung des Maschinenprogramms auf einem skalaren Prozessor benötigt, der über nur je eine der o.g. Ausführungseinheiten verfügt und der diese nur nacheinander benutzen kann. Berücksichtigen Sie nur die Zeiten, die von den Ausführungseinheiten benötigt werden!

A.97.2: Die Befehle sollen nun den Ausführungseinheiten so zugeordnet werden, dass die Zeit zur Ausführung minimiert wird. Dabei darf zwar die vorgegebene Befehlsreihenfolge nicht aber die Registerzuordnung verändert werden.

A.97.3: Durch Umbenennung einiger Register (register renaming) kann die Ausführungszeit weiter verringert werden. Bestimmen Sie die maximal erreichbare Beschleunigung und vergleichen Sie diesen Wert mit dem theoretischen Optimalwert.

Lösung auf Seite 236

Aufgabe 98: Magnetisierungsmuster

Der Buchstabe 'x' soll im ASCII-Code auf einem magnetomotorischen Speicher abgelegt werden.

A.98.1: Geben Sie das Bitmuster des Zeichens 'x' im ASCII-Code an!

A.98.2: Geben Sie das Magnetisierungsmuster der FM–Codierung des Zeichens an! Verwenden Sie dabei folgende Notation:
K = Magnetisierung beibehalten
F = Wechsel des magnetischen Flusses

A.98.3: Geben Sie analog zur zweiten Teilaufgabe das Magnetisierungsmuster der MFM–Codierung an!

A.98.4: Geben Sie analog zur zweiten Teilaufgabe das Magnetisierungsmuster der RLL(2.7)–Codierung an!

A.98.5: Skizzieren Sie die Zeitverläufe der Schreibströme für die o.g. Codierungen!

Lösung auf Seite 237

Aufgabe 99: Cyclic Redundancy Check

Führen Sie den Cyclic Redundancy Check (CRC) für folgende Parameter aus:
Nachricht: 111001101
Generatorpolynom: $G(x) = x^5 + x^3 + x + 1$

Lösung auf Seite 239

Aufgabe 100: Virtueller Speicher mit Paging–Technik

Ein Computer soll mit einem virtuellen Speicher ausgerüstet werden, der die Paging–Technik (Seitenwechsel) verwendet. Die virtuellen Adressen sollen 32–Bit groß sein und der 4 M–Worte große Hauptspeicher soll in 4 k–Worte große Seiten (Rahmen) aufgeteilt werden.

A.100.1: Skizzieren Sie den Aufbau der virtuellen Adresse !

A.100.2: Wie ist eine Seitentabelle aufgebaut (Zahl der Einträge, Aufbau eines Eintrags) ? Geben Sie dabei eine detailierte Beschreibung für mindestens vier Zustandsbits an !

A.100.3: Wie wird die Seitentabelle benutzt, um die physikalische Adresse im Hauptspeicher zu bestimmen ?

A.100.4: Der Computer soll für Mehrprogrammbetrieb ausgelegt sein. Wovon hängt die maximale Größe der quasi gleichzeitig ablaufenden Programme (inklusive Daten) ab ?

Lösung auf Seite 239

Aufgabe 101: Tastenfeld

Gegeben sei ein Tastenfeld mit 16 Tasten, die in einer 4 x 4 Matrix angeordnet sind (Abb. A101.1). Beim Drücken einer Taste werden die beiden Leitungen, die sich im Kreuzungspunkt befinden, miteinander verbunden. Die Tasten werden als prellfrei angenommen, d.h. sie schließen den Kontakt pro Tastendruck nur einmal. Außerdem sei sichergestellt, dass nie mehr als eine Taste gleichzeitig gedrückt wird.

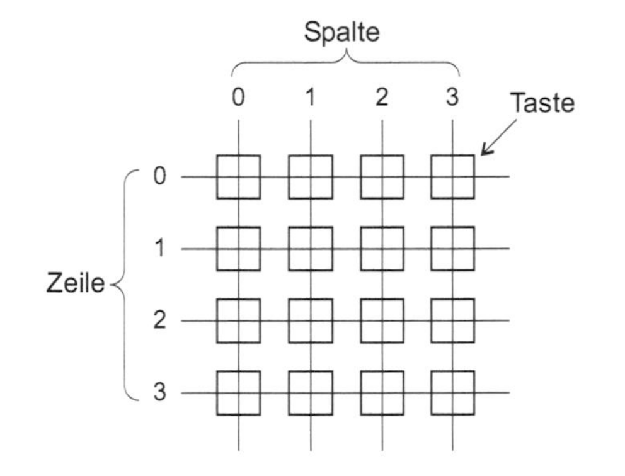

Abb. A101.1: Tastenmatrix

A.101.1: Entwerfen Sie ein Schaltwerk, das einen 4–Bit Scancode liefert, der wie folgt aufgebaut ist:

$$\underbrace{z_0 z_1}_{Zeile}\ \underbrace{s_1 s_0}_{Spalte}$$

Der Scancode der zuletzt gedrückten Taste soll in einem Register (Latch) zwischengespeichert werden. Eine 1–0 Flanke an einem Ausgang *Key_pressed* soll anzeigen, dass im Register ein neuer Scancode vorliegt.

A.101.2: Damit kein Tastendruck „übersehen“ wird, muss das Schaltwerk die Tastenmatrix schnell genug abfragen. Es sei angenommen, dass eine Taste genau

50 ms lang gedrückt werde. Mit welcher Taktfrequenz muss das Schaltwerk getaktet werden, damit an *Key_pressed* eine minimale Impulsbreite von 5ms garantiert wird?

A.101.3: Liefert Ihr Schaltwerk aus der ersten Teilaufgabe mehr als einen *Key_pressed*–Impuls, wenn eine Taste länger als 50 ms gedrückt wird? Wenn ja: Erweitern Sie Ihre Schaltung so, dass auch für diesen Fall nur ein einziger *Key_pressed*–Impuls ausgegeben wird!

Lösung auf Seite 241

Aufgabe 102: Parallele Schnittstelle

Ein Chip für eine parallele Schnittstelle (z.B. der Baustein 8255) soll am Systembus eines PCs angeschlossen werden. Der Chip für **LPT1:** verfügt über drei Register, die über die Adressen 378_H (Daten), 379_H (Status) und $37A_H$ (Steuerung) angesprochen werden.

A.102.1: Wie viele Adresseingänge zur Auswahl der Steuerregister werden benötigt und wie werden sie erzeugt?

A.102.2: Erläutern Sie, weshalb der Baustein über bidirektionale TriState-Treiber an den Systembus angekoppelt werden muss!

A.102.3: Entwerfen Sie einen Adressdecoder, der die 32 Bits ($A_{31} \cdots A_0$) so auswertet, dass der Baustein durch eine 0 an seinem Eingang $\overline{CS}$ (Chip Select, active low) ausgewählt wird. Geben Sie die Gleichung für $\overline{CS}$ an.

Lösung auf Seite 242

Aufgabe 103: Asynchrone Übertragung

Schreiben Sie C–Programme zur asynchronen Übertragung von 8–Bit Daten. Dabei soll der Übertragungsrahmen aus Abb. A103.1 verwendet werden.

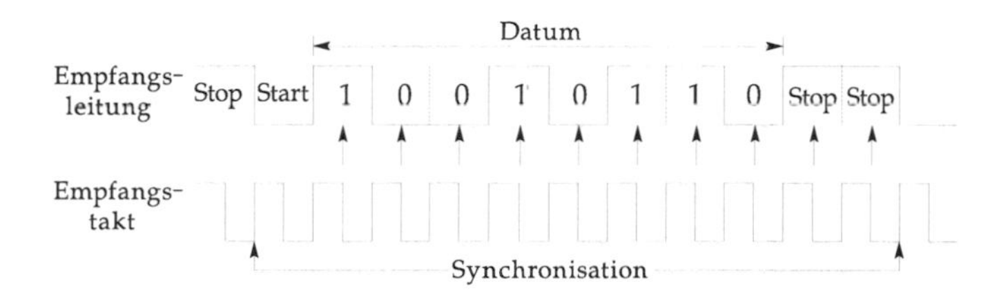

Abb. A103.1: Übertragungsrahmen für Aufgabe 103

– ein Startbit (Wert: 1)

– zwei Stopbits (Wert: 0)
– ein Paritätsbit (ungerade)

Die Programme sollen nicht zeitgleich senden, bzw. empfangen, sondern ihre Ein– und Ausgabe über Dateien realisieren. Beachten Sie, dass über diesen „Umweg“ die nötige Zeitsynchronisation der beiden Programme überflüssig wird, dies aber ein wesentlicher Punkt bei der „normalen“ gleichzeitigen Übertragung darstellt.

A.103.1: Schreiben Sie ein Sendeprogramm `send.c` gemäß den obigen Anforderungen, das die Daten über die Standardeingabe liest und die entsprechende Bitfolge von Nullen und Einsen (ASCII 48 und 49) auf die Standardausgabe leitet.

A.103.2: Schreiben Sie ein Empfangsprogramm `receive.c` gemäß den obigen Anforderungen, das die Bitfolge von Nullen und Einsen über die Standardeingabe liest und die entsprechenden Daten auf die Standardausgabe leitet. Auch erkannte Übertragungsfehler wie Rahmen– und Paritätsfehler sollen auf die Standardausgabe geschrieben werden.

Testen Sie die Programme, z.B. anhand der folgenden MS–DOS Befehlszeile:

```
send < send.c | receive
```

Dabei muss der Quellcode ihres Sendeprogrammes auf der Standardausgabe erscheinen !

Hinweis: Auf der Diskette zum Buch[1] finden Sie neben korrekten Dateien auch solche mit Fehlern. Testen Sie Ihr Programm damit !

Lösung auf Seite 242

[1]Über „`Technische-Informatik-Online.de`“ kann die Diskette kostenlos heruntergeladen werden

Teil II

Lösungen

1 Grundlagen der Elektrotechnik

Lösung der Aufgabe 1: Punktladungen

Zwischen zwei Punktladungen Q_1 und Q_2 wirkt eine Kraft, deren Betrag mit dem Coulombschen Gesetz bestimmt wird:

$$F = \frac{1}{4\pi\epsilon_0} \cdot \frac{Q_1 \cdot Q_2}{r^2}$$

Die Kraft wirkt in Richtung der Verbindungslinie der punktförmigen Ladungen und führt bei Ladungen gleichen Vorzeichens zur Abstoßung, bei Ladungen entgegengesetzten Vorzeichens zur Anziehung.

Die von einer Ladung Q_1 auf eine Ladung Q_2 wirkende Kraft greift am Ort von Q_2 an der Ladung Q_2 an und hat die Richtung von Q_1 nach Q_2. Als Vektor geschrieben $\boldsymbol{F}_{12}$; dabei bedeutet der Index, dass die Ladung Q_1 eine Kraftwirkung erzeugt, die auf die Probeladung Q_2 wirkt (Abb. L1.1).

Abb. L1.1: Kraft von Q_1 auf Q_2

Wenn $\boldsymbol{r}_1$ und $\boldsymbol{r}_2$ Ortsvektoren sind, gilt (Abb. L1.2):

$$\boldsymbol{F}_{12} = \frac{1}{4\pi\epsilon_0} \cdot \frac{Q_1 \cdot Q_2}{|\boldsymbol{r}_2 - \boldsymbol{r}_1|^2} \cdot \frac{\boldsymbol{r}_2 - \boldsymbol{r}_1}{|\boldsymbol{r}_2 - \boldsymbol{r}_1|}$$

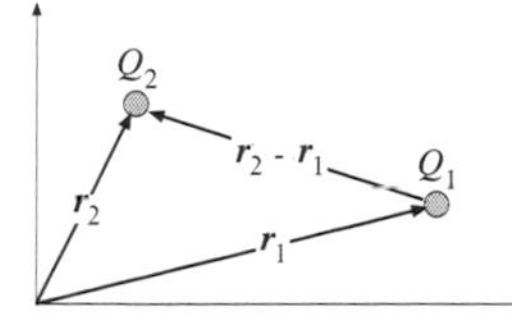

Abb. L1.2: Ortsvektoren zweier Ladungen

Andererseits wirkt die Ladung Q_2 auf Q_1 mit der Kraft:

$$\begin{aligned} \boldsymbol{F}_{21} &= \frac{1}{4\pi\epsilon_0} \cdot \frac{Q_2 \cdot Q_1}{|\boldsymbol{r}_1 - \boldsymbol{r}_2|^2} \cdot \frac{\boldsymbol{r}_1 - \boldsymbol{r}_2}{|\boldsymbol{r}_1 - \boldsymbol{r}_2|} \\ &= -\frac{1}{4\pi\epsilon_0} \cdot \frac{Q_1 \cdot Q_2}{|\boldsymbol{r}_2 - \boldsymbol{r}_1|^2} \cdot \frac{\boldsymbol{r}_2 - \boldsymbol{r}_1}{|\boldsymbol{r}_2 - \boldsymbol{r}_1|} \end{aligned}$$

Die Kräfte $\boldsymbol{F}_{12}$ und $\boldsymbol{F}_{21}$ sind entgegengesetzt gleich, wie es das dritte Newtonsche Gesetz – actio gleich reactio – verlangt.

Geht man davon aus, dass die Kraftwirkung durch das elektrische Feld übertragen wird, dann können wir die Kraftwirkung der Ladung Q_1 auf die Ladung Q_2 in zwei Teilprozesse zerlegen:

- Erzeugung eines *elektrischen Feldes* durch die Ladung Q_1
- Wirkung dieses elektrischen Feldes auf die Ladung Q_2

Die Kraftwirkung von Q_1 auf Q_2 kann dann folgendermaßen formuliert werden: Die Ladung Q_2 „spürt" im elektrischen Feld der Ladung Q_1 eine Kraft die in Richtung des Feldes wirkt (dabei ist angenommen, dass Q_1 und Q_2 positives Vorzeichen haben).

Dies können wir nun auf unsere Aufgabe übertragen (Abb. L1.3).

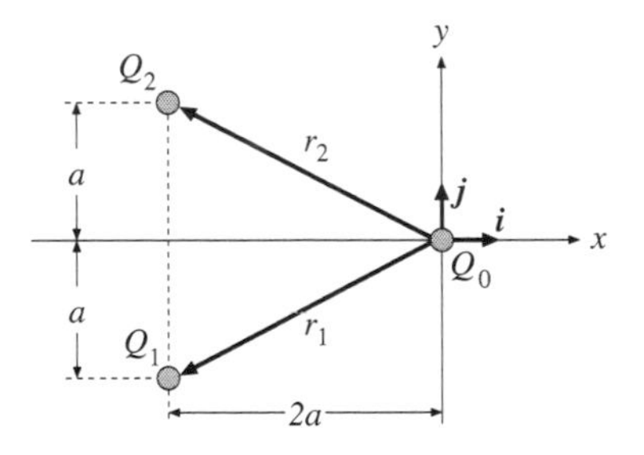

Abb. L1.3: Drei Punktladungen

Für die Kraft der Ladung Q_1 auf die Ladung Q_0 gilt allgemein:

$$\boldsymbol{F}_{10} = \frac{1}{4\pi\epsilon_0} \cdot \frac{Q_0 \cdot Q_1}{|\boldsymbol{r}_0 - \boldsymbol{r}_1|^3} \cdot (\boldsymbol{r}_0 - \boldsymbol{r}_1)$$

Nach Abbildung L1.3 ist der Ortsvektor $\boldsymbol{r}_0$ gleich dem Nullvektor während für $\boldsymbol{r}_1$ gilt:

$$\boldsymbol{r}_1 = -2a\,\boldsymbol{i} - a\,\boldsymbol{j}$$

Dabei sind $\boldsymbol{i}$ und $\boldsymbol{j}$ die Einheitsvektoren des zugrundeliegenden Koordinatensystems.

Die Differenz der beiden Vektoren ist somit

$$\boldsymbol{r}_0 - \boldsymbol{r}_1 = -\boldsymbol{r}_1 = 2a\,\boldsymbol{i} + a\,\boldsymbol{j}$$

und für deren Betrag gilt nach dem Satz von Pythagoras:

$$|\boldsymbol{r}_0 - \boldsymbol{r}_1| = |\boldsymbol{r}_1| = \sqrt{2a^2 + a^2} = \sqrt{5a^2} = a\sqrt{5}$$

Damit ergibt sich die dritte Potenz dieses Betrages zu:

$$|\boldsymbol{r}_1|^3 = a^3\sqrt{5^3} = a^3\sqrt{5^2 \cdot 5} = a^3 \cdot 5\sqrt{5}$$

Die Kraft $\boldsymbol{F}_{10}$ ist also gleich:

$$\boldsymbol{F}_{10} = \frac{1}{4\pi\epsilon_0} \cdot \frac{Q_0 \cdot Q_1}{5a^3\sqrt{5}} \cdot (-\boldsymbol{r}_1)$$

Mit $|\boldsymbol{r}_1| = |\boldsymbol{r}_2|$ gilt dann für die Kraft der Ladung Q_2 auf die Ladung Q_0:

$$\boldsymbol{F}_{20} = \frac{1}{4\pi\epsilon_0} \cdot \frac{Q_0 \cdot Q_2}{5a^3\sqrt{5}} \cdot (-\boldsymbol{r}_2)$$

während die Gesamtkraft auf Q_0 die Summe der auf Q_0 wirkenden Kräfte ist:

$$\begin{aligned}
\boldsymbol{F} &= \boldsymbol{F}_{10} + \boldsymbol{F}_{20} \\
&= \frac{1}{4\pi\epsilon_0} \cdot \frac{Q_0 \cdot Q_1}{5a^3\sqrt{5}} \cdot (-\boldsymbol{r}_1) - \frac{1}{4\pi\epsilon_0} \cdot \frac{Q_0 \cdot Q_2}{5a^3\sqrt{5}} \cdot \boldsymbol{r}_2
\end{aligned}$$

Definieren wir

$$K = \frac{1}{4\pi\epsilon_0} \cdot \frac{Q^2}{5a^3\sqrt{5}}$$

und verwenden zudem die Vorzeichenfunktion

$$\operatorname{sign}(x) = \begin{cases} -1 & \text{wenn} \quad x < 0 \\ +1 & \text{wenn} \quad x > 0 \\ 0 & \text{wenn} \quad x = 0 \end{cases}$$

so können wir die Gesamtkraft $\boldsymbol{F}$ folgendermaßen ausdrücken:

$$\boldsymbol{F} = K \cdot (\operatorname{sign}(Q_0 Q_1) \cdot (-\boldsymbol{r}_1) - \operatorname{sign}(Q_0 Q_2) \cdot \boldsymbol{r}_2)$$

Damit können wir leicht die einzelnen Gesamtkräfte berechnen.

L.1.1: Alle Ladungen sind positiv:

$$\begin{aligned}
\boldsymbol{F} &= K \cdot (\operatorname{sign}(Q_0 Q_1) \cdot (-\boldsymbol{r}_1) - \operatorname{sign}(Q_0 Q_2) \cdot \boldsymbol{r}_2) \\
&= K \cdot (-\boldsymbol{r}_1 - \boldsymbol{r}_2) \\
&= K \cdot (2a\,\boldsymbol{i} + a\,\boldsymbol{j} + 2a\,\boldsymbol{i} - a\,\boldsymbol{j}) \\
&= 4a \cdot K \cdot \boldsymbol{i} \\
&= \frac{1}{\pi\epsilon_0} \cdot \frac{Q^2}{5a^2\sqrt{5}} \cdot \boldsymbol{i}
\end{aligned}$$

L.1.2: Alle Ladungen sind negativ: Es stellt sich das gleiche Ergebnis wie im ersten Fall ein, weil das Produkt zweier negativer Ladungen wieder positiv ist, und sich somit die gleichen Gleichungen ergeben.

L.1.3: Q_1 ist negativ und Q_2 und Q_0 sind positiv:

$$\begin{aligned}
\boldsymbol{F} &= K \cdot (\operatorname{sign}(Q_0(-Q_1)) \cdot (-\boldsymbol{r}_1) - \operatorname{sign}(Q_0 Q_2) \cdot \boldsymbol{r}_2) \\
&= K \cdot (\boldsymbol{r}_1 - \boldsymbol{r}_2) \\
&= K \cdot (-2a\,\boldsymbol{i} - a\,\boldsymbol{j} + 2a\,\boldsymbol{i} - a\,\boldsymbol{j}) \\
&= -2a \cdot K \cdot \boldsymbol{j} \\
&= -\frac{1}{2\pi\epsilon_0} \cdot \frac{Q^2}{5a^2\sqrt{5}} \cdot \boldsymbol{j}
\end{aligned}$$

L.1.4: In diesem Fall (Q_1 positiv, Q_2 negativ) gilt für die Gesamtkraft:

$$\boldsymbol{F} = \frac{1}{4\pi\epsilon_0} \cdot \frac{Q_0 \cdot Q_1}{5a^3\sqrt{5}} \cdot (-\boldsymbol{r}_1) + \frac{1}{4\pi\epsilon_0} \cdot \frac{Q_0 \cdot Q_2}{5a^3\sqrt{5}} \cdot \boldsymbol{r}_2$$

Da wir die Feldstärke am Ort von Q_0 suchen, müssen wir die Gesamtkraft durch Q_0 dividieren (die Feldstärke ist unabhängig von Ladungen auf die sie Kräfte ausübt):

$$\begin{aligned}
\boldsymbol{E} &= \frac{\boldsymbol{F}}{Q_0} \\
&= \frac{1}{4\pi\epsilon_0} \cdot \frac{Q}{5a^3\sqrt{5}} \cdot (-\boldsymbol{r}_1 + \boldsymbol{r}_2) \\
&= \frac{1}{4\pi\epsilon_0} \cdot \frac{Q}{5a^3\sqrt{5}} \cdot (2a\,\boldsymbol{i} + a\,\boldsymbol{j} - 2a\,\boldsymbol{i} + a\,\boldsymbol{j}) \\
&= 2a \cdot \frac{1}{4\pi\epsilon_0} \cdot \frac{Q}{5a^3\sqrt{5}} \cdot \boldsymbol{j} \\
&= \frac{1}{2\pi\epsilon_0} \cdot \frac{Q}{5a^2\sqrt{5}} \cdot \boldsymbol{j}
\end{aligned}$$

Lösung der Aufgabe 2: Elektronenstrahlröhre

Die Geschwindigkeit eines Elektrons in einer Elektronenstrahlröhre setzt sich aus einer horizontalen und einer vertikalen Komponente zusammen:

$$\boldsymbol{v} = \boldsymbol{v}_x + \boldsymbol{v}_y$$

Beide Komponenten entstehen unabhängig voneinander an „getrennten" Orten. Während die horizontale Geschwindigkeit $\boldsymbol{v}_x$ im Strahlerzeugungsfeld zwischen der Kathode K und der Anode A durch die Spannung U_A entsteht, erhält das Elektron seine vertikale Geschwindigkeit innerhalb des Ablenkkondensators durch die Spannung U.

Wir können also die beiden Komponenten getrennt voneinander berechnen:

– Horizontale Geschwindigkeit $\boldsymbol{v}_x$ (Beschleunigung durch die Anodenspannung U_A): Auf ein Elektron wirkt im näherungsweise homogenen Feld eine konstante Kraft. Die über einer Wegstrecke s freiwerdende potentielle Energie $\boldsymbol{F} \cdot \boldsymbol{s}$ wird in kinetische Energie umgewandelt. Hieraus berechnet sich die horizontale Geschwindigkeit beim Austritt aus dem Strahlerzeugungsfeld.
In einem elektrischen Feld wirkt auf ein Elektron zwischen der Kathode und der Anode die Kraft:

$$\boldsymbol{F} = e_0 \cdot \boldsymbol{E}$$

Ein Elektron wird beschleunigt und nimmt die Energie W auf (von dieser aufgenommenen Energie wird der Begriff eV (Elektronenvolt) abgeleitet):

$$W = \boldsymbol{F} \cdot \boldsymbol{s} = e_0 \cdot \boldsymbol{E} \cdot \boldsymbol{l}_0 = e_0 \cdot E \cdot l_0 = e_0 \cdot \frac{U_A}{l_0} \cdot l_0 = e_0 \cdot U_A$$

Diese Energie wird vollständig in kinetische Energie umgewandelt:

$$W = e_0 \cdot U_A = \frac{m_0}{2}\, v_x^2$$

Daraus können wir nun die Geschwindigkeit v_x ableiten:

$$v_x = \sqrt{\frac{2 \cdot e_0 \cdot U_A}{m_0}}$$

- Vertikale Geschwindigkeit $\boldsymbol{v}_y$ (Ablenkung im transversalen elektrischen Feld): Beim Eintritt in das transversale Feld ist die Geschwindigkeit eines Elektrons gleich der Geschwindigkeit in x-Richtung. Beim Austritt aus dem transversalen Feld hat ein Elektron eine Geschwindigkeitskomponente v_x und eine Geschwindigkeitskomponente v_y und es ist um den Abstand y von der x-Richtung abgelenkt. Es gilt:

$$y = \frac{a}{2} t^2$$

Dabei ist a die Beschleunigung, die ein Elektron durch das transversale elektrische Feld in y-Richtung erfährt und t die Flugzeit durch die Kondensatorlänge l. Die Flugzeit berechnet sich nach:

$$t = \frac{l}{v_x}$$

Die Beschleunigung erhalten wir über die Kraft:

$$\begin{aligned} \boldsymbol{F} &= m_0 \cdot \boldsymbol{a} = e_0 \cdot \boldsymbol{E} \\ \Rightarrow \boldsymbol{a} &= \frac{e_0}{m_0} \cdot \boldsymbol{E} \end{aligned}$$

Damit gilt skalar für die Beschleunigung:

$$a = \frac{e_0}{m_0} \cdot \frac{U}{d}$$

Mit diesen Ergebnissen können wir nun die Ablenkung y berechnen, die ein Elektron im Ablenkkondensator erfahren hat:

$$\begin{aligned} y &= \frac{1}{2} \frac{e_0}{m_0} \frac{U}{d} \frac{l^2}{2 \cdot e_0} \frac{m_0}{U_A} \\ &= \frac{1}{4} \frac{U}{d} \frac{l^2}{U_A} \end{aligned}$$

Die Geschwindigkeit v_y erhalten wir durch Differentiation:

$$\begin{aligned} v_y &= \frac{dy}{dt} = \frac{d}{dt}\left(\frac{a}{2}t^2\right) = a \cdot t \\ \Rightarrow v_y &= \frac{e_0}{m_0} \cdot \frac{U}{d} \frac{l}{v_x} \end{aligned}$$

Der Auftreffpunkt Y setzt sich nun zusammen aus der vertikalen Ablenkung y innerhalb des Ablenkkondensators und der davon abhängigen Strecke y' die durch den Flug des Elektrons längs der Stecke L entsteht:

$$Y = y + y'$$

y kennen wir bereits, y' können wir über den Tangens des Winkels α der Flugbahn ermitteln:

$$\tan\alpha = \frac{y'}{L} \Rightarrow y' = L \cdot \tan\alpha$$

Der Tangens des Winkels α ist aber nichts anderes, als der Quotient aus der vertikalen und der horizontalen Geschwindigkeit. Damit können wir die Ablenkung y' angeben:

$$\begin{aligned} y' &= L \cdot \frac{v_y}{v_x} \\ &= L \cdot \frac{e_0}{m_0} \cdot \frac{U}{d} \cdot \frac{l}{v_x^2} \\ &= L \cdot \frac{e_0}{m_0} \cdot \frac{U}{d} \cdot \frac{l \cdot m_0}{2 \cdot e_0 \cdot U_A} \\ &= L \cdot \frac{U}{d} \cdot \frac{l}{2 \cdot U_A} \end{aligned}$$

Mit den angegebenen Zahlen $U_A = 4\,\text{kV}$, $U = 250\,\text{V}$, $l = 2\,\text{cm}$, $d = 0{,}5\,\text{cm}$ und $L = 20\,\text{cm}$ können wir schließlich die Ablenkung Y berechnen:

$$\begin{aligned} y &= \frac{1}{4}\frac{250\,\text{V}}{5 \cdot 10^{-3}\,\text{m}}\frac{4 \cdot 10^{-4}\,\text{m}^2}{4 \cdot 10^{3}\,\text{V}} = \frac{250}{20}10^{-4}\ \text{m} \\ &= 12{,}5 \cdot 10^{-4}\,\text{m} = 1{,}25\,\text{mm} \end{aligned}$$

$$\begin{aligned} y' &= 20 \cdot 10^{-2}\,\text{m} \cdot \frac{250\,\text{V}}{5 \cdot 10^{-3}\,\text{m}} \cdot \frac{2 \cdot 10^{-2}\,\text{m}}{2 \cdot 4 \cdot 10^{3}\,\text{V}} = 250 \cdot 10^{-4}\,\text{m} \\ &= 25\,\text{mm} \end{aligned}$$

$$\Rightarrow Y = 1{,}25\,\text{mm} + 25\,\text{mm} = 26{,}25\,\text{mm}$$

Lösung der Aufgabe 3: Kapazität eines Koaxialkabels

Für die Bestimmung der Kapazität benutzen wir die Gleichung:

$$C = \frac{Q}{U}$$

Das elektrische Feld $\boldsymbol{E}$ zwischen dem Innen– und Außenleiter ist inhomogen. Deshalb folgt für die Spannung:

$$U = \int_{r_i}^{r_a} \boldsymbol{E} \cdot \mathrm{d}\boldsymbol{r}$$

Zur Bestimmung der elektrischen Feldstärke aus der Ladung benutzen wir

$$\boldsymbol{D} = \varepsilon \cdot \boldsymbol{E} \quad \text{und} \quad \boldsymbol{Q} = \oint_A \boldsymbol{D} \cdot \mathrm{d}\boldsymbol{A}$$

wobei $\varepsilon = \varepsilon_0 \cdot \varepsilon_r$ ist.

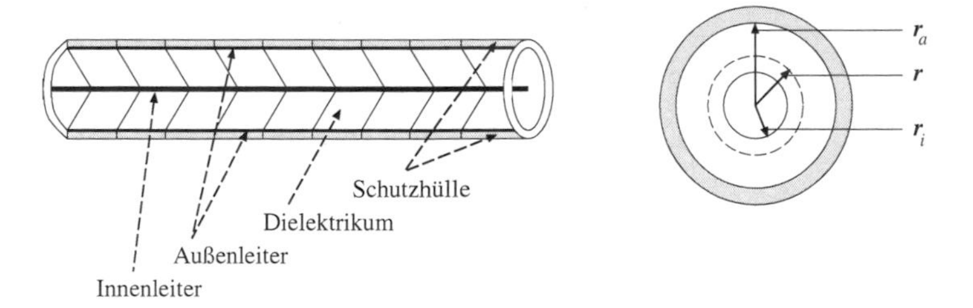

Abb. L3.1: Aufbau eines Koaxialkabels

Die Integration zur Berechnung der elektrischen Flußdichte wird über die geschlossene Oberfläche eines Zylinders mit dem Radius r durchgeführt (Abb. L3.1).

Es wird vorausgesetzt, dass zwischen Innen– und Außenleiter ein radialsymmetrisches Feld ohne Randeffekte besteht. Deshalb geht nur die Fläche des Zylindermantels in die Rechnung ein, weil nur die Mantelfläche vom elektrischen Fluß durchströmt wird. Es gilt also

$$D = \frac{Q}{A_r} = \frac{Q}{2\,\pi \cdot r \cdot l}$$

mit A_r als Mantelfläche mit dem Radius r um den Innenleiter.

Die elektrische Feldstärke E zwischen Innen- und Außenleiter ist:

$$E = \frac{D}{\varepsilon} = \frac{Q}{2\,\pi \cdot \varepsilon \cdot r \cdot l}$$

Daraus folgt für die Spannung zwischen Innen– und Außenleiter

$$\begin{aligned} U_{r_i|r_a} &= \int_{r_i}^{r_a} E \cdot \mathrm{d}r \\ &= \frac{Q}{2\,\pi \cdot \varepsilon \cdot r \cdot l}\,\mathrm{d}r \\ &= \frac{Q}{2\,\pi \cdot \varepsilon \cdot l} \cdot \ln \frac{r_a}{r_i} \end{aligned}$$

Die Kapazität ist demnach

$$\begin{aligned} C &= \frac{Q}{U} \\ &= \frac{2\,\pi \cdot \varepsilon \cdot l}{\ln \frac{r_a}{r_i}} \end{aligned}$$

Lösung der Aufgabe 4: Elektronenbeweglichkeit in Metallen

Für die Elektronenbeweglichkeit im Kupfer gilt:

$$\begin{aligned}
\mu &= \frac{1}{\varrho \cdot n \cdot e_0} \\
&= \frac{1}{1,7 \cdot 10^{-6} \cdot 8,43 \cdot 10^{22} \cdot 1,6 \cdot 10^{-19}} \frac{\mathrm{cm}^3}{\Omega \cdot \mathrm{cm\,As}} \\
&= 43,6 \,\frac{\mathrm{cm}^2}{\mathrm{Vs}}
\end{aligned}$$

Für die Elektronengeschwindigkeit ergibt sich:

$$\begin{aligned}
v &= \mu \cdot E \\
&= \mu \frac{U}{l} \\
&= 43,6 \cdot \frac{0,1}{100} \frac{\mathrm{cm}^2\,\mathrm{V}}{\mathrm{Vs} \cdot \mathrm{cm}} \\
&= 0,043 \,\frac{\mathrm{cm}}{\mathrm{s}} \\
&= 4,3 \cdot 10^{-4} \,\frac{\mathrm{m}}{\mathrm{s}}
\end{aligned}$$

Die Elektronengeschwindigkeit kann auch über den Widerstand berechnet werden:

$$\begin{aligned}
R &= \varrho \frac{l}{A} \\
&= \frac{1,7 \cdot 10^{-6} \cdot 100}{0,5 \cdot \frac{1}{100}} \frac{\Omega \cdot \mathrm{cm\,cm}}{\mathrm{cm}^2} \\
&= 3,4 \cdot 10^{-2}\,\Omega
\end{aligned}$$

Mit dem Ohmschen Gesetz folgt:

$$\begin{aligned}
I &= \frac{U}{R} \\
&= \frac{0,1}{3,4 \cdot 10^{-2}} \frac{\mathrm{V}}{\Omega} \\
&= 2,9\,\mathrm{A}
\end{aligned}$$

und

$$\begin{aligned}
v &= \frac{I}{n \cdot e_0 \cdot A} \\
&= \frac{2,9 \cdot 100}{8,43 \cdot 10^{22} \cdot 1,6 \cdot 10^{-19} \cdot 0,5} \frac{\mathrm{A} \cdot \mathrm{cm}^3}{\mathrm{As} \cdot \mathrm{cm}^2} \\
&= 0,043 \frac{\mathrm{cm}}{\mathrm{s}} \\
&= 4,3 \cdot 10^{-4} \frac{\mathrm{m}}{\mathrm{s}}
\end{aligned}$$

Vergleichen Sie dazu die Elektronenbeweglichkeit bei Halbleitern!

Lösung der Aufgabe 5: Widerstandsnetzwerk 1

L.5.1: Für die Richtung der Zählpfeile gibt es bestimmte Regeln, die von der Art des Objektes bzw. Bauelementes abhängen. Man beachte dabei folgendes:

- Die Spannungsquelle gibt Leistung ab, die Verlustleistung $P = U \cdot I$ ist also negativ. Strom und Spannung haben verschiedene Vorzeichen und damit müssen ihre Zählpfeile zueinander entgegengerichtet sein (so genanntes Erzeugerzählpfeilsystem).
- Bei Widerständen und ähnlichen Verbrauchern müssen die beiden Zählpfeile gleichgerichtet sein, weil die Leistung $P = U \cdot I$ positiv ist. Der Widerstand nimmt also Leistung auf, die er in Verlustwärme umsetzt (Verbraucherzählpfeilsystem).

Mit diesem Wissen kann man nun das Netzwerk mit Strom– und Spannungszählpfeilen zeichnen (Abb. L5.1).

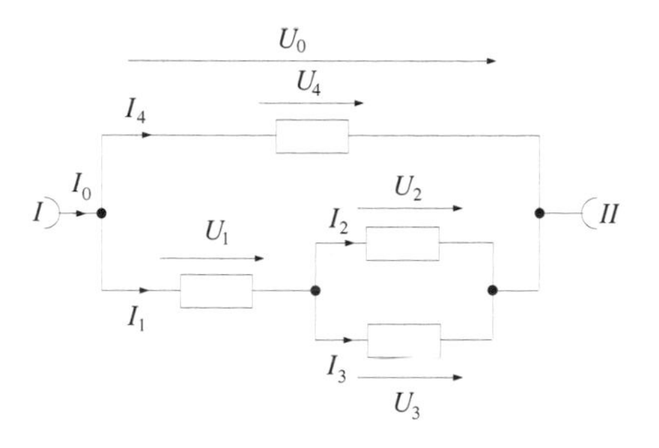

Abb. L5.1: Netzwerk der Aufgabe 5 mit Zählpfeilen (die Spannungsquelle ist nicht eingezeichnet)

L.5.2: Der Gesamtwiderstand der Schaltung nach Abb. L5.2 berechnet sich wie folgt:

$$R_{23} = R_2 \| R_3 = \frac{R_2 \cdot R_3}{R_2 + R_3} \approx 6.6\,\mathrm{k\Omega}$$
$$\wedge \quad R_{123} = R_1 + R_{23} \approx 7{,}6\,\mathrm{k\Omega}$$
$$\Rightarrow \quad R_{ges} = R_{123} \| R_4 \approx 4{,}3\,\mathrm{k\Omega}$$

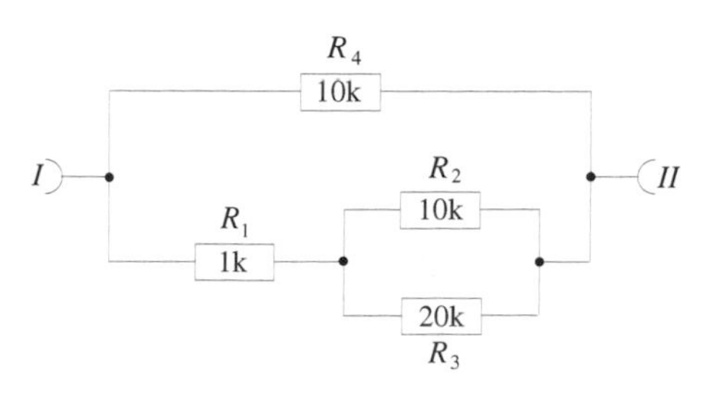

Abb. L5.2: Netzwerk der Aufgabe 5

L.5.3: Um die Werte der Ströme und Spannungen zu berechnen, verwenden wir die Kirchhoffschen Knoten– und Maschenregel und das Ohmsche Gesetz. Gegeben sind die Quellenspannung $U_0 = 10\,\text{V}$ und die Werte der Widerstände. Als erstes berechnen wir nun U_4 mit der Maschenregel:

$$-U_4 + U_0 = 0 \quad \Leftrightarrow \quad U_4 = U_0 = 10\,\text{V}$$

Nun ermitteln wir U_1 mit dem Ohmschen Gesetz[1]:

$$\begin{aligned} \frac{U_1}{R_1} &= \frac{U_0}{R_1 + R_{23}} \\ \Leftrightarrow \quad U_1 &= U_0 \cdot \frac{R_1}{R_1 + R_{23}} \\ \Leftrightarrow \quad U_1 &= U_0 \cdot \frac{R_1}{R_{123}} \\ \Rightarrow U_1 &\approx 1,3\,\text{V} \end{aligned}$$

Mit der Maschenregel ergeben sich dann die restlichen Spannungen:

$$U_2 = U_3 = U_0 - U_1 = 8,7\,\text{V}$$

Nun fehlen noch die Ströme. Wir könnten, da wir alle Widerstände und Teilspannungen kennen, jeden Strom mit dem Ohmschen Gesetz berechnen. Da wir allerdings auch die Knotenregel anwenden wollen, verwenden wir nur bei I_0 bis I_2 das Ohmsche Gesetz:

$$I_0 = \frac{U_0}{R_{ges}} \approx 2,3\,\text{mA} \qquad I_1 = \frac{U_1}{R_1} = 1,3\,\text{mA} \qquad I_2 = \frac{U_2}{R_2} = 0,87\,\text{mA}$$

Anschließend benutzen wir jetzt die Knotenregel für die verbleibenden Ströme:

$$I_4 = I_0 - I_1 = 1\,\text{mA} \qquad I_3 = I_1 - I_2 = 0,43\,\text{mA}$$

Eine andere Art der Lösung ist mit dem so genannten *Maschenstromverfahren* möglich, das sich besonders für komplizierte Netzwerke eignet. Das Verfahren und eine entsprechende Lösung für diese Aufgabe ist in Anhang C.1 beschrieben.

Lösung der Aufgabe 6: Widerstandsnetzwerk 2

Zur Lösung bezeichnen wir zuerst die Widerstände mit Nummern (Abb. L6.1).

L.6.1: Um den Gesamtwiderstand zu berechnen, gehen wir schrittweise von „innen nach außen“ vor. Die Serienschaltung der Widerstände R_1 bis R_3 ergibt:

$$R_{123} = R_1 + R_2 + R_3 = 3\,\Omega$$

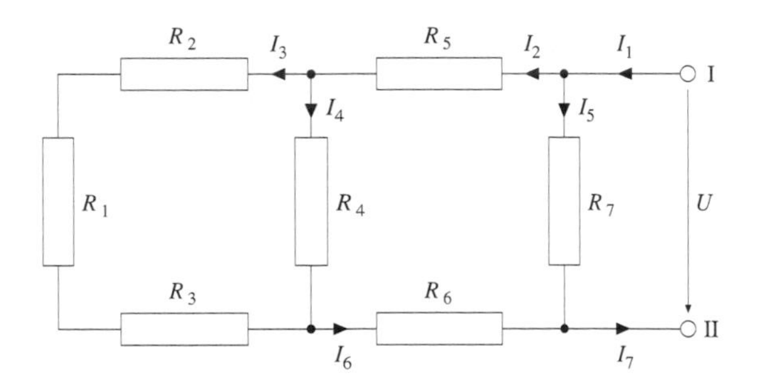

Abb. L6.1: Netzwerk zur Aufgabe 6

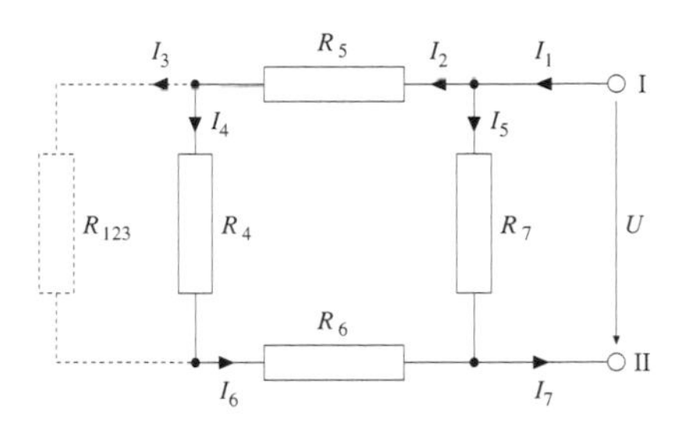

Abb. L6.2: Erstes Ersatzschaltbild

Damit lässt sich das Netzwerk gemäß Abb. L6.2 vereinfachen.
Der Widerstand R_{123} ist nun mit dem Widerstand R_4 parallel geschaltet. Für den Ersatzwiderstand dieser Parallelschaltung errechnen wir:

$$R_{1234} = R_{123} \| R_4 = \frac{R_{123} \cdot R_4}{R_{123} + R_4} = \frac{3}{4}\,\Omega$$

Wir erhalten das Ersatzschaltbild nach Abb. L6.3.

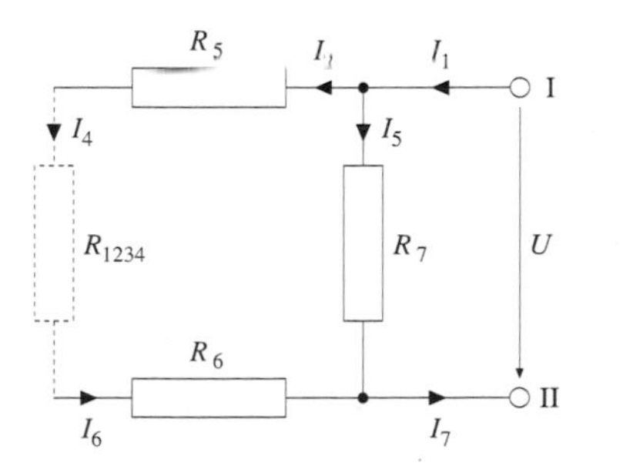

Abb. L6.3: Zweites Ersatzschaltbild

Als nächstes haben wir es wieder mit einer Serienschaltung zu tun, diesmal mit

[1]Den mittleren Teil der Gleichung ($U_1 = U_0 \cdot \frac{R_1}{R_1+R_{23}}$) bezeichnet man auch als Spannungsteilerregel (Anhang B.1)

den Widerständen R_{1234}, R_5 und R_6:

$$R_{123456} = R_{1234} + R_5 + R_6 = \frac{11}{4}\,\Omega$$

Wir erhalten das Ersatzschaltbild nach Abb. L6.4.

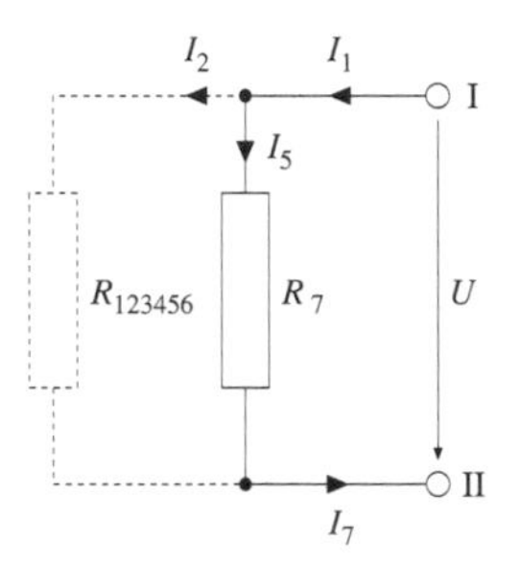

Abb. L6.4: Drittes Ersatzschaltbild

Zum Schluß können wir endlich den Gesamtwiderstand errechnen, der nun eine Parallelschaltung der Widerstände R_{123456} und R_7 darstellt:

$$R_{ges} = R_{123456} \| R_7 = \frac{R_{123456} \cdot R_7}{R_{123456} + R_7} = \frac{11}{15}\,\Omega$$

L.6.2: Da wir nun alle Widerstände kennen und die Quellenspannung mit $U = 10\,\mathrm{V}$ vorgegeben ist, können wir alle Teilströme mit dem Ohmschen Gesetz und der Knotenregel berechnen. Aus dem Ohmschen Gesetz ergeben sich folgende Ströme:

$$I_1 = I_7 = \frac{U}{R_{ges}} \approx 13,6\,\mathrm{A} \qquad I_5 = \frac{U}{R_7} = \frac{U}{R} = 10\,\mathrm{A}$$

Mit der Knotenregel ermitteln wir I_2 und I_6:

$$I_2 = I_6 = I_1 - I_5 = 3,6\,\mathrm{A}$$

Um nun I_4 (oder I_3) zu berechnen, wenden wir die Stromteilerregel an, die eine spezielle Form des Ohmschen Gesetzes darstellt (ähnlich der Spannungsteilerregel):

$$I_4 = I_2 \cdot \frac{R_{123}}{R_{123} + R_4} = 2,7\,\mathrm{A}$$

Jetzt können wir auch den letzten unbekannten Strom I_3 mit der Knotenregel bestimmen:

$$I_3 = I_2 - I_4 = 0,9\,\mathrm{A}$$

Lösung der Aufgabe 7: Maschenregel

Die gesuchte Spannung U_x können wir mittels eines einzigen Maschenumlaufes bestimmen (Abb. L7.1).

Man beachte, dass die Wahl der beim Umlauf „besuchten" Knoten beliebig ist. Die einzige Vorgabe ist, dass man dort wieder ankommt wo man angefangen hat.

Das heißt, wir können die gesuchte Spannung U_x mit einer Maschengleichung bestimmen. Die Spannung U_3 brauchen wir nicht zu berücksichtigen[2].

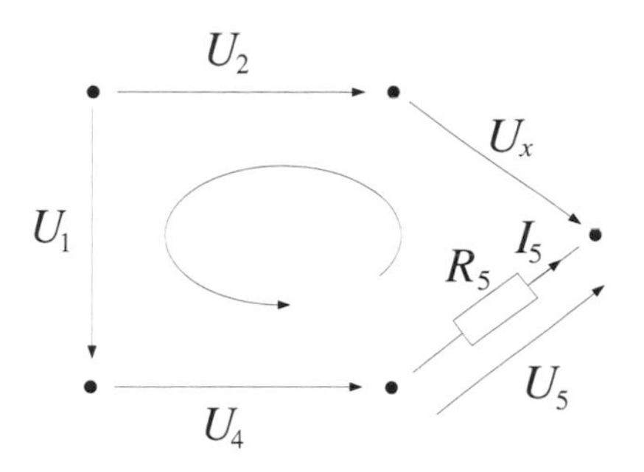

Abb. L7.1: Maschenumlauf zur Bestimmung der Spannung U_x

Somit ist die Spannung U_x:

$$\begin{aligned} & U_5 - U_x - U_2 + U_1 + U_4 = 0 \\ \Leftrightarrow\ & U_x = R_5 \cdot I_5 - U_2 + U_1 + U_4 \\ \Rightarrow\ & U_x = 1\,\text{V} - 7\,\text{V} + 2\,\text{V} + 3\,\text{V} = \underline{\underline{-1\,\text{V}}} \end{aligned}$$

Lösung der Aufgabe 8: Zwei Spannungsquellen

Man sollte sich nicht durch das Vorhandensein von zwei Spannungsquellen irritieren lassen. Die Aufgabe lässt sich „ganz normal" durch Ohmsches Gesetz und Maschenregel lösen.

L.8.1: Der Strom I_1 berechnet sich natürlich aus dem Quotienten der am Widerstand anliegenden Spannung und dem Widerstandswert:

$$I_1 = \frac{U_1}{R} = \frac{1\,\text{V}}{1\,\Omega} = 1\,\text{A}$$

Die Spannung U_2 ermitteln wir ebenfalls mit dem Ohmschen Gesetz:

$$U_2 = R \cdot I_2 = 1\,\Omega \cdot 5\,\text{A} = 5\,\text{V}$$

Zur Bestimmung von U_3 verwenden wir den Maschenumlauf aus Abb. L8.1.

[2]Indirekt tun wir dies über U_x und U_5 doch, da $U_3 + U_x - U_5 = 0 \Leftrightarrow U_3 = U_5 - U_x$ ist

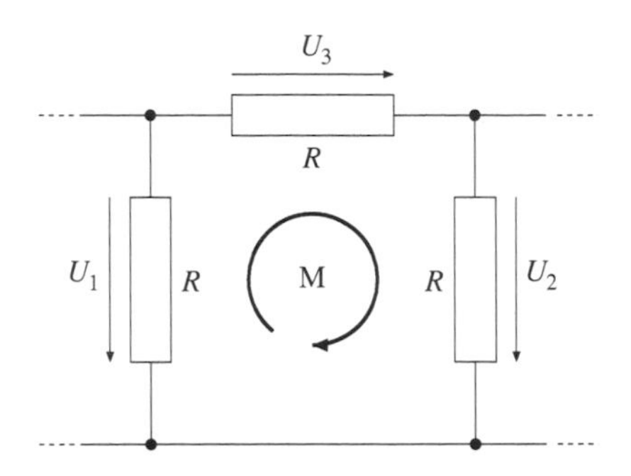

Abb. L8.1: Maschenumlauf zur Bestimmung der Spannung U_3

Wir erhalten:

$$\begin{aligned} M: \quad 0 &= U_3 + U_2 - U_1 \\ \Leftrightarrow U_3 &= U_1 - U_2 \\ \Leftrightarrow U_3 &= 1\,\mathrm{V} - 5\,\mathrm{V} \\ \Leftrightarrow U_3 &= -4\,\mathrm{V} \end{aligned}$$

Abschließend ermitteln wir den Strom I_3 wieder mit dem Ohmschen Gesetz:

$$I_3 = \frac{U_3}{R} = \frac{-4\,\mathrm{V}}{1\,\Omega} = -4\,\mathrm{A}$$

L.8.2: Für die Spannung U_3 und den Strom I_3 erhielten wir negative Ergebnisse. Dies bedeutet, dass die Zählpfeile in der Schaltung entgegen der tatsächlichen Spannungsrichtung eingetragen sind.

Lösung der Aufgabe 9: Strom– und Spannungsfehlerschaltung

L.9.1: Um einen unbekannten Widerstand R_x zu bestimmen, benötigen wir nach dem Ohmschen Gesetz lediglich ein Wertepaar (U_{R_x}, I_{R_x}) mit $U_{R_x} > 0$ und $I_{R_x} > 0$. Wir könnten also mit einer Spannungsquelle U und einem Volt– sowie Amperemeter den Widerstand R_x bestimmen. Da wir es aber beim Messen mit realen Geräten zu tun haben, entstehen Fehler, die je nach Messschaltung mehr oder weniger ins Gewicht fallen können.
Wichtig für diese Aufgabe ist es zu wissen, dass Voltmeter einen sehr großen Innenwiderstand haben[3], damit die Schaltung nur mit einem geringen zusätzlichen Messstrom belastet wird. Amperemeter dagegen sollen einen möglichst kleinen Innenwiderstand haben[4], denn sie sollen möglichst keinen zusätzlichen Spannungsabfall hervorufen.
Eine Möglichkeit das benötigete Wertepaar (U_{R_x}, I_{R_x}) zu bestimmen, zeigt Abb. L9.1.

[3]Ideale Voltmeter haben einen unendlich hohen Innenwiderstand, reale Innenwiderstände liegen je nach Gerät im Bereich von ca. $50\,\mathrm{k\Omega}$ bis zu einigen Megaohm ($\mathrm{M\Omega} = 10^6\,\Omega$)

[4]Ideale Amperemeter haben keinen Widerstand, reale bis zu einigen hundert Ohm

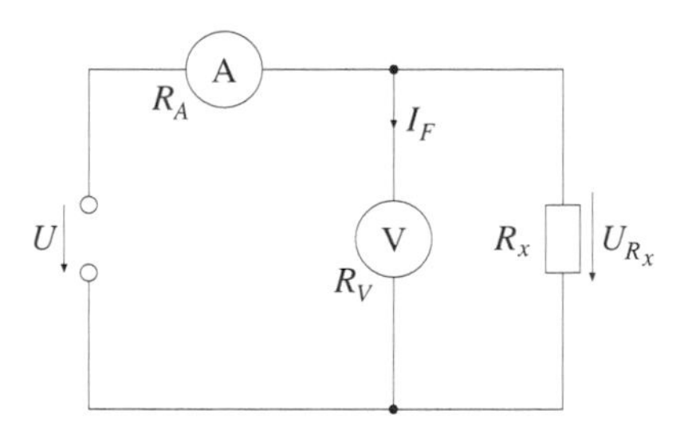

Abb. L9.1: Messschaltung 1: Stromfehlerschaltung

Hier wird jedoch vom Amperemeter nicht nur der Strom durch den Widerstand R_x gemessen, sondern auch noch der Strom durch den Innenwiderstand R_V des Voltmeters. Der abgelesene Stromwert ist also falsch, deswegen spricht man hier von der *Stromfehlerschaltung*. Wir können den Fehler allerdings vernachlässigen, wenn wir wissen würden, ob $I_F << I_{R_\text{x}}$ ist. Dies trifft zu, wenn $R_\text{x} << R_V$ ist.
Die zweite Möglichkeit, Strom und Spannung am Widerstand R_x gleichzeitig zu bestimmen, zeigt Abb. L9.2.

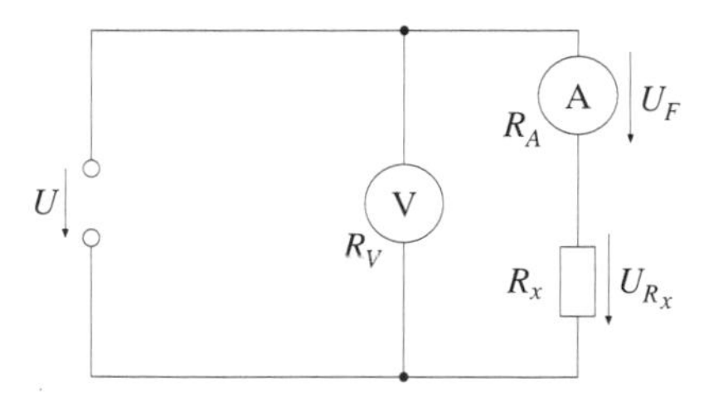

Abb. L9.2: Messschaltung 2: Spannungsfehlerschaltung

Nun mißt das Voltmeter jedoch die zusätzlich über dem Amperemeter abfallende Spannung, man spricht von der *Spannungsfehlerschaltung*. Man kann den Fehler auch hier vernachlässigen, wenn $U_F << U_{R_\text{x}}$, bzw. wenn $R_\text{x} >> R_A$. Rechnet man also mit hohen Widerstandswerten, so benutzt man die Spannungsfehlerschaltung, bei niedrigen Widerstandswerten dagegen verwendet man die Stromfehlerschaltung.

L.9.2: Der Fehlerstrom für die Stromfehlerschaltung beträgt:

$$I_F = \frac{U_{R_\text{x}}}{R_V}$$

Hierbei können wir U_{R_x} über Gesamtspannung und die Widerstände ausdrücken:

$$\begin{aligned} U_{R_\text{x}} &= U \cdot \frac{R_V || R_\text{x}}{R_A + R_V || R_\text{x}} \\ &= U \cdot \frac{\frac{R_V \cdot R_\text{x}}{R_V + R_\text{x}}}{R_A + \frac{R_V R_\text{x}}{R_V + R_\text{x}}} \\ &= U \cdot \frac{R_V R_\text{x}}{R_A(R_V + R_\text{x}) + R_V R_\text{x}} \end{aligned}$$

$$= U \cdot \frac{R_V \cdot R_x}{R_A R_V + R_A R_x + R_V R_x}$$

Damit folgt für den Fehlerstrom als Funktion der Widerstände der Messgeräte:

$$I_F = U \cdot \frac{R_x}{R_A R_V + R_A R_x + R_V R_x}$$

Lösung der Aufgabe 10: Messbereichserweiterung

Wenn wir den Messbereich eines Amperemeters erweitern wollen, müssen wir erreichen, dass der „überflüssige" Strom um das Amperemeter herum geleitet wird. Dies muss allerdings so geschehen, dass der durch das Amperemeter fließende Strom immer proportional zum messenden Strom bleibt. Man erreicht dies durch eine Parallelschaltung von Amperemeter und einem Widerstand R_s (Abb. L10.1).

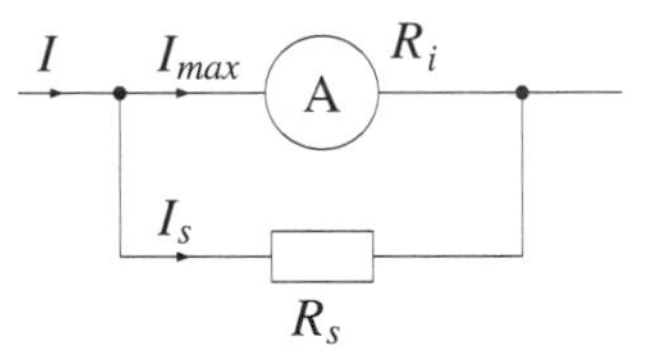

Abb. L10.1: Strommessbereichserweiterung

Um den nötigen Parallelwiderstand (Shuntwiderstand) zu ermitteln, sollen zwei Möglichkeiten vorgestellt werden:

1. Möglichkeit: Stromteilerregel (vgl. Anhang B.1)

$$I_{max} = I \cdot \frac{R_s}{R_s + R_i} \quad \Leftrightarrow \quad R_i + R_s = \frac{I \cdot R_s}{I_{max}}$$

$$\Leftrightarrow R_i = R_s \cdot (\frac{I}{I_{max}} - 1) \quad \Leftrightarrow \quad R_s = \frac{R_i}{\frac{I}{I_{max}} - 1}$$

2. Möglichkeit: Strom–Widerstandsverhältnis

$$\frac{I_s}{I_{max}} = \frac{R_i}{R_s} \quad \Leftrightarrow \quad R_s = I_{max} \cdot \frac{R_i}{I_s}$$

$$\text{mit } I_s = I - I_{max} \quad \Rightarrow \quad R_s = \frac{R_i}{\frac{I}{I_{max}} - 1}$$

Gegeben sind die Werte:

$$R_i = 200\,\Omega$$
$$I_{max} = 0,3\,\text{mA}$$
$$I = 2\,\text{mA, bzw. } I = 1\,\text{A}$$

Nach dem Einsetzen der gegebenen Werte in die Gleichung für R_s können wir festhalten:

L.10.1: Beim Endausschlag $I = 2\,\text{mA}$ muss $R_s = 35,3\,\Omega$,

L.10.2: bei $I = 1\,\text{A}$ muss $R_s = 0,06\,\Omega$ sein.

Lösung der Aufgabe 11: Dreieck– und Sternschaltung

Wir ermitteln jeweils die Widerstandswerte zwischen zwei Punkten in beiden Schaltungen. Für die Widerstände der Dreieckschaltung erhalten wir:

– Widerstand zwischen den Punkten 1 und 3:

$$R_{13} = R_1 \parallel (R_2 + R_3) = \frac{R_1(R_2 + R_3)}{R_1 + R_2 + R_3}$$

– Widerstand zwischen den Punkten 1 und 2:

$$R_{12} = R_2 \parallel (R_1 + R_3) = \frac{R_2(R_1 + R_3)}{R_1 + R_2 + R_3}$$

– Widerstand zwischen den Punkten 2 und 3:

$$R_{23} = R_3 \parallel (R_1 + R_2) = \frac{R_3(R_1 + R_2)}{R_1 + R_2 + R_3}$$

Die Widerstände der Sternschaltung sind:

– Widerstand zwischen den Punkten 1 und 3:

$$R_{13} = R_A + R_C$$

– Widerstand zwischen den Punkten 1 und 2:

$$R_{12} = R_A + R_B$$

– Widerstand zwischen den Punkten 2 und 3:

$$R_{23} = R_B + R_C$$

Die Widerstandswerte zwischen den gleichen Punkten beider Schaltungen können wir gleichsetzen, da es sich nach Vorraussetzung um äquivalente Schaltungen handeln soll:

– Widerstände zwischen den Punkten 1 und 3:

$$R_A + R_C = \frac{R_1(R_2 + R_3)}{R_1 + R_2 + R_3} \qquad (R_{13})$$

– Widerstände zwischen den Punkten 1 und 2:

$$R_A + R_B = \frac{R_2(R_1 + R_3)}{R_1 + R_2 + R_3} \qquad (R_{12})$$

– Widerstände zwischen den Punkten 2 und 3:

$$R_B + R_C = \frac{R_3(R_1 + R_2)}{R_1 + R_2 + R_3} \qquad (R_{23})$$

Als erstes wollen wir R_A der Sternschaltung berechnen. Um R_A von R_B und R_C zu isolieren, müssen wir lediglich die Gleichungen (R_{13}) und (R_{12}) addieren und von der Summe die Gleichung (R_{23}) subtrahieren:

$$\begin{aligned}
&(R_{13}) + (R_{12}) - (R_{23}) : \\
&(R_A + R_C) + (R_A + R_B) \\
&\qquad -(R_B + R_C) = \frac{R_1(R_2 + R_3) + R_2(R_1 + R_3) - R_3(R_1 + R_2)}{R_1 + R_2 + R_3} \\
&2R_A = \frac{R_1R_2 + R_1R_3 + R_2R_1 + R_2R_3 - R_3R_1 - R_3R_2}{\sum_{i=1}^{3} R_i} \\
&2R_A = \frac{2R_1R_2}{\sum_{i=1}^{3} R_i} \\
&R_A = \frac{R_1R_2}{\sum_{i=1}^{3} R_i}
\end{aligned}$$

R_B berechnet man analog zu R_A. Wir addieren die Gleichungen (R_{12}) und (R_{23}) und subtrahieren davon die Gleichung (R_{13}):

$$\begin{aligned}
&(R_{12}) + (R_{23}) - (R_{13}) : \\
&(R_A + R_B) + (R_B + R_C) \\
&\qquad -(R_A + R_C) = \frac{R_2(R_1 + R_3) + R_3(R_1 + R_2) - R_1(R_2 + R_3)}{\sum_{i=1}^{3} R_i} \\
&2R_B = \frac{R_2R_1 + R_2R_3 + R_3R_1 + R_3R_2 - R_1R_2 - R_1R_3}{\sum_{i=1}^{3} R_i} \\
&2R_B = \frac{2R_2R_3}{\sum_{i=1}^{3} R_i} \\
&R_B = \frac{R_2R_3}{\sum_{i=1}^{3} R_i}
\end{aligned}$$

Zur Bestimmung von R_C addieren wir die Gleichungen (R_{13}) und (R_{23}) und subtrahieren davon die Gleichung (R_{12}):

$$\begin{aligned}
&(R_{13}) + (R_{23}) - (R_{12}) : \\
&(R_A + R_C) + (R_B + R_C) \\
&\qquad -(R_A + R_B) = \frac{R_1(R_2 + R_3) + R_3(R_1 + R_2) - R_2(R_1 + R_3)}{\sum_{i=1}^{3} R_i} \\
&2R_C = \frac{R_1R_2 + R_1R_3 + R_3R_1 + R_3R_2 - R_2R_1 - R_2R_3}{\sum_{i=1}^{3} R_i} \\
&2R_C = \frac{2R_1R_3}{\sum_{i=1}^{3} R_i} \\
&R_C = \frac{R_1R_3}{\sum_{i=1}^{3} R_i}
\end{aligned}$$

Damit können wir allgemein festhalten:

Der Widerstand zwischen Punkt x und dem Mittelpunkt der Sternschaltung berechnet sich aus den Widerständen der Dreieckschaltung als Quotient aus dem Produkt der am Punkt x liegenden Widerstände und der Summe aller Widerstände.

Lösung der Aufgabe 12: Wheatstonebrücke

L.12.1: Wir berechnen den Gesamtwiderstand mit Hilfe der Dreieck–Sternumwandlung aus Aufgabe 11. Die Umwandlung des Dreiecks R_1, R_4, R_5 zeigt Abbildung L12.1.

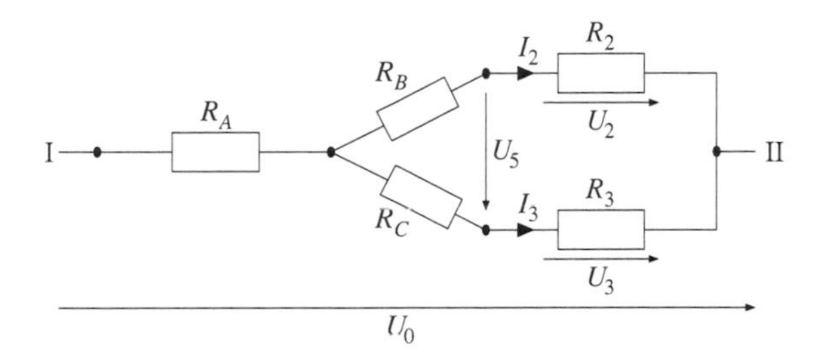

Abb. L12.1: Umwandlung des Dreiecks R_1, R_4, R_5 der Wheatstonebrücke in einen äquivalenten Stern aus R_A bis R_C

Für die Widerstände R_A bis R_C ergibt sich:

$$R_A = \frac{R_1 R_4}{R_1 + R_4 + R_5}$$
$$R_B = \frac{R_1 R_5}{R_1 + R_4 + R_5}$$
$$R_C = \frac{R_4 R_5}{R_1 + R_4 + R_5}$$

Damit können wir den Gesamtwiderstand R_g berechnen:

$$R_g = R_A + (R_B + R_2) \parallel (R_C + R_3) = R_A + \frac{(R_B + R_2) \cdot (R_C + R_3)}{R_B + R_2 + R_C + R_3}$$

L.12.2: Die Gleichung für U_5 ermitteln wir mit einem Maschenumlauf über R_B, R_C, R_2 und R_3, weil die Spannungsabfälle und Ströme über R_2 und R_3 in der Ersatzschaltung mit denen der Wheatstonebrücke übereinstimmen:

$$U_5 + U_3 - U_2 = 0$$
$$\Leftrightarrow U_5 = U_2 - U_3$$
$$\Leftrightarrow U_5 = I_2 R_2 - I_3 R_3$$

Die Ströme erhalten wir z.B. über die Stromteilerregel:

$$I_2 = I_g \cdot \frac{R_C + R_3}{R_B + R_2 + R_C + R_3}$$

und

$$I_3 = I_g \cdot \frac{R_B + R_2}{R_B + R_2 + R_C + R_3}$$

$$\text{mit } I_g = \frac{U_0}{R_g}$$

Eingesetzt in die Gleichung für U_5 erhalten wir:

$$\begin{aligned}
U_5 &= I_2R_2 - I_3R_3 \\
&= I_g \cdot \frac{R_C + R_3}{R_B + R_2 + R_C + R_3} \cdot R_2 - I_g \cdot \frac{R_B + R_2}{R_B + R_2 + R_C + R_3} \cdot R_3 \\
&= I_g \cdot \left(R_2 \frac{R_C + R_3}{R_B + R_2 + R_C + R_3} - R_3 \frac{R_B + R_2}{R_B + R_2 + R_C + R_3} \right) \\
&= I_g \cdot \frac{R_2(R_C + R_3) - R_3(R_B + R_2)}{R_B + R_2 + R_C + R_3} \\
&= I_g \cdot \frac{R_2R_C + R_2R_3 - R_3R_B - R_3R_2}{R_B + R_2 + R_C + R_3} \\
&= I_g \cdot \frac{R_2R_C - R_3R_B}{R_B + R_2 + R_C + R_3}
\end{aligned}$$

Nun setzen wir die Gleichungen für R_B und R_C ein:

$$\begin{aligned}
U_5 &= I_g \cdot \frac{R_2 \frac{R_4R_5}{R_1+R_4+R_5} - R_3 \frac{R_1R_5}{R_1+R_4+R_5}}{\frac{R_1R_5}{R_1+R_4+R_5} + R_2 + \frac{R_4R_5}{R_1+R_4+R_5} + R_3} \\
&= I_g \cdot \frac{R_2R_4R_5 - R_3R_1R_5}{R_1R_5 + R_2(R_1 + R_4 + R_5) + R_4R_5 + R_3(R_1 + R_4 + R_5)} \\
&= I_g \cdot \frac{R_5(R_2R_4 - R_3R_1)}{R_5(R_1 + R_4) + R_2(R_1 + R_4 + R_5) + R_3(R_1 + R_4 + R_5)} \\
&= I_g \cdot \frac{R_5(R_2R_4 - R_3R_1)}{R_5(R_1 + R_2 + R_3 + R_4) + (R_2 + R_3)(R_1 + R_4)}
\end{aligned}$$

L.12.3: U_5 kann nur null sein, wenn der Zähler in obiger Gleichung null ist. Trivialerweise gilt dies für $I_g = 0\text{A}$ und für $R_5 = 0\,\Omega$. Interessant ist jedoch die Bedingung wenn $R_2R_4 - R_3R_1 = 0$ gilt:

$$\begin{aligned}
R_2R_4 - R_3R_1 &= 0 \\
R_2R_4 &= R_3R_1 \\
\frac{R_4}{R_3} &= \frac{R_1}{R_2}
\end{aligned}$$

Wenn R_1 bis R_4 im Verhältnis $R_4/R_3 = R_1/R_2$ stehen, ist die Spannung $U_5 = 0$. Dieses Verhältnis nennt man auch Abgleichbedingung der Wheatstonebrücke. Wählt man z.B. $R_1 = R_2$ und für R_4 ein Potentiometer mit entsprechender Skala die den Widerstandswert anzeigt, so kann anstelle R_3 ein unbekannter Widerstand eingesetzt sein. Man braucht jetzt nur noch R_4 solange zu verstellen, bis U_5 gleich null ist, und kann dann an der Skala von R_4 den Widerstandswert von R_3 ablesen (da bei $U_5 = 0\,\text{V}$ und $R_1 = R_2$ gilt: $R_4 = R_3$). Diese Methode ist unabhängig von Strom- und Spannungsfehlern (vgl. Aufgabe 9). Auch diese Aufgabe lässt sich mit dem Maschenstromverfahren lösen (Anhang C.1).

Lösung der Aufgabe 13: Lorentzkraft

Wenn ein Elektron mit der Masse m und der Geschwindigkeit v in ein homogenes Magnetfeld der Stärke B eintritt, wirkt senkrecht zu seiner Bewegungsrichtung die Lorentzkraft $\boldsymbol{F}_L$:

$$\boldsymbol{F}_L = -e\,(\boldsymbol{v} \times \boldsymbol{B}) = e\,|v \cdot B|$$

Es erfährt eine Transversalbeschleunigung (keine Beschleunigung in Bewegungsrichtung) von:

$$a = \frac{F_L}{m} = \frac{e}{m}\,|v \cdot B|$$

Die Lorentzkraft wirkt als Zentripetalkraft auf das Elektron. Als Gegenkraft wirkt im Bezugssystem des Elektrons die Zentrifugalkraft:

$$F_Z = \frac{m \cdot v^2}{r}$$

Da beide Kräfte gleich groß sein müssen, folgt:

$$\frac{m \cdot v^2}{r} = e\,|v \cdot B|$$

und schließlich für den Bahnradius:

$$r = \frac{m \cdot v}{e \cdot B}$$

Betrachten wir Abbildung A13.1, so können wir daraus die folgenden vier Beziehungen ableiten:

1. $\sin\varphi = \frac{l}{r}$
2. $y = r - \sqrt{r^2 - l^2}$
3. $x = L \cdot \tan\varphi = L\,\frac{\sin\varphi}{\cos\varphi} = \frac{L \cdot \sin\varphi}{\sqrt{1 - \sin^2\varphi}}$
4. $X = y + x$

Mit diesen Gleichungen können wir den gesuchten Abstand X berechnen:

$$\begin{aligned} X &= r - \sqrt{r^2 - l^2} + \frac{L \cdot \frac{l}{r}}{\sqrt{1 - (\frac{l}{r})^2}} \\ &= r - r\sqrt{1 - \left(\frac{l}{r}\right)^2} + \frac{L \cdot \frac{l}{r}}{\sqrt{1 - (\frac{l}{r})^2}} \\ &= r\left[1 - \left(1 - \left(\frac{l}{r}\right)^2\right)^{\frac{1}{2}}\right] + L \cdot \frac{l}{r}\left(1 - \left(\frac{l}{r}\right)^2\right)^{-\frac{1}{2}} \end{aligned}$$

Mit

$$r = \frac{m \cdot v}{e \cdot B}$$

folgt schließlich:

$$X = \frac{v \cdot m}{e \cdot B}\left[1 - \left(1 - \frac{l^2 e^2 B^2}{v^2 m^2}\right)^{\frac{1}{2}}\right] + \frac{L \cdot l \cdot e \cdot B}{v^2 m^2}\left(1 - \frac{l^2 e^2 B^2}{v^2 m^2}\right)^{-\frac{1}{2}}$$

Nach Einsetzen der gegebenen Werte erhalten wir:

$$\begin{aligned} r &= 34\,\text{cm} \\ y &= 1,5\,\text{cm} \\ x &= 9,28\,\text{cm} \\ \Rightarrow X &= 10,78\,\text{cm} \end{aligned}$$

Lösung der Aufgabe 14: Effektivwert

L.14.1: Der Effektivwert ist die Spannung bzw. der Strom, der zu einer Wechselspannungsquelle äquivalenten Gleichspannungsquelle, die an einen ohmschen Verbraucher dieselbe Leistung P abgibt:

$$P = U_{eff} \cdot I_{eff} = \frac{U_{eff}^2}{R}$$

Bei der Leistung der Wechselspannungsquelle muss die Zeitabhängigkeit eingebracht werden (Wechselgrößen werden klein geschrieben):

$$p(t) = u(t) \cdot i(t) = \frac{u^2(t)}{R}$$

Um nun die Leistung, die von der Wechselspannungsquelle an einen ohmschen Verbraucher abgegeben wird, zu berechnen, bilden wir den Zeitmittelwert:

$$P = \frac{1}{T}\int_0^T p(t)\,\mathrm{d}t = \frac{1}{T}\int_0^T \frac{u^2(t)}{R}\,\mathrm{d}t$$

Da wir nun die äquivalente Gleichspannung ermitteln wollen, setzen wir diese Gleichung mit der der Gleichstromleistung gleich und erhalten die allgemeine Gleichung des Effektivwertes:

$$P = \frac{1}{T}\int_0^T \frac{u^2(t)}{R}\,\mathrm{d}t \stackrel{!}{=} P = \frac{U_{eff}^2}{R} \Rightarrow U_{eff} = \sqrt{\frac{1}{T}\int_0^T u^2(t)\,\mathrm{d}t}$$

L.14.2: Für die sinusförmige Spannung $u_1(t)$ ergibt sich:

$$\begin{aligned} U_{1eff} &= \sqrt{\frac{1}{T}\int_0^T \left(\hat{u} \cdot \sin\left(\frac{2\pi}{T}t\right)\right)^2 \mathrm{d}t} \\ &= \sqrt{\frac{1}{T}\int_0^T \hat{u}^2 \cdot \sin^2\left(\frac{2\pi}{T}t\right)\,\mathrm{d}t} \end{aligned}$$

Nach Substitution mit $u = \frac{2\pi}{T}t$ ergibt sich:

$$\begin{aligned}
U_{1eff} &= \hat{u}\sqrt{\frac{1}{T}\,\frac{T}{2\pi}\int\limits_0^{2\pi}\sin^2 u\,\mathrm{d}u} \\
&= \hat{u}\sqrt{\frac{1}{2\pi}\,\left[\frac{1}{2}\left(u-\frac{1}{4}\sin 2u\right)\right]_0^{2\pi}} \\
&= \hat{u}\sqrt{\frac{1}{2\pi}\,(\pi-0-(0-0))} \\
&= \hat{u}\sqrt{\frac{1}{2}} \\
&= \frac{\hat{u}}{\sqrt{2}}
\end{aligned}$$

Bei der Dreieckspannung gilt, dass die Fläche in jedem Viertel identisch ist. Wir entscheiden uns bei der Gleichung für das erste Viertel und können daher sofort schreiben:

$$\begin{aligned}
U_{2eff} &= \sqrt{\frac{1}{T}\,4\int\limits_0^{\frac{T}{4}}\left(\frac{4\,\hat{u}}{T}\cdot t\right)^2\,\mathrm{d}t} \\
&= \sqrt{\frac{1}{T}\,4\int\limits_0^{\frac{T}{4}}\frac{16\,\hat{u}^2}{T^2}\cdot t^2\,\mathrm{d}t} \\
&= \sqrt{\frac{1}{T}\,\frac{64}{T^2}\,\hat{u}^2\,\left[\frac{1}{3}\,t^3\right]_0^{\frac{T}{4}}} \\
&= \hat{u}\sqrt{\frac{1}{T^3}\,64\,\left(\frac{1}{3}\,\frac{T^3}{4^3}\right)} \\
&= \hat{u}\sqrt{\frac{1}{3}} \\
&= \frac{\hat{u}}{\sqrt{3}}
\end{aligned}$$

Schließlich errechnen wir für die Rechteckspannung:

$$\begin{aligned}
U_{3eff} &= \sqrt{\frac{1}{T}\left(\int\limits_0^{\frac{T}{2}}(-\hat{u})^2\,\mathrm{d}t + \int\limits_{\frac{T}{2}}^{T}\hat{u}^2\,\mathrm{d}t\right)} \\
&= \hat{u}\sqrt{\frac{1}{T}\,2\int\limits_0^{\frac{T}{2}}\mathrm{d}t} \\
&= \hat{u}\sqrt{\frac{2}{T}\,\frac{T}{2}} \\
&= \hat{u}
\end{aligned}$$

L.14.3: Auch hier brauchen wir nur die Signalform in die Gleichung für $|\overline{u(t)}|$ einzusetzen:

$$\begin{aligned} |\overline{u(t)}| &= \frac{1}{T}\int_0^T |\hat{u}\,\sin\left(\frac{2\pi}{T}t\right)\,dt \\ &= \frac{2}{\pi}\,\hat{u} \\ &\approx 0,6366\,\hat{u} \end{aligned}$$

L.14.4: Durch die Aufgabenstellung ist klar:

$$\text{Gleichrichtwert} \cdot \text{Formfaktor} = \text{Effektivwert}$$

Damit können wir den Sinus–Formfaktor angeben:

$$\begin{aligned} \text{Formfaktor} &= \frac{\text{Effektivwert}}{\text{Gleichrichtwert}} \\ &= \frac{\hat{u}}{\sqrt{2}} \cdot \frac{1}{0,6366 \cdot \hat{u}} \\ &\approx 1,11 \end{aligned}$$

L.14.5: Da die Skala für sinusförmige Wechselspannungen geeicht ist, müssen wir den angezeigten Wert A zuerst durch den Sinus–Formfaktor von 1,11 teilen, um den Gleichrichtwert zu erhalten. Diesen Gleichrichtwert kann man dann mit dem Formfaktor der gemessenen Spannung multiplizieren, um die Effektivspannung zu erhalten. Da der Formfaktor für $u_3(t)$ gleich 1 ist, stimmen hier Gleichrichtwert und Effektivwert überein.

Lösung der Aufgabe 15: Oszilloskop

Aus dem Diagramm ermitteln wir für $U_{ss}, \hat{U}$ und T folgende Maße (Abb. L15.1):

$$U_{ss} \triangleq 6\text{cm} \qquad \hat{U} \triangleq 3\text{cm} \qquad T \triangleq 4\text{cm}$$

Über die angegebenen Ablenkungsfaktoren können wir ihre tatsächlichen Werte berechnen:

$$U_{ss} = 6\text{cm} \cdot \frac{5\,\text{V}}{\text{cm}} = 30\,\text{V} \qquad \hat{U} = 3\text{cm} \cdot \frac{5\,\text{V}}{\text{cm}} = 15\,\text{V} \qquad T = 4\text{cm} \cdot \frac{0,5\text{ms}}{\text{cm}} = 2\text{ms}$$

Mit der Periodendauer bzw. der Amplitude können wir nun auch die Frequenz bzw. die Effektivspannung ermitteln:

$$f = \frac{1}{T} = \frac{1}{2\text{ms}} = 0,5 \cdot 10^3\text{Hz} = 500\text{Hz} \qquad U_{eff} = \frac{\hat{U}}{\sqrt{2}} = \frac{15\,\text{V}}{\sqrt{2}} = 10,6\,\text{V}$$

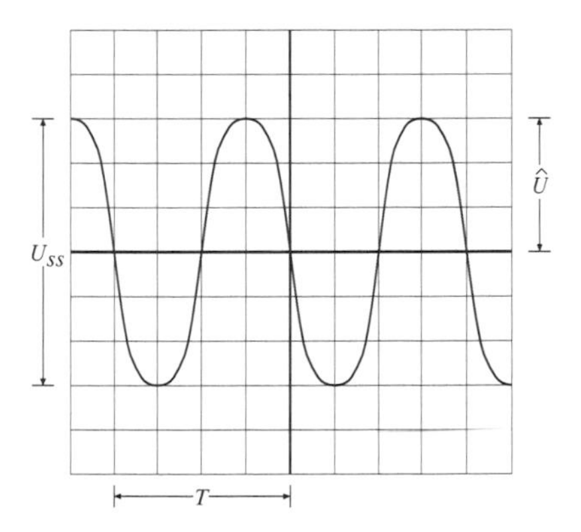

Abb. L15.1: Kurvenverlauf mit eingetragenen Maßen für U_{ss}, $\hat{U}$ und T

Lösung der Aufgabe 16: Induktion

Die zu einem bestimmten Zeitpunkt in einer Spule induzierte Spannung berechnet sich aus dem Produkt der Induktivität der Spule und der zeitlichen Änderung des Stromes zu diesem Zeitpunkt:

$$U_L(t) = -L \cdot \frac{\mathrm{d}i(t)}{\mathrm{d}t}$$

Da die Induktivität und der Zeitpunkt vorgegeben sind, müssen wir nur noch eine den Strom beschreibende Funktion finden und diese differenzieren. Innerhalb des Intervalls $[\frac{T}{4}; \frac{3}{4}T]$, in dem auch unser Zeitpunkt liegt, ist der Strom durch eine Geradengleichung beschreibbar:

$$i(t) \;=\; 4\,\mathrm{A} - 4\,\frac{\mathrm{A}}{\mathrm{s}} \cdot t \quad \text{für} \quad t \in \left[\frac{T}{4}; \frac{3}{4}T\right]$$

Differenzieren wir diese Gleichung, so erhalten wir:

$$\frac{\mathrm{d}i}{\mathrm{d}t} = -4\,\frac{\mathrm{A}}{\mathrm{s}}$$

Somit ist die induzierte Spannung:

$$U_L = -L \cdot \frac{\mathrm{d}i}{\mathrm{d}t} = -1\,\mathrm{H} \cdot -4\,\frac{\mathrm{A}}{\mathrm{s}} = 4\frac{\mathrm{Vs}}{\mathrm{A}}\,\frac{\mathrm{A}}{\mathrm{s}} = 4\,\mathrm{V}$$

Lösung der Aufgabe 17: Kondensatoraufladung

Den Aufladevorgang eines Kondensators beschreibt die Gleichung:

$$u_C(t) = U_0\,(1 - e^{-\frac{t}{\tau}})$$

Hierbei ist

- U_0: Die Speisespannung, mit der der Kondensator aufgeladen wird.
- τ: Die Zeitkonstante (Das Produkt aus dem Widerstand, über den geladen wird, und der Kapazität des Kondensators: $R \cdot C$).

- $u_C(t)$: Die Spannung auf dem Kondensator zum Zeitpunkt t. Ausgehend von $u_C(0) = 0\,\mathrm{V}$ ist die Zeit t_{80} gesucht, bei der die Kondensatorspannung 80% der Speisespannung beträgt. Deshalb gilt: $u_C(t_{80}) = 0,8 \cdot U_0$.

  Mit diesen Angaben können wir nun den Zeitpunkt t_{80} errechnen:

$$
\begin{aligned}
u_C(t_{80}) &\stackrel{!}{=} 0,8 \cdot U_0 \\
\Rightarrow 0,8 \cdot U_0 &= U_0\,(1 - e^{-\frac{t_{80}}{\tau}}) \\
\Leftrightarrow 0,8 &= 1 - e^{-\frac{t_{80}}{\tau}} \\
\Leftrightarrow 0,2 &= e^{-\frac{t_{80}}{\tau}} \\
\Leftrightarrow \ln 0,2 &= -\frac{t_{80}}{\tau} \\
\Leftrightarrow -\tau \cdot \ln 0,2 &= t_{80} \\
\Rightarrow t_{80} &= -R \cdot C \cdot \ln 0,2 \\
\Rightarrow t_{80} &= -1000\,\Omega \cdot 500\,\mu\mathrm{F} \cdot \ln 0,2 \\
\Rightarrow t_{80} &\approx 0,8\,\mathrm{s}
\end{aligned}
$$

Lösung der Aufgabe 18: RC–Glied

L.18.1: Der Kondensator wird alternierend auf– und entladen. Die Angabe, dass τ klein gegenüber T ist, sagt uns, dass die Dauer $T/2$ einer halben Taktperiode ausreicht, um den Kondensator vollständig zu laden bzw. zu entladen.

L.18.2: Die Spannung $u_2(t)$ hat den in Abb. L18.1 dargestellten Verlauf.

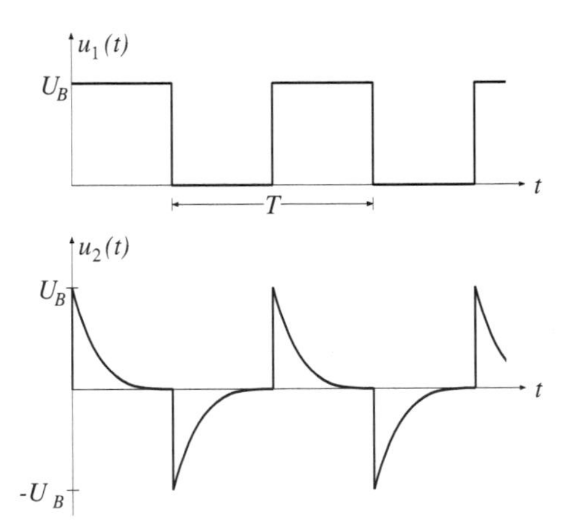

Abb. L18.1: Verlauf der Ausgangsspannung beim RC–Glied

Die Potentialsprünge der Spannung $u_2(t)$ resultieren aus dem Verhalten des Kondensators als Spannungsquelle im aufgeladenen, bzw. als Nullwiderstand im entladenen Zustand.

Die Zeitkonstante τ bestimmt die Dauer des Auflade– bzw. Entladevorganges und damit die Steigung der Teil–Exponentialfunktion im unteren Diagramm. Wäre τ sehr klein gegenüber T so würden am Ausgang nur Nadelimpulse auftreten. Bei sehr großem τ würde die Spannung $u_2(t)$ etwa gleich der Eingangsspannung $u_1(t)$ sein.

Lösung der Aufgabe 19: Impulse auf Leitungen

Da das Kabelende einmal offen und einmal kurzgeschlossen ist, kommt es zu Reflexionen, die sich dem anliegenden Impuls überlagern. Laut Lehrbuch gilt:

$$\begin{aligned} U &= U_h + U_r \quad \text{und} \\ U_r &= U_h \cdot \frac{R-Z}{R+Z} \end{aligned}$$

Ist der Kabelausgang offen, dann ist $R = \infty$. Damit wird:

$$U_r = U_h \quad \text{und} \quad U = 2\,U_h$$

d.h. die Spannung verdoppelt sich.
Ist der Kabelausgang kurzgeschlossen, dann ist $R = 0$. Damit folgt:

$$U_r = -U_h \quad \text{und} \quad U = 0$$

Die Darstellung in einem Spannungs–Zeit–Diagramm erfordert die Einbeziehung der Zeit t:

$$U(t) = U_h(t) + U_r(t)$$

Der Zeitpunkt für das Eintreffen des reflektierten Impulses im Punkt A wird aus der Leiterlänge und der Ausbreitungsgeschwindigkeit bestimmt. Die Geschwindigkeit berechnet sich nach:

$$\begin{aligned} v &= \frac{c_0}{\sqrt{\varepsilon_r \cdot \mu_r}} \\ &= \frac{3 \cdot 10^8}{\sqrt{2,25}}\,\frac{\text{m}}{\text{s}} \\ &= 2 \cdot 10^8\,\frac{\text{m}}{\text{s}} \end{aligned}$$

Damit folgt:

$$\begin{aligned} t_r &= \frac{2l}{v} \\ &= \frac{2}{2 \cdot 10^8}\,\frac{\text{m} \cdot \text{s}}{\text{s}} \\ &= 10^{-8}\,\text{s} \\ &= 10\,\text{ns} \end{aligned}$$

Die Impulsform und die Impulsdauer bleiben erhalten. Die Amplitude der Impulse ist durch die Spannungsteilerregel bestimmt. Die Generatoramplitude wird halbiert, da R_i und Z_w jeweils $50\,\Omega$ betragen. Damit kann der Impulsverlauf im Punkt A für beide Fälle dargestellt werden (Abb. L19.1–L19.2).

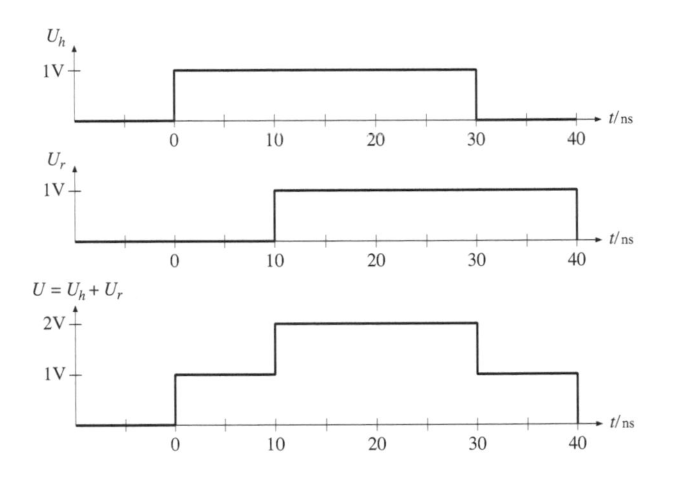

Abb. L19.1: Impulsdiagramm für den offenen Kabelausgang

L.19.1: Kabelausgang offen: Abbildung L19.1.

L.19.2: Kabelausgang kurzgeschlossen: Abbildung L19.2.

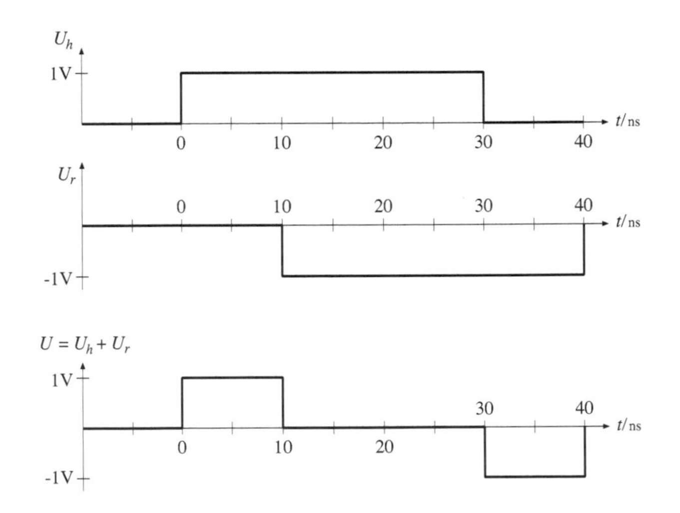

Abb. L19.2: Impulsdiagramm für den kurzgeschlossenen Kabelausgang

L.19.3: Wenn der Kabelausgang mit 50 Ω abgeschlossen ist, gibt es keine Reflexionen. Der sich längs der Leitung ausbreitende Stromimpuls erzeugt im Abschluß-

widerstand einen Spannungsimpuls, der mit dem quer zur Leitung laufenden Spannungsimpuls identisch ist. So wird die gesamte elektrische Energie im Abschlußwiderstand in Wärme umgesetzt. Der Abschlußwiderstand bildet eine Art „Wellensumpf“.
Eine störungs– und fehlerfreie Datenübertragung ist nur dann möglich, wenn die beiden Leitungsenden mit dem Wellenwiderstand der Leitung abgeschlossen sind. Gleichzeitig führt diese Bedingung zur Leistungsanpassung zwischen einem Sender und einem Empfänger, d.h. die über die Leitung transportierte Leistung ist maximal.

Lösung der Aufgabe 20: Datenübertragung

Die Bitfolge, die Rechner R_2 „sieht“ wird in einem Impuls–Zeit–Diagramm dargestellt. Sie ist abhängig:

1. von der gesendeten Bitfolge des Generators.
2. von den Leitungseigenschaften des Koaxialkabels.
3. von dem Abschlußwiderstand R_1.

1. Bitfolge des Generators am Anfang des Koaxialkabels: Aus der gesendeten Datenrate von 2 MBit/s folgt die Impulsdauer pro Bit

$$T = \frac{1}{2 \cdot 10^6\,\mathrm{s}^{-1}} = 0,5 \cdot 10^{-6}\,\mathrm{s} = 0,5\,\mu\mathrm{s}$$

Mit der angegebenen Spannung und Bitfolge ergibt sich das Impuls–Zeit–Diagramm nach Abb. L20.1.

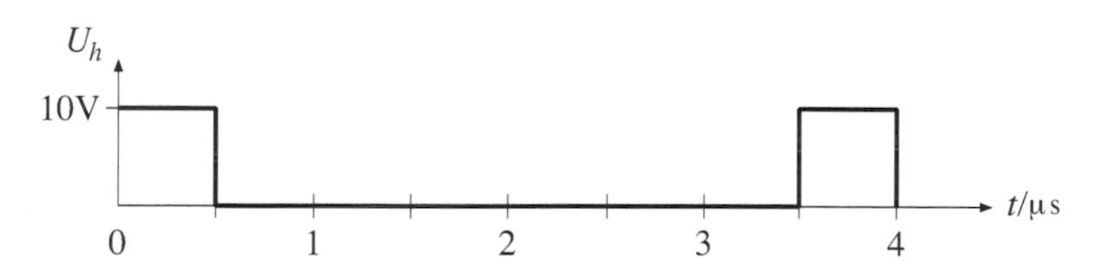

Abb. L20.1: Impuls–Zeit–Diagramm der gesendeten Daten

2. Leitungseigenschaften des Koaxialkabels: Die Dämpfung hat zur Folge, dass die Impulsamplituden entlang des Koaxialkabels abnehmen. Am Ort von R_2, d.h. 100 m vom Generator entfernt, ist das Signal also um

$$16\,\mathrm{dB/km} \cdot 100\,\mathrm{m} = \frac{16}{1000} \cdot 100\,\frac{\mathrm{dB}}{\mathrm{m}}\,\mathrm{m} = 1,6\,\mathrm{dB}$$

gedämpft worden.

Mit der Definition der Dämpfung folgt aus obigem Ergebnis für die Spannung $U_{h_{R_2}}$:

$$\begin{aligned}
\frac{\text{Dämpfung}}{\text{dB}} &= 20 \cdot \log\left(\frac{U_0}{U_{h_{R_2}}}\right) \\
\Rightarrow 1,6 &= 20 \cdot \log\left(\frac{10\,\text{V}}{U_{h_{R_2}}}\right) \\
\Leftrightarrow 10^{0,08} &= \frac{10\,\text{V}}{U_{h_{R_2}}} \\
\Leftrightarrow U_{h_{R_2}} &= \frac{10\,\text{V}}{10^{0,08}} \\
&= \frac{10\,\text{V}}{1,2} \\
&= 8,3\,\text{V}
\end{aligned}$$

Am Ende des Koaxialkabels beträgt die Dämpfung somit

$$0,016\,\text{dB/m} \cdot 400\,\text{m} = 6,4\,\text{dB}$$

so dass R_1 nur noch eine Spannung von

$$U_{h_{R_1}} = \frac{10\,\text{V}}{10^{0,32}} \approx \frac{10\,\text{V}}{2,1} = 4,8\,\text{V}$$

„sieht".
Die Geschwindigkeit, mit der die Impulse über das Koaxialkabel wandern berechnet sich nach (vgl. Aufgabe 19):

$$\begin{aligned}
v &= \frac{c_0}{\sqrt{\varepsilon_r \cdot \mu_r}} \\
&= \frac{3 \cdot 10^8}{\sqrt{2,25}}\,\frac{\text{m}}{\text{s}} \\
&= 2 \cdot 10^8\,\frac{\text{m}}{\text{s}}
\end{aligned}$$

3. Einfluss des Abschlußwiderstandes R_1: Der Abschlußwiderstand des Koxialkabels verursacht Reflexionen:

$$r = \frac{R - Z}{R + Z}$$

Mit den gegebenen Werten folgt für den Reflexionsfaktor r:

$$\begin{aligned}
r &= \frac{5000\,\Omega - 50\,\Omega}{5000\,\Omega + 50\,\Omega} \\
&= 0,98
\end{aligned}$$

Für den rücklaufenden Impuls gilt also, noch am Ort von R_1:

$$U_{r_{R_1}} = r \cdot U_{h_{R_1}}$$

Mit $U_{h_{R_1}} = 4,8\,\text{V}$ folgt:

$$U_{r_{R_1}} = 0,98 \cdot 4,8\,\text{V} = 4,7\,\text{V}$$

Vom Ende des Koaxialkabels bis zum Ort von R_2 wird das Signal um

$$16\,\mathrm{dB/km}\cdot 300\,\mathrm{m} = \frac{16}{1000}\cdot 300\,\frac{\mathrm{dB}}{\mathrm{m}}\,\mathrm{m} = 4,8\,\mathrm{dB}$$

4,8 dB gedämpft, d.h.

$$U_{r_{R_2}} = \frac{4,7\,\mathrm{V}}{10^{0,24}} = 2,7\,\mathrm{V}$$

R_2 „sieht" in Abhängigkeit von den Laufzeiten das Impulsmuster der hinlaufenden Bitfolge und das Impulsmuster der rücklaufenden Bitfolge. Das erste hinlaufende Bit passiert den Ort von R_2 nach:

$$\begin{aligned} t &= \frac{s_1}{v} \\ &= \frac{100}{2\cdot 10^8}\cdot\frac{\mathrm{m}\cdot\mathrm{s}}{\mathrm{m}} \\ &= 0,5\cdot 10{-}6\,\mathrm{s} = 0,5\,\mu\mathrm{s} \end{aligned}$$

R_2 „sieht" das erste rücklaufende Bit nach:

$$\begin{aligned} t &= \frac{2s_2}{v} \\ &= \frac{2\cdot 300}{2\cdot 10^8}\cdot\frac{\mathrm{m}\cdot\mathrm{s}}{\mathrm{m}} \\ &= 3\cdot 10^{-6}\,\mathrm{s} = 3\,\mu\mathrm{s} \end{aligned}$$

Es ergibt sich das Impuls–Zeit–Diagramm nach Abb. L20.2.

Mit $U_{Hmin} = 2,4\,\mathrm{V}$ (TTL–Pegel) „sieht" R_2 demnach mit $0,5\,\mu\mathrm{s}$ Verzögerung die Bitfolge `10000101`, also ein durch die Reflexionen verfälschtes Bitmuster.

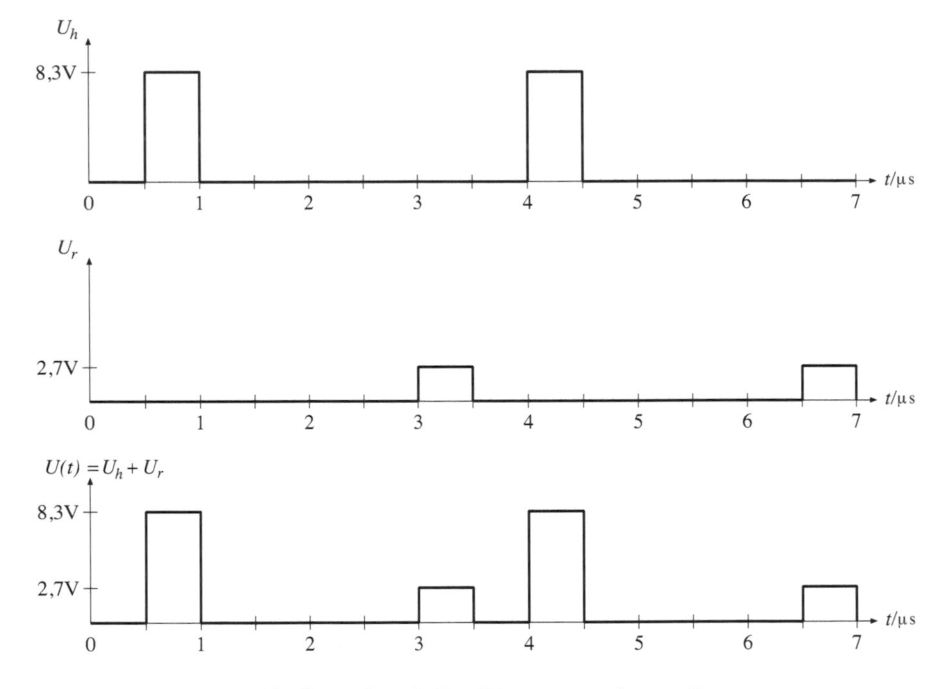

Abb. L20.2: Impuls–Zeit–Diagramm am Ort von R_2

2 Halbleiterbauelemente

Lösung der Aufgabe 21: Bändermodell

Um ein Elektron aus dem Valenzband ins Leitungsband anzuheben, muss die Photonenenergie $E_{Ph} \geq 1,43\,\text{eV}$ sein:

$$\begin{aligned} E_{Ph} &\geq 1,43 \cdot 1,6 \cdot 10^{-19}\,\text{As} \cdot \text{V} \\ &\geq 2,288 \cdot 10^{-19}\,\text{J} \end{aligned}$$

Andererseits berechnet sich die Photonenenergie nach:

$$E_{Ph} = h \cdot f$$

bzw. mit $c = \lambda \cdot f$:

$$E_{Ph} = \frac{h \cdot c}{\lambda}$$

dabei ist:

$$\begin{aligned} h &= 6,62 \cdot 10^{-34}\,\text{Js} \quad \text{Plancksches Wirkungsquantum} \\ c &= 3 \cdot 10^{8}\,\frac{\text{m}}{\text{s}} \quad \text{Lichtgeschwindigkeit} \end{aligned}$$

Damit folgt für die Wellenlänge:

$$\begin{aligned} \lambda &= \frac{h \cdot c}{E_{Ph}} \\ &= \frac{6,62 \cdot 10^{-34} \cdot 3 \cdot 10^{8}}{2,288 \cdot 10^{-19}} \frac{\text{Js} \cdot \text{m}}{\text{J} \cdot \text{s}} \\ &= 8,68 \cdot 10^{-7}\,\text{m} \\ &= 0,868\,\mu\text{m} \end{aligned}$$

Die Wellenlänge muss demnach im nahen Infrarotbereich liegen.

Lösung der Aufgabe 22: Diodenkennwerte messen

Auch hier benötigen wir das Wissen über die Innenwiderstände von Volt– und Amperemetern, das schon bei Aufgabe 9 nötig war.

Durchlaßrichtung

In Durchlaßrichtung hat die Diode einen kleinen Widerstand, der mit der Messschaltung aus Abb. L22.1 ermittelt werden kann.

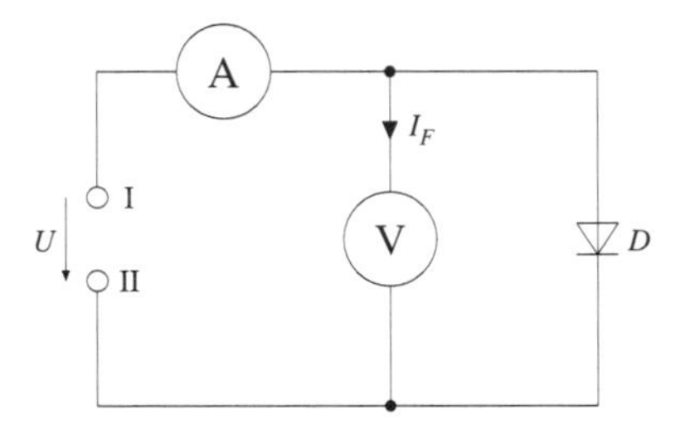

Abb. L22.1: Messschaltung für den Durchlaßwiderstand einer Diode (Stromfehlerschaltung)

Da der Innenwiderstand des Voltmeters gegenüber dem der Diode sehr groß ist, kann der auftretende Fehlerstrom I_F vernachlässigt werden. Würde man die Spannung über der Diode *und* dem Amperemeter zwischen den Punkten I und II abgreifen, so wäre der Spannungsabfall über dem Amperemeter nicht vernachlässigbar klein (Fehlerspannung U_F in der unteren Schaltung – mit umgepolter Diode). Somit könnte der kleine Widerstand der Diode eine Gesamtspannungsmessung verfälschen.

Sperrichtung

Bei Verwendung der Stromfehlerschaltung wäre der Stromfluss durch das Voltmeter im Vergleich zu dem durch die Diode so groß, dass man ihn berücksichtigen müsste (Stromteilerregel!). Aus diesem Grund wählen wir die in Abb. L22.2 dargestellte Spannungsfehlerschaltung.

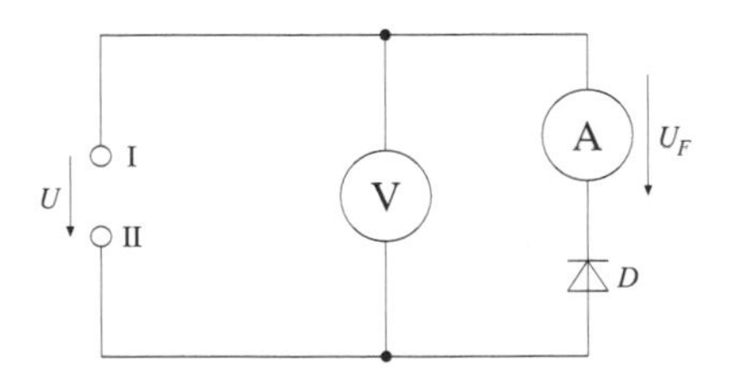

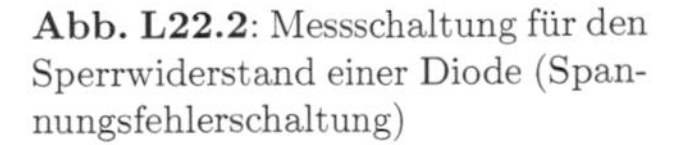

Abb. L22.2: Messschaltung für den Sperrwiderstand einer Diode (Spannungsfehlerschaltung)

Lösung der Aufgabe 23: Diodenkennlinien erstellen

L.23.1: Zuerst erweitern wir die Tabelle um die entsprechenden Widerstandswerte der Diode. Diese errechnen sich nach dem Ohmschen Gesetz:

$$R_D = \frac{U_D}{I_D}$$

Damit ergibt sich die Tabelle L23.1.

U_D/ V	0.20	0.3	0.4	0.5	0.60	0.65
I_D/ mA	0.45	4.2	18.4	50.0	97.00	126.00
$R_D/\,\Omega$	444.00	71.4	21.7	10.0	6.19	5.16

Tabelle L23.1: Um Widerstandswerte erweiterte Messtabelle

Mit dieser Tabelle können wir nun die zwei verlangten Kennlinien erstellen (Abb. L23.1 und L23.2).

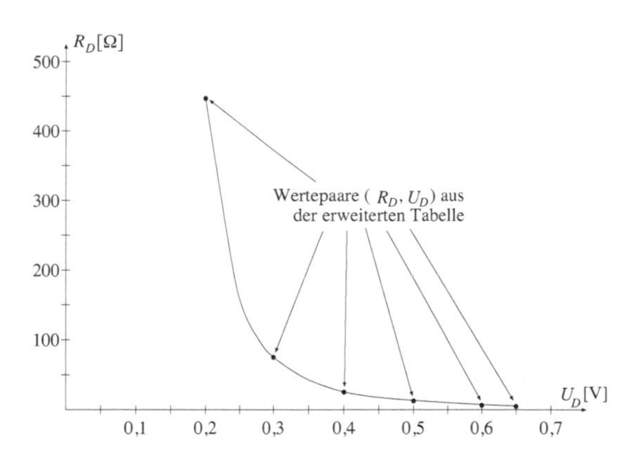

Abb. L23.1: Widerstand als Funktion der Spannung: $R_D = f(U_D)$

L.23.2: Um den durch die Diode fließenden Strom zu bestimmen, müssen wir die Widerstandsgerade des Lastwiderstandes in die Diodenkennlinie einzeichnen. Die Widerstandsgerade verläuft vom Punkt der maximalen an der Diode abfallenden Spannung (Diode sperrt) bis zum Punkt des maximal fließenden Stromes (Diode leitet). Die Steigung dieser Geraden ist dann gleich dem negativen Leitwert $(1/R)$. Weshalb ist die Steigung der Widerstandsgeraden negativ ? Der Grund hierfür ist, dass die Widerstandsgerade über U_D und nicht über U_R abgetragen ist. Nach der Maschenregel gilt $U_R = U_0 - U_D$, d.h. der Ursprung von U_R ($U_R = 0$) liegt bei $U_D = U_0$ und positive Werte von U_R werden genau in der umgekehrten Richtung von U_D abgetragen. Um die „normale" Darstellung

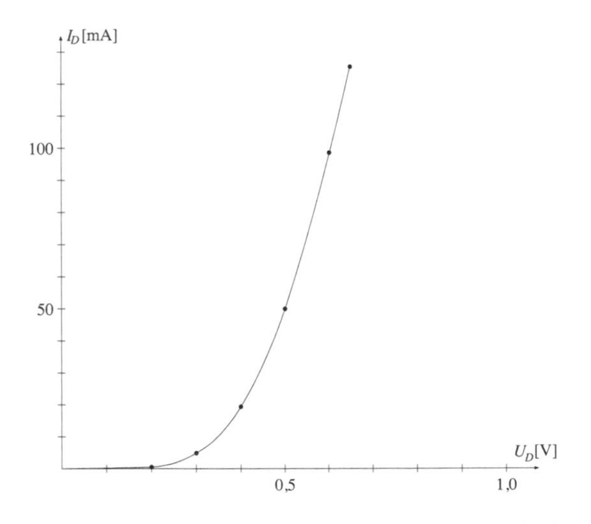

Abb. L23.2: Strom als Funktion der Spannung: $I_D = f(U_D)$

der Widerstandskennlinie zu erhalten, müsste man die Widerstandsgerade auf eine transparente Folie kopieren und sie dann von hinten betrachten.
Bei einer Speisespannung von $U_0 = 1\,\text{V}$ und einem Widerstand von $R = 10\,\Omega$ verläuft die Widerstandsgerade in Abb. L23.3 also durch die Punkte ① (U_0, Sperrzustand ⇒ Spannungsabfall maximal) und ② ($I = U_0/R = 100\,\text{mA}$, Durchlaßzustand ⇒ Stromfluss maximal).
Am Schnittpunkt mit der Diodenkennlinie (Punkt ③ in Abb. L23.3) legt man nun das Lot zur I_D–Achse und kann den sich einstellenden Diodenstrom ablesen. In diesem Fall ergibt sich $I_D = 50\,\text{mA}$.

L.23.3: Möchte man den Widerstand ermitteln, bei dem sich der Strom auf 30 mA einstellt, so geht man den umgekehrten Weg. Man markiert auf der I_D–Achse die 30 mA (Abb. L23.4). Nun fällt man von hieraus das Lot zur Kennlinie und markiert den sich ergebenden Schnittpunkt (Punkt ④). Legt man die Widerstandsgerade durch die Punkte ① (U_0, die Betriebsspannung ist gleich geblieben) und ④ (dies entspricht in Abb. L23.3 dem Punkt ③), so ergibt sich auf der I_D–Achse der maximal fließende Strom (Punkt ⑤).
Der gesuchte Widerstand errechnet sich nun aus dem Quotienten der Speisespannung und dem Stromwert im Punkt ⑤. Damit ergibt sich ein Widerstand von

$$R_{30} = \frac{U_0}{53\,\text{mA}} = \frac{1\,\text{V}}{0,053\,\text{A}} \approx 19\,\Omega$$

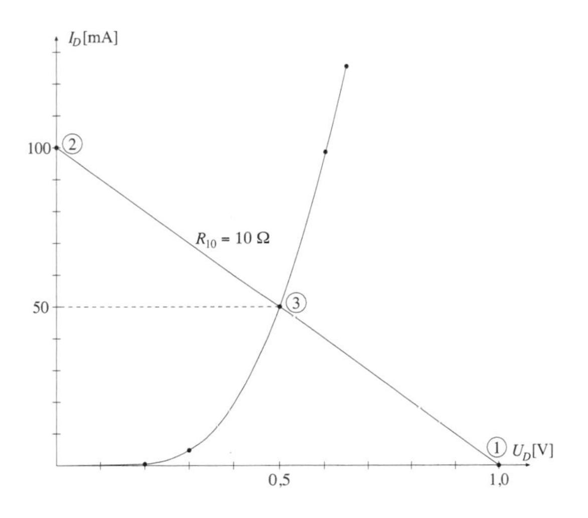

Abb. L23.3: Graphisches Ermitteln des Stromes im Arbeitspunkt

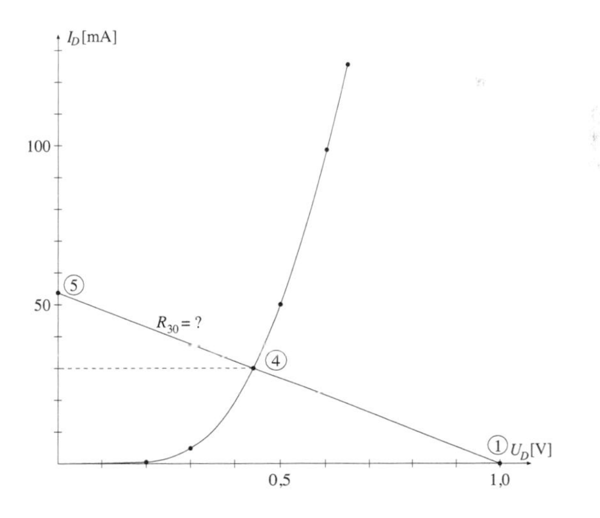

Abb. L23.4: Graphische Ermittlung des zu vorgegebenem Strom gehörenden Widerstandes

Lösung der Aufgabe 24: Freilaufdiode

Beim Ausschalten der Schaltung induziert das in der Spule zusammenbrechende Magnetfeld eine je nach Spulentyp unterschiedlich hohe Spannung. Diese Spannung kann so hoch sein, dass der Schalter durch Funkenschlag zerstört wird.

Die Diode schließt diese beim Ausschalten induzierte Spannung kurz, d.h. die induzierte Spannung wird auf einen Wert der etwa der Diffusionsspannung (z.B. 0,7 V bei einer Siliziumdiode) entspricht, begrenzt. Sie ist bezüglich U_0 in Sperrichtung geschaltet, weil die induzierte Spannung der Spannung U_0 entgegengerichtet ist. Im normalen Betrieb fließt demnach nur ein geringer Sperrstrom.

Eine Diode, die mit dieser Funktion eingesetzt wird, nennt man *Freilaufdiode*.

Lösung der Aufgabe 25: Zenerdiode

Auch hier erstellen wir aus der Tabelle eine Kennlinie für den Strom als Funktion von der Spannung (Abb. L25.1).

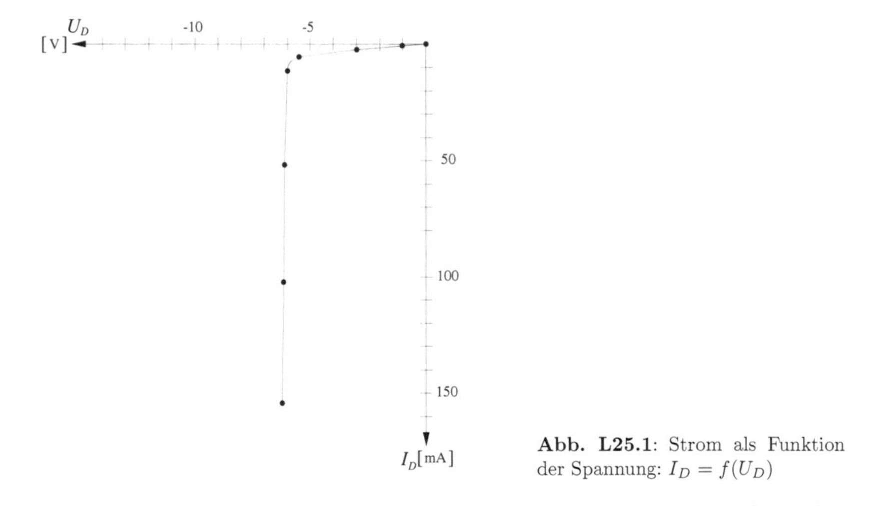

Abb. L25.1: Strom als Funktion der Spannung: $I_D = f(U_D)$

Um die Ausgangsspannungsänderung zu ermitteln sind zwei Widerstandsgeraden nötig (Abb. L25.2).

Diese beginnen in den Punkten der minimalen (Punkt ①) und der maximalen Eingangsspannung (Punkt ④). Die Punkte ② bzw. ⑤ ergeben sich durch den Wert des Widerstandes von $R = 100\,\Omega$:

Punkt ②:

$$I_D = \frac{U_{Emin}}{R} = \frac{10\,\text{V}}{100\,\Omega} = 100\,\text{mA}$$

Punkt ⑤:

$$I_D = \frac{U_{Emax}}{R} = \frac{12\,\text{V}}{100\,\Omega} = 120\,\text{mA}$$

Nun fällt man das Lot auf die U_D–Achse in den Punkten ③ bzw. ⑥ und erhält die Änderung der Ausgangsspannung durch Ablesen. Sie beträgt etwa

$$\Delta U_A = -6,05\,\text{V} - (-6,15\,\text{V}) = 0,1\,\text{V}$$

Zenerdioden lassen sich also zur Spannungsstabilisierung einsetzen und stabile Versorgungs– und Referenzspannungen werden in allen Bereichen der Elektronik benötigt.

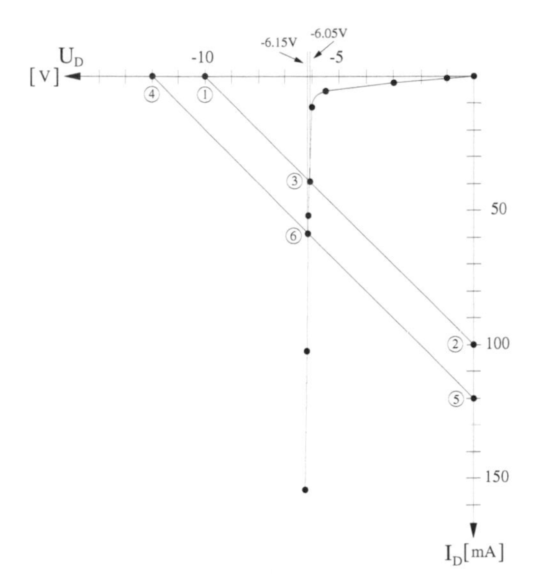

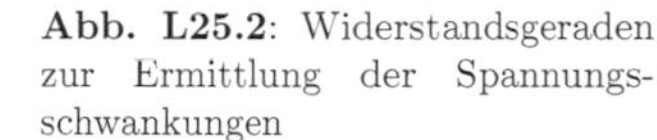
Abb. L25.2: Widerstandsgeraden zur Ermittlung der Spannungsschwankungen

Lösung der Aufgabe 26: Transistor–Kennlinie

L.26.1: Der maximale Kollektorstrom berechnet sich nach dem Ohmschen Gesetz:

$$I_{Cmax} = \frac{U_B}{R_C} = \frac{3\,\text{V}}{7,5\,\Omega} = 400\,\text{mA}$$

L.26.2: Die Widerstandsgerade wird nun durch folgende Punkte im Kennlinienfeld aus Abb. L26.1 eingetragen:

- $U_B = 3\,\text{V}$ auf der Abzisse (U_{CE}–Achse, Punkt ①)
- $I_{Cmax} = 400\,\text{mA}$ auf der Ordinate (I_C–Achse, Punkt ②)

Nun fällen wir am Schnittpunkt der Widerstandsgeraden mit der Basisstromkennlinie $I_B = 2\,\text{mA}$ (Punkt ③) das Lot auf die Abzisse. Die Spannung, die wir hier ablesen können, ist die gesuchte Spannung U_{CE}. Sie beträgt: $U_{CE} = 1\,\text{V}$. Die Spannung am Kollektorwiderstand können wir nun mit der Maschenregel bestimmen:

$$U_{R_C} = U_B - U_{CE} = 3\,\text{V} - 1\,\text{V} = 2\,\text{V}$$

L.26.3: Um die minimale Höhe des Basisstroms festzustellen bei dem $U_{CE} \leq 0,4\,\text{V}$ gilt, zeichnen wir eine Senkrechte auf der Abzisse in dem Punkt $U_{CE} = 0,4\,\text{V}$ (linke gestrichelte Linie in Abb. L26.1).

Diese Linie schneidet die Widerstandsgerade im Punkt ④ . Der Basisstrom muss also größer als $2,5\,\text{mA}$ sein (genauer kann man es nicht angeben, da weitere Kennlinien fehlen). Halten wir uns nur an das Diagramm, so ermitteln wir für den minimalen Basisstrom einen Wert von $3\,\text{mA}$. Damit ergibt sich der neue Arbeitspunkt im Punkt ⑤.

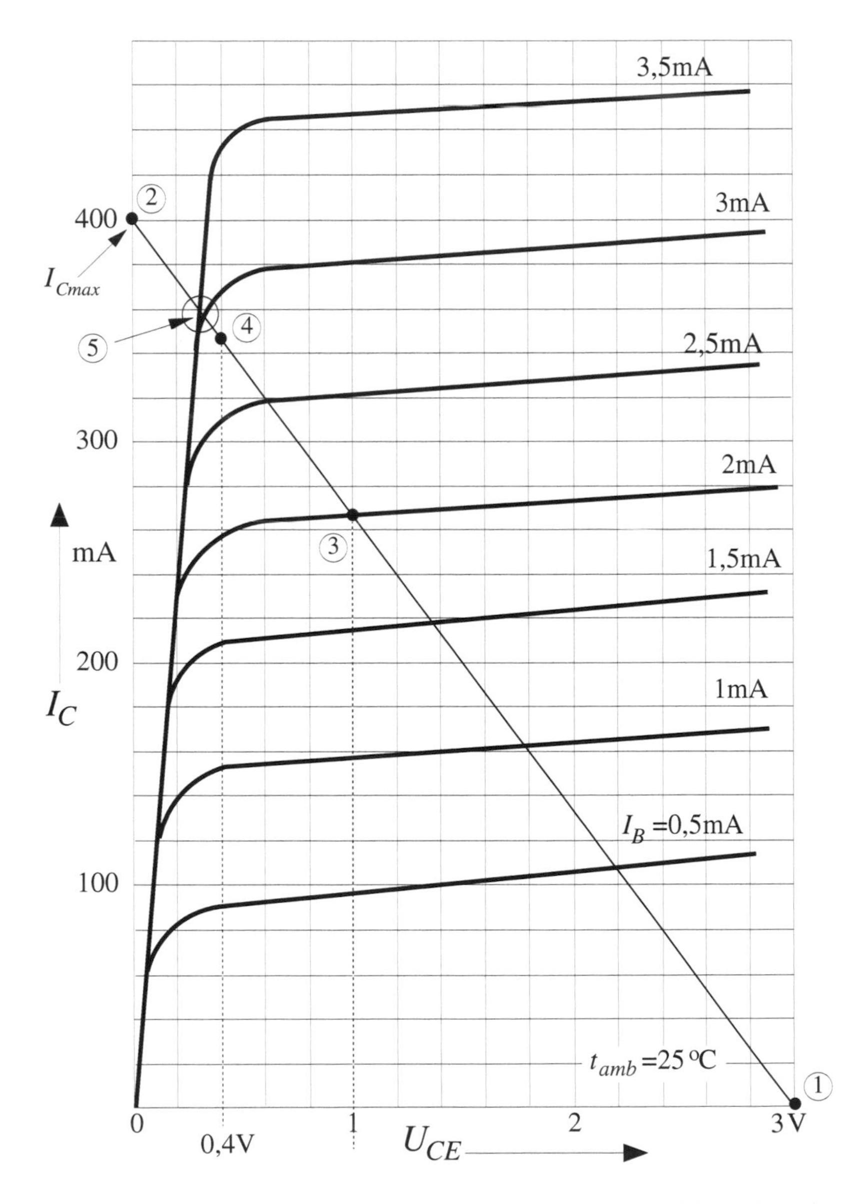

Abb. L26.1: Ausgangskennlinienfeld des Transistors BC140 mit R_C–Widerstandsgerade

3 Elektronische Verknüpfungsglieder

Lösung der Aufgabe 27: RTL–NICHT–Glied

L.27.1: Ein NICHT–Glied (Inverter) in RTL–Technik (Resistor–Transistor–Logic) stellt eine einfache Emitterschaltung eines NPN–Transistors dar. Abbildung L27.1 zeigt eine solche Schaltung.

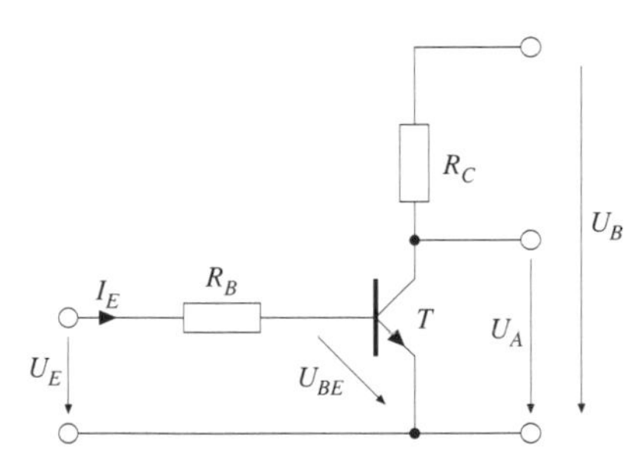

Abb. L27.1: Ein Inverter in RTL–Technologie (Emitterschaltung)

Ist $U_E = 5\,\mathrm{V}$, so wird die Emitter–Kollektor–Strecke von T niederohmig und senkt die Spannung U_A auf fast $0\,\mathrm{V}$ herab. Ist $U_E = 0\,\mathrm{V}$, so sperrt T und U_A steigt auf fast Betriebsspannung an.

L.27.2: Um die ganze Schaltung zu dimensionieren fehlen noch der Basiswiderstand R_B und der Kollektorwiderstand R_C. Um den Basiswiderstand zu ermitteln, ist im Durchlaßfall des Transistors der Maschenumlauf über U_E und R_B zu berechnen. Wir müssen dabei jedoch beachten, dass sich der Transistor bei $U_E = 5\,\mathrm{V}$ in der Sättigung befindet und daher noch die Basis–Emitter–Spannung von etwa $U_{BE} = 0,7\,\mathrm{V}$ zu berücksichtigen ist. Bei unserem Maschenumlauf entgegen dem Uhrzeigersinn über U_E, R_B (eigentlich U_{R_B}) und U_{BE} erhalten wir demnach die Gleichung: $U_E - U_{BE} - U_{R_B} = 0$. Damit können wir den Basiswiderstand berechnen:

$$R_B = \frac{U_{R_B}}{I_E} = \frac{U_E - U_{BE}}{I_E} = \frac{5\,\mathrm{V} - 0,7\,\mathrm{V}}{1\,\mathrm{mA}} = 4,3\,\mathrm{k}\Omega$$

Zur Berechnung des Kollektorwiderstandes R_C benutzen wir das Kennlinienfeld des Transistors, um den tatsächlich durch den Widerstand fließenden Strom zu ermitteln. Aus diesem Kennlinienfeld ist jedoch nur eine Kurve relevant, da wir es mit einem konstanten Basisstrom von $I_B = 1\,\text{mA}$ zu tun haben. Ferner benötigen wir noch die Betriebsspannung von $U_B = 5\,\text{V}$ und wir müssen die Widerstandsgerade von R_C in das Kennlinienfeld eintragen (Abb. L27.2).

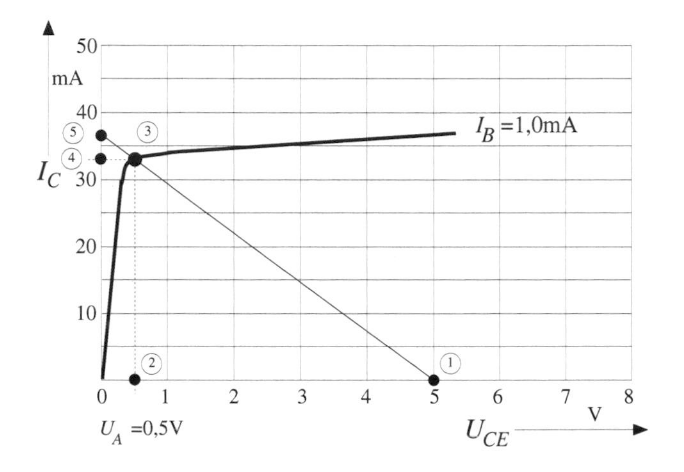

Abb. L27.2: Relevante Ausgangskennlinie $I_E = I_B = 1\,\text{mA}$ des NPN–Transistors mit Widerstandsgerade des Kollektorwiderstandes

Diese Gerade wird durch folgende Punkte gezeichnet:

- $5\,\text{V}$ (U_B) auf der U_{CE}–Achse (Punkt ①). Diese Spannung fällt zwischen dem Kollektor und Emitter des Transistors ab, wenn er vollständig gesperrt ist.
- Schnittpunkt der Geraden $U_{CE} = U_A = 0,5\,\text{V}$ (Orthogonale durch Punkt ②) mit der Basisstromkennlinie von $1\,\text{mA}$ (Punkt ③).

Diese Gerade liefert auf der I_C–Achse den maximalen Kollektorstrom im Punkt ⑤. Dieser Strom würde fließen, wenn es sich um einen idealen Transistorschalter handeln würde.

Der Kollektorwiderstand kann nun durch 2 Methoden ermittelt werden.

1. Im Punkt ③ fällen wir das Lot zur I_C–Achse und erhalten den tatsächlich in der Schaltung fließenden Kollektorstrom von $I_C \approx 33\,\text{mA}$ (Punkt ④). Dieser Strom erzeugt am Kollektorwiderstand einen Spannungsabfall von $U_{R_C} = U_B - U_A$. Damit ergibt sich ein Widerstand von:

$$R_C = \frac{U_{R_C}}{I_C} = \frac{U_B - U_A}{I_C} = \frac{5\,\text{V} - 0,5\,\text{V}}{33\,\text{mA}} \approx 136\,\Omega$$

2. An dem Schnittpunkt der Widerstandsgeraden mit der I_C–Achse (Punkt ⑤) lesen wir einen maximalen Kollektorstrom von $I_{Cmax} \approx 37\,\text{mA}$ ab. Nun kann der Kollektorwiderstand als Quotient der Betriebsspannung und

dieses Stromes berechnet werden:

$$R_C = \frac{U_B}{I_{Cmax}} = \frac{5\,\text{V}}{37\,\text{mA}} \approx 135\,\Omega$$

Lösung der Aufgabe 28: TTL–Glieder

IC7427

Der Schaltkreis kann in drei Funktionen aufgeteilt werden (Abb. L28.1).

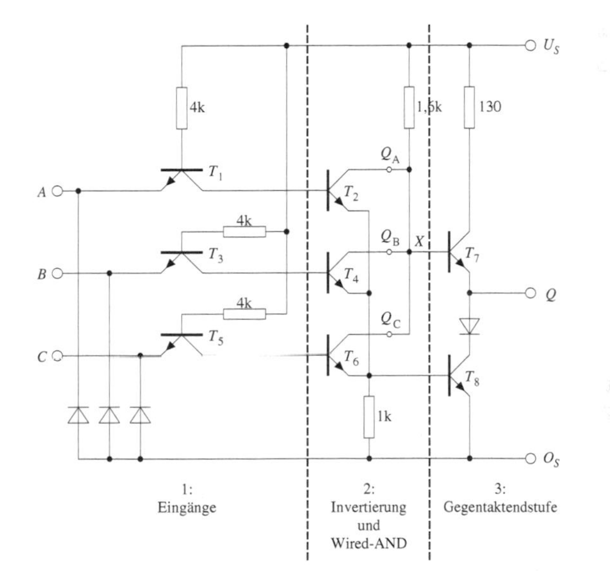

Abb. L28.1: Unterteilung des Schaltkreises in seine Funktionsblöcke

1. Die Transistoren T_1, T_3 und T_5 wirken als steuerbare Konstantstromquellen für die Basisanschlüsse der Transistoren T_2, T_4 und T_6. Diese Transistoren erhalten immer dann einen Basisstrom, wenn der zugehörige Eingang auf H–Pegel liegt.
2. Die Transistoren T_2, T_4 und T_6 wirken als Inverter der Eingänge A, B und C. Liegen die Eingänge A oder B oder C auf H–Pegel, dann wird die Kollektor–Emitterstrecke der folgenden Transistoren T_2, T_4, T_6 niederohmig. Die Ausgänge dieser Inverter sind galvanisch verbunden und wirken als Wired–AND. Damit folgt mit DeMorgan:

$$\overline{A} \wedge \overline{B} \wedge \overline{C} = \overline{A \vee B \vee C}$$

3. Die Transistoren T_7 und T_8 wirken als Gegentaktendstufe und haben keinen Einfluss auf die Boolesche Funktion, sondern sie sorgen bei beiden Ausgangsbelegungen für einen kleinen Ausgangswiderstand des Schaltgliedes.

Damit kann die Funktion des Schaltkreises als Tabelle dargestellt werden (Tabelle L28.1).

C	B	A	Q_A	Q_B	Q_C	X	Q
L	L	L	H	H	H	H	H
L	L	H	L	H	H	L	L
L	H	L	H	L	H	L	L
L	H	H	L	L	H	L	L
H	L	L	H	H	L	L	L
H	L	H	L	H	L	L	L
H	H	L	H	L	L	L	L
H	H	H	L	L	L	L	L

Tabelle L28.1: Funktionstabelle des Schaltkreises des IC7427 nach Abbildung L28.1

In der Tabelle werden die Ausgänge Q_A, Q_B und Q_C zunächst als nicht verbunden betrachtet. X stellt damit die Wired–AND Verknüpfung dar.

Aus der Tabelle ersehen wir, dass der Schaltkreis eine NOR–Verknüpfung realisiert:

$$Q = \overline{A \vee B \vee C}$$

IC7408

Auch hier können wir den Schaltkreis in seine Funktionsblöcke aufteilen (Abb. L28.2).

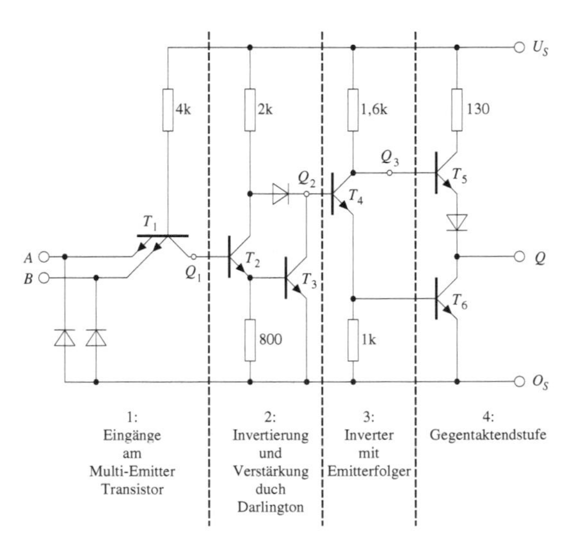

Abb. L28.2: Unterteilung des Schaltkreises in seine Funktionsblöcke

1. T_1 ist als Multi–Emitter–Transistor realisiert und bewirkt die UND–Verknüpfung von A und B:
$$Q_1 = A \wedge B$$
2. T_2 und T_3 stellen eine Darlington–Schaltung dar. Die Schaltung wirkt als Inverter und Verstärker:
$$Q_2 = \overline{Q_1} = \overline{A \wedge B}$$
3. T_4 wirkt als Inverter mit Emitterfolger:
$$Q_3 = \overline{Q_2} = \overline{\overline{A \wedge B}} = A \wedge B$$
4. T_5 und T_6 wirken auch hier nur als Gegentaktendstufe ohne die Boolesche Funktion des Schaltkreises zu beeinflussen.

Der Schaltkreis realisiert eine UND–Verknüpfung:
$$Q = A \wedge B$$

IC7486

Der Schaltkreis kann in fünf Funktionseinheiten aufgeteilt werden (Abb. L28.3).

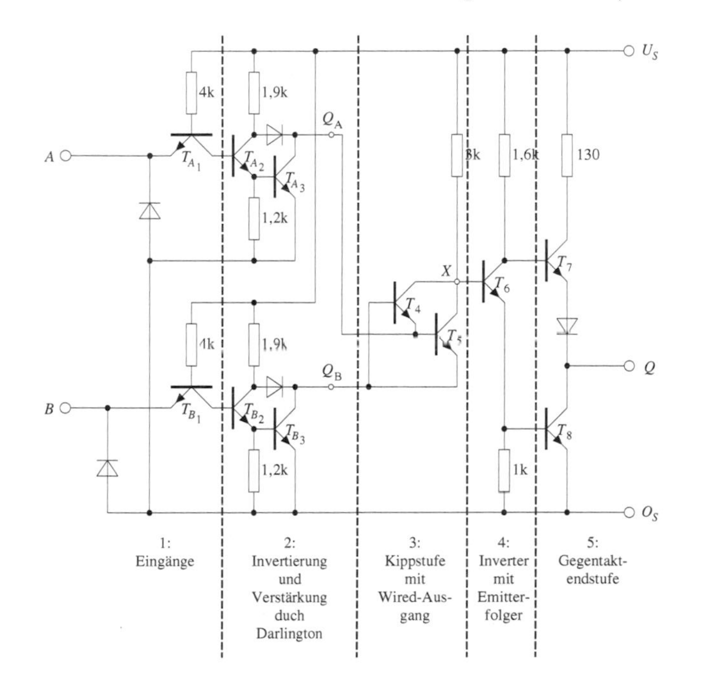

Abb. L28.3: Unterteilung des Schaltkreises in seine Funktionsblöcke

1. T_{A_1} bzw. T_{B_1} wirken als Konstantstromquellen, die mit den Eingängen A bzw. B gesteuert werden.
2. T_{A_2} und T_{A_3} bzw. T_{B_2} und T_{B_3} sind als Darlington–Schaltung realisiert und wirken als Inverter und Verstärker. Q_A liefert das invertierte Signal vom Eingang A und Q_B das invertierte Signal des Einganges B.
3. T_4 und T_5 werden zum besseren Verständnis umgezeichnet (Abb. L28.4).

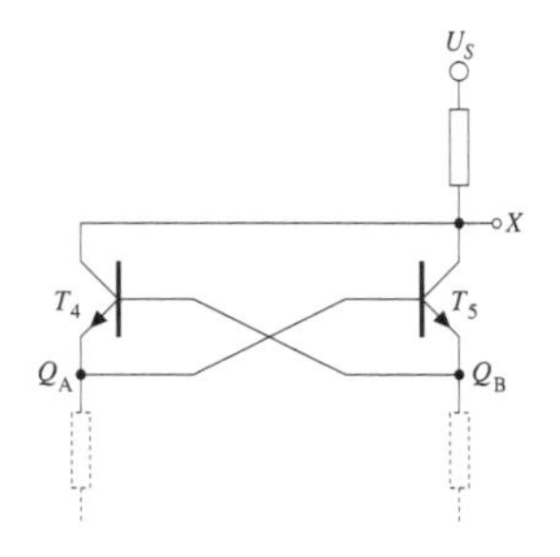

Abb. L28.4: Kippstufenähnliche Verschaltung von T_4 und T_5

Es ist ersichtlich, dass T_4 und T_5 eine bistabile Kippstufe (Speicherglied) mit verdrahtetem (wired) Ausgang realisieren. Das Funktionsverhalten einer solchen Kippstufe kann durch Tabelle L28.2 dargestellt werden.

Q_B	Q_A	X
L	L	H
L	H	L
H	L	L
H	H	H

Tabelle L28.2: Funktionsverhalten von T_4 und T_5

4. T_6 wirkt als Inverter mit Emitterfolger.
5. Die Transistoren T_7 und T_8 wirken als Gegentaktendstufe und haben keinen Einfluss auf die Boolesche Funktion.

Das Boolesche Verhalten des gesamten Schaltkreises zeigt Tabelle L28.3.

B	A	Q_A	Q_B	X	Q
L	L	H	H	H	L
L	H	L	H	L	H
H	L	H	L	L	H
H	H	L	L	H	L

Tabelle L28.3: Funktionstabelle eines Schaltkreises des IC7486

Der Schaltkreis realisiert die Antivalenzfunktion (EXOR–Verknüpfung):

$$Q = A \not\equiv B$$

Lösung der Aufgabe 29: Signalübergangszeiten eines CMOS–NICHT–Gliedes

L.29.1: Einen Inverter in CMOS–Technik (Complementary Metal Oxyd Semiconductor) zu entwerfen, bedeutet, dass sowohl NMOS– als auch PMOS–Transistoren zur Anwendung kommen müssen. Da die Transistoren auf logische Pegel reagieren sollen, wählen wir selbstsperrende Typen (Anreicherungstypen, engl.: Enhancement).

Ein NMOS–Transistor schaltet durch, wenn an seinem Gate eine gegenüber dem Substrat positive Spannung anliegt. Da der Kanal eines NMOS–Transistors Elektronen leitet, ist dann das Potential an seinem Drain klein, bzw. die Spannung gegenüber Substrat nahe null. Legen wir das Gate an den Eingang des Inverters, das Drain an den Ausgang und das Source an den negativen Pol der Spannungsquelle, so sorgt der NMOS–Transistor bereits bei einem H–Pegel am Eingang für einen definierten L–Pegel am Ausgang.

Die gleiche Betrachtung können wir für den PMOS–Transistor anstellen, wenn wir die Potentiale bzw. Spannungsrichtungen vertauschen.

Somit können wir die Schaltung des Inverters in CMOS–Technologie nach Abbildung L29.1 angeben.

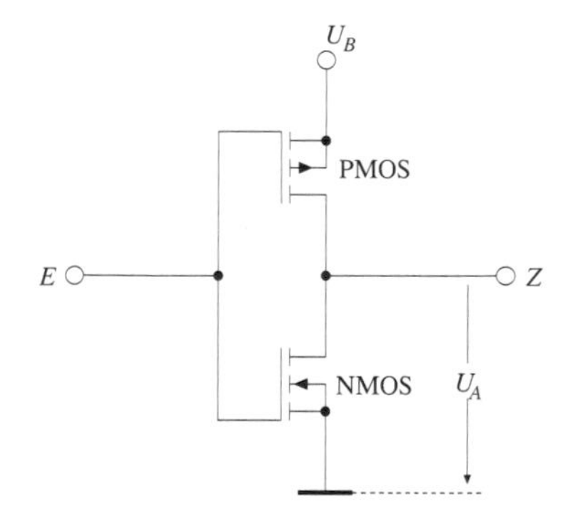

Abb. L29.1: Inverter in CMOS–Technik

L.29.2: Berechnung der Signalübergangszeit t_{HL}:

Wird nun der Ausgang des Inverters mit einer kapazitiven Last beschaltet und berücksichtigt man die Kanalwiderstände der Transistoren, so führt dies zum Ersatzschaltbild in Abb. L29.2.

An diesem Ersatzschaltbild lassen sich die für die Signalverzögerung verantwortlichen Vorgänge besser verfolgen.

Betrachten wir Abbildung L29.3, so sehen wir den Verlauf der Entladung der Kapazität, wenn der Ausgang vom Zustand H in den Zustand L übergeht. Hierbei nehmen wir an, dass die Dauer des vorherigen H–Zustandes ausgereicht hat, um den Kondensator vollständig zu laden.

Die Entladung eines Kondensators genügt folgender Gleichung:

$$u_C(t) = U_B \cdot e^{-\frac{t}{\tau}}$$

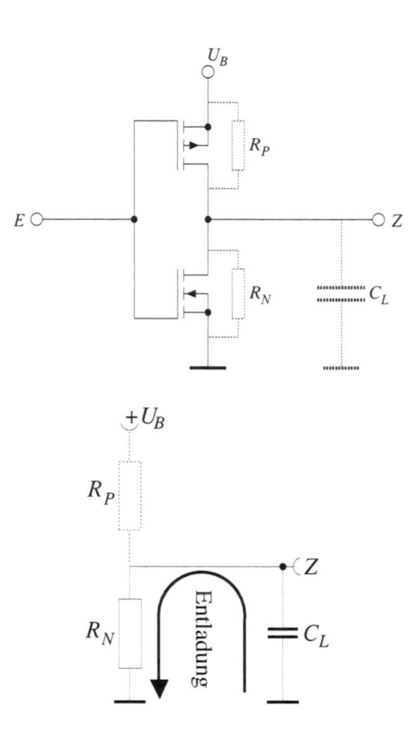

Abb. L29.2: Ersatzschaltbild für die kapazitive Belastung

Abb. L29.3: Entladung der Kapazität über den Kanalwiderstand des NMOS–Transistors

Hierbei gilt ferner:
- U_B: Spannung mit der der Kondensator aufgeladen ist.
- $\tau = R_N \cdot C_L$: Zeitkonstante des Entladevorganges (in diesem Fall wird über den Kanalwiderstand des NMOS–Transistors entladen).
- Zum Zeitpunkt $t = 0$ findet am Eingang der Wechsel von L nach H statt (Inverter!).

Wir berechnen nun den Zeitpunkt t_{90}, bei dem die Kondensatorspannung nur noch 90 Prozent der Betriebsspannung beträgt:

$$\begin{aligned}
u_C(t_{90}) &\stackrel{!}{=} 0,9 \cdot U_B \\
\Rightarrow 0,9 \cdot U_B &= U_B \cdot e^{-\frac{t_{90}}{\tau}} \\
\Leftrightarrow t_{90} &= -\tau \cdot \ln 0,9 \\
\Rightarrow t_{90} &= -200\,\Omega \cdot 150 \cdot 10^{-12}\mathrm{F} \cdot \ln 0,9 \\
\Rightarrow t_{90} &\approx 3,16 \text{ nsec}
\end{aligned}$$

Für den Zeitpunkt t_{10}, bei dem die Kondensatorspannung nur noch 10 Prozent der Betriebsspannung beträgt, erhalten wir:

$$\begin{aligned}
u_C(t_{10}) &\stackrel{!}{=} 0,1 \cdot U_B \\
\Rightarrow 0,1 \cdot U_B &= U_B \cdot e^{-\frac{t_{10}}{\tau}}
\end{aligned}$$

$$\begin{aligned}
\Leftrightarrow t_{10} &= -\tau \cdot \ln 0,1 \\
\Rightarrow t_{10} &= -200\,\Omega \cdot 150 \cdot 10^{-12}\text{F} \cdot \ln 0,1 \\
\Rightarrow t_{10} &\approx 69,08 \text{ nsec}
\end{aligned}$$

Damit ergibt sich die Signalverzögerung zu: $t_{HL} = t_{10} - t_{90} = 65,92$ nsec.

L.29.3: Berechnung der Signalübergangszeit t_{LH}:
Hierbei nehmen wir analog zum ersten Fall an, dass die Dauer des L–Zustandes ausgereicht hat, um den Kondensator vollständig zu entladen. Wenn nun der Inverter in den H–Zustand übergeht, wird die Kapazität aufgeladen, das heißt der Spannungsanstieg am Ausgang Z erfolgt „verzögert". In Abbildung L29.4 ist der dabei auftretende Stromfluss eingezeichnet.

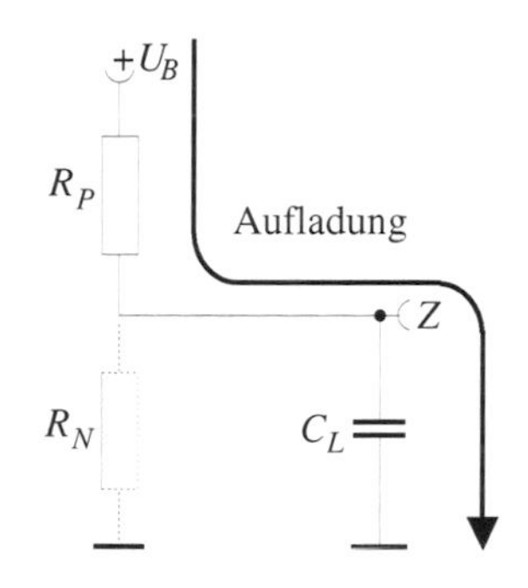

Abb. L29.4: Aufladung der Kapazität über den Kanalwiderstand des PMOS–Transistors

Die Aufladung des Kondensators genügt der Gleichung:

$$u_C(t) = U_B\,(1 - e^{-\frac{t}{\tau}})$$

Hierbei gilt:
- U_B: Spannung, mit der der Kondensator aufgeladen wird.
- $\tau = R_P \cdot C_L$: Zeitkonstante des Ladevorganges (nun wird ja über den Kanalwiderstand des PMOS Transistors geladen).
- Zum Zeitpunkt $t = 0$ findet der Wechsel am Eingang von H nach L statt.

Analog zum ersten Fall, berechnen wir nun noch die Zeitpunkte, in denen die Ausgangsspannung U_A 10 bzw. 90 Prozent der Betriebsspannung erreicht.
10 Prozent:

$$\begin{aligned}
u_C(t_{10}) &\stackrel{!}{=} 0,1 \cdot U_B \\
\Rightarrow 0,1 \cdot U_B &= U_B\,(1 - e^{-\frac{t_{10}}{\tau}}) \\
\Leftrightarrow e^{-\frac{t_{10}}{\tau}} &= 0,9 \\
\Leftrightarrow \ln 0,9 &= -\frac{t_{10}}{\tau} \\
\Rightarrow t_{10} &= -\tau \cdot \ln 0,9 \\
\Rightarrow t_{10} &= -500\,\Omega \cdot 150 \cdot 10^{-12}\text{F} \cdot \ln 0,9 \\
\Rightarrow t_{10} &\approx 7,9 \text{ nsec}
\end{aligned}$$

90 Prozent:

$$\begin{aligned} u_C(t_{90}) &\stackrel{!}{=} 0,9 \cdot U_B \\ \Rightarrow 0,9 \cdot U_B &= U_B\,(1 - e^{-\frac{t_{90}}{\tau}}) \\ \Leftrightarrow e^{-\frac{t_{90}}{\tau}} &= 0,1 \\ \Rightarrow t_{90} &= -\tau \cdot \ln 0,1 \\ \Rightarrow t_{90} &= -500\,\Omega \cdot 150 \cdot 10^{-12}\mathrm{F} \cdot \ln 0,1 \\ \Rightarrow t_{90} &\approx 172,69 \text{ nsec} \end{aligned}$$

Somit ergibt sich als Signalübergangszeit: $t_{LH} = t_{90} - t_{10} = 164,79$ nsec.

Zusammenfassend kann man festhalten, dass der Inverter mit einer solchen kapazitiven Last nur so schnell schalten kann, wie seine größte Signalübergangszeit angibt. In diesem Falle gilt:

$$\max(t_{HL}, t_{LH}) = t_{LH} = 164,79 \text{ nsec}$$

Daraus folgt insbesondere, dass der Inverter nur in solchen Systemen verwendet werden kann, deren Taktfrequenz f kleiner etwa 6 Mhz ist, da $f_{max} = 1/t_{LH} \approx$ 6.068 kHz.

Lösung der Aufgabe 30: CMOS–NOR–Glied

Betrachtet man die Wertetabelle eines allgemeinen NOR–Gliedes nach Tabelle L30.1, so stellt man fest, dass der Ausgang nur eine 1 aufweist, wenn beide Eingänge 0 sind.

A	B	Z
0	0	1
0	1	0
1	0	0
1	1	0

Tabelle L30.1: Allgemeine NOR–Wertetabelle

Man muss also lediglich dafür sorgen, dass der Ausgang 0–Pegel führt sobald ein Eingang 1–Pegel hat. Dies realisiert man durch zwei parallel geschaltete N–MOS Transistoren (Abb. L30.1).

Jedoch muss am Ausgang nun noch für eine definierte 1 gesorgt werden, wenn beide Eingänge 0 sind und somit die NMOS–Transistoren sperren (Das Potential am Ausgang nach Abb. L30.1 wäre dann undefiniert).

Wir lösen das Problem durch zusätzlich in Reihe geschaltete PMOS–Transistoren die nur eine 1 an den Ausgang „lassen“, wenn sie *beide* durchgeschaltet sind, also an beiden Eingängen eine 0 anliegt.

Damit ergibt sich für das CMOS–NOR–Glied das Schaltbild nach Abb. L30.2.

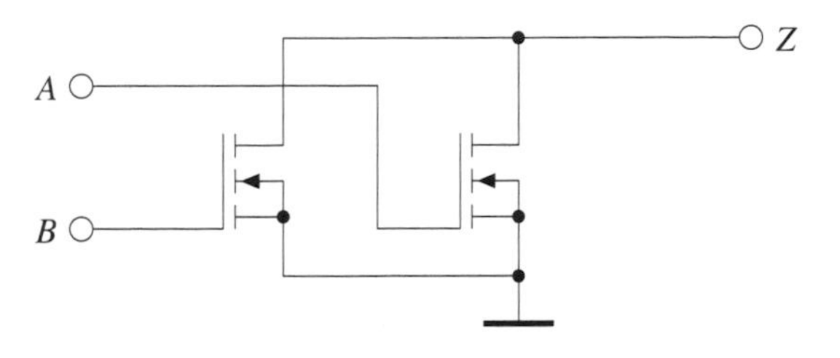

Abb. L30.1: Zwei parallelgeschaltete NMOS–Transistoren

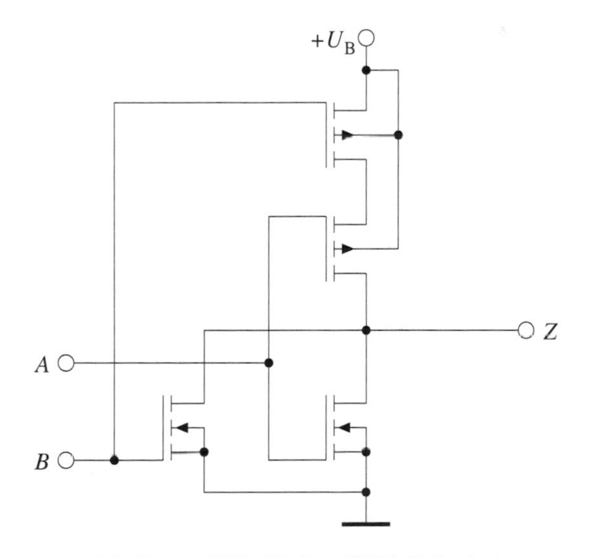

Abb. L30.2: NOR–Glied in CMOS–Technologie

4 Schaltnetze

Lösung der Aufgabe 31: Wechselschalter

L.31.1: Logische Verknüpfungen bilden Eingangsvektoren auf Ausgangsvektoren ab. Wir müssen also unser Problem den Vektoren zuordnen. Wir betrachten jeden Schalter als eine Eingangsvariable und bezeichnen sie mit A und B. Die beiden möglichen Schalterpositionen $(1-3, 2-3)$ entsprechen dann dem logischen Zustand 0 und 1 jeder Variable, bzw. jedes Schalters. Die Lampe ordnen wir der Ausgangsvariablen Z zu, und treffen die Vereinbarung, dass beim Zustand 1 die Lampe brennt und bei 0 nicht.
Wir gehen von der (willkürlichen) Situation aus, dass A und B gleich 0 sind, und definieren ferner, dass die Lampe dann nicht brennen soll. Wir haben somit dem Eingangsvektor (0,0) den Ausgangsvektor (0) zugeordnet (Tabelle L31.1).

A	B	Z
0	0	0

Tabelle L31.1: Festlegung eines Anfangszustandes

Nun soll sich bei Änderung nur jeweils einer der Variablen A oder B der Ausgangsvektor Z ändern. Dies führt uns zu zwei weitere Zuständen, bei denen die Lampe angeht (Tabelle L31.2).

A	B	Z
0	0	0
0	1	1
1	0	1

Tabelle L31.2: Anfangszustand und Änderung einer Variablen

Ändert sich nun wieder eine der Eingangsvariablen, so erhalten wir entweder den schon vorhandenen Zustand (0,0) oder den neuen Zustand (1,1). Bei beiden muss die Lampe nach Aufgabenstellung erlöschen. Weitere Zustände können nicht vorkommen, da der Eingangsvektor nur zweistellig ist. Somit erhalten wir die komplette Funktionstabelle nach Tabelle L31.3.

A	B	Z
0	0	0
0	1	1
1	0	1
1	1	0

Tabelle L31.3: Funktionstabelle für die Wechselschaltung

Aus dieser Tabelle ersehen wir, dass es sich bei der Verknüpfung um eine Antivalenz, bzw. um ein Exklusiv–ODER handelt.
Man kann das Verhalten auch mit einer Äquivalenz ausdrücken, wenn man z.B. beim Zustand (1,1) anfängt und davon ausgeht, dass die Lampe dann brennt.

L.31.2: Einfache logische Verknüpfungen, wie UND und ODER lassen sich auch mit Schaltern nachbilden (Abb. L31.1).

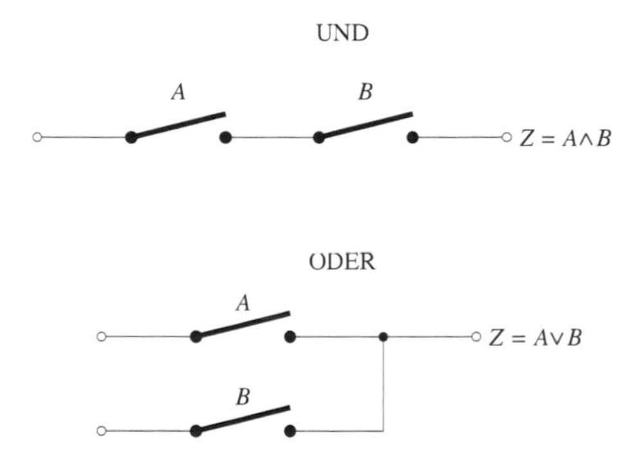

Abb. L31.1: UND und ODER Verknüpfung mit Schaltern realisiert

Wenn wir dieses Schema auf unsere Funktionsgleichung $Z = A\overline{B} \vee \overline{A}B$ übertragen, so müssen wir nur die Kontakte der Schalter verbinden, die den Zuständen $A\,\overline{B}$ und $\overline{A}\,B$ entsprechen. Damit ergibt sich das Schaltbild aus Abb. L31.2.

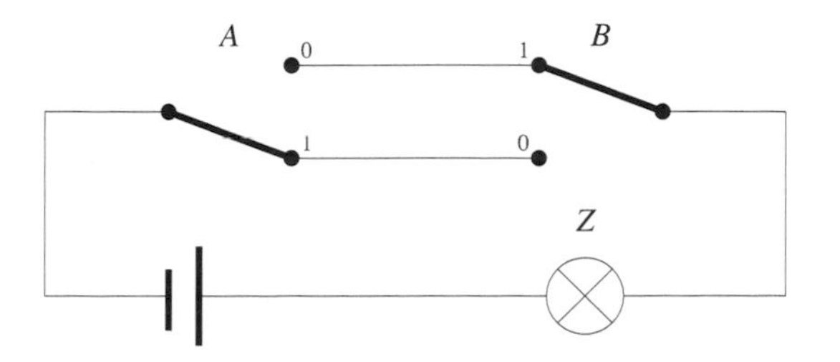

Abb. L31.2: Wechselschaltung für eine Lampe mit zwei 1×UM Schaltern

Lösung der Aufgabe 32: Schaltnetz mit 3 Variablen

L.32.1: Wir ergänzen zuerst die Schaltung um Zwischenausgänge, d.h. jeder Ausgang eines Gatters wird benannt. Dies kann willkürlich nach verschiedenen Systemen erfolgen. Wir gehen hier nach „Zeichnungsebene" von links nach rechts und von oben nach unten vor (Abb. L32.1).

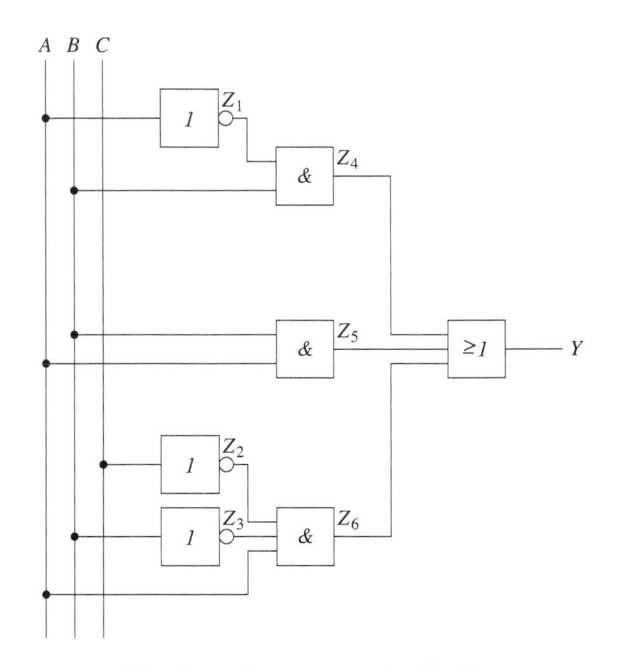

Abb. L32.1: Schaltnetz mit drei Variablen

Dadurch bleibt die Lösung übersichtlicher und so werden Fehler vermieden. Nun werden die Gleichungen für die Zwischenausgänge Z_1 bis Z_6 aufgestellt:

$$
\begin{aligned}
Z_1 &= \overline{A} \\
Z_2 &= \overline{C} \\
Z_3 &= \overline{B} \\
Z_4 &= Z_1\,B = \overline{A}\,B \\
Z_5 &= A\,B \\
Z_6 &= Z_2\,Z_3\,A = A\,\overline{B}\,\overline{C}
\end{aligned}
$$

Die Substitutionen bei Z_4 und Z_6 sind nicht unbedingt nötig und wurden hier nur durchgeführt, um einen Weg zu zeigen die Ausgangsgleichung leichter direkt in Abhängigkeit der Variablen angeben zu können.

L.32.2: Nun ergibt sich für den Ausgang Y die Gleichung:

$$Y = Z_4 \vee Z_5 \vee Z_6 = \overline{A}\,B \vee A\,B \vee A\,\overline{B}\,\overline{C}$$

Da es sich um eine relativ einfache Gleichung handelt, wollen wir sie noch mit den Regeln der Booleschen Algebra vereinfachen:

$$\begin{aligned}
Y &= \overline{A}\,B \vee A\,B \vee A\,\overline{B}\,\overline{C} \\
&= B\,(\overline{A} \vee A) \vee A\,\overline{B}\,\overline{C} \\
&= (B \wedge 1) \vee A\,\overline{B}\,\overline{C} \\
&= B \vee A\,\overline{B}\,\overline{C} \\
&= (B \vee A)\,(B \vee \overline{B})\,(B \vee \overline{C}) \\
&= (B \vee A) \wedge 1 \wedge (B \vee \overline{C}) \\
&= (B \vee A)(B \vee \overline{C}) \\
&= B \vee A\,\overline{C}
\end{aligned}$$

L.32.3: Es ergibt sich dann das minimierte Schaltnetz nach Abb. L32.2.

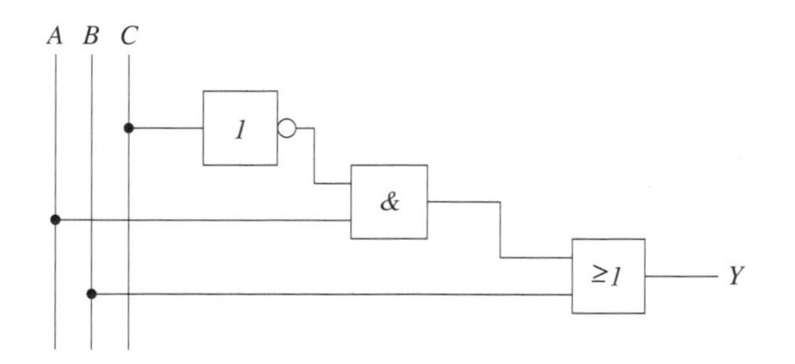

Abb. L32.2: Minimiertes Schaltnetz von Aufgabe 32

Lösung der Aufgabe 33: Vierstufiges Schaltnetz

L.33.1: Wir tragen wie bei Aufgabe 32 zuerst die Zwischenausgänge Z_1 bis Z_7 in das Schaltbild ein (Abb. L33.1) und ermitteln dann deren Gleichungen:

$$\begin{aligned}
Z_1 &= \overline{B}\,C\,\overline{D} & \qquad Z_2 &= \overline{A}\,\overline{C}\,D \\
Z_3 &= \overline{A\,B\,C} & \qquad Z_4 &= \overline{A}\,\overline{C}\,\overline{D} \\
Z_5 &= \overline{A\,\overline{B}\,\overline{C}\,\overline{D}} & \qquad Z_6 &= \overline{Z_1 \vee Z_2} \\
Z_7 &= \overline{Z_3 \vee Z_4}
\end{aligned}$$

Die Ausgangsgleichung lautet dann (von oben nach unten gesehen):

$$Y = Z_6\,Z_7\,Z_5$$

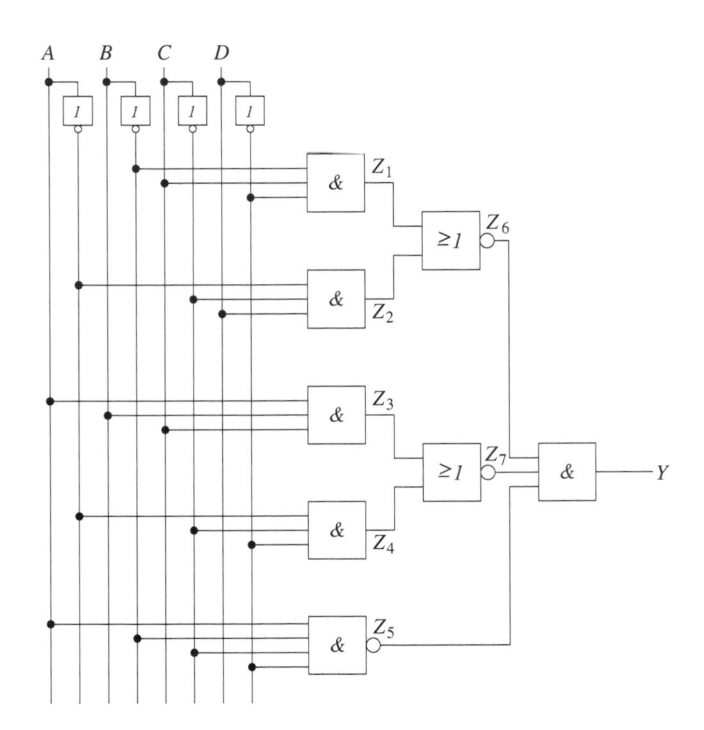

Abb. L33.1: Vierstufiges Schaltnetz mit vier Variablen

L.33.2: Weil hier ein umfangreicheres Netzwerk vorliegt, wählen wir zur Vereinfachung die Methode der Karnaugh–Veitch–Tafeln (KV–Tafeln). Weiterhin sollen zwei Lösungsmöglichkeiten vorgestellt werden: *Erstellen einer Wertetabelle* und *direkte Herleitung der Funktionsgleichung* aus der Schaltung (siehe Lehrbuch).

Erstellen einer Wertetabelle

Um nicht jede mögliche Belegung durchrechnen zu müssen, ermitteln wir nur die Ausgangszustände der Gatter die „am wenigstens" vorkommen. Dazu gehen wir schrittweise wie folgt vor. Zuerst betrachten wir uns den Ausgang Z_1. Er ist 1, wenn der Term $\overline{B}C\overline{D}$ gleich 1 ist, also bei der Belegung $BCD = 010$. Dies sind die Zeilen 3 und 11 in Tabelle L33.1. Die Nullen tragen wir aus Gründen der Übersichtlichkeit und um uns Schreibarbeit zu ersparen, nicht ein.

A	B	C	D	Z_1	A	B	C	D	Z_1
0	0	0	0		1	0	0	0	
0	0	0	1		1	0	0	1	
0	0	1	0	1	1	0	1	0	1
0	0	1	1		1	0	1	1	
0	1	0	0		1	1	0	0	
0	1	0	1		1	1	0	1	
0	1	1	0		1	1	1	0	
0	1	1	1		1	1	1	1	

Tabelle L33.1: Wahrheitstabelle für den Ausgang Z_1

Nun tragen wir den Ausgang Z_2 in die Tabelle ein. Er ist 1, wenn der Term $\overline{A}\,\overline{C}\,D$ gleich 1 ist. Dies ist die Belegung $ACD = 001$ und damit die Zeilen 2 und 6 (Vorsicht bei der Suche nach 001, da der Eingang B dazwischen liegt!). Wir erhalten Tabelle L33.2.

A	B	C	D	Z_1	Z_2	A	B	C	D	Z_1	Z_2
0	0	0	0			1	0	0	0		
0	0	0	1		1	1	0	0	1		
0	0	1	0	1		1	0	1	0	1	
0	0	1	1			1	0	1	1		
0	1	0	0			1	1	0	0		
0	1	0	1		1	1	1	0	1		
0	1	1	0			1	1	1	0		
0	1	1	1			1	1	1	1		

Tabelle L33.2: Wahrheitstabelle für die Ausgänge Z_1 und Z_2

Kennzeichnen wir nun noch die Belegungen $ABC = 111$ für den Ausgang Z_3 und $ACD = 001$ für Z_4 mit 1, so erhalten wir mit Tabelle L33.3 die Wertetabelle für die Ausgänge Z_1 bis Z_4.

A	B	C	D	Z_1	Z_2	Z_3	Z_4	A	B	C	D	Z_1	Z_2	Z_3	Z_4
0	0	0	0				1	1	0	0	0				
0	0	0	1		1			1	0	0	1				
0	0	1	0	1				1	0	1	0	1			
0	0	1	1					1	0	1	1				
0	1	0	0				1	1	1	0	0				
0	1	0	1		1			1	1	0	1				
0	1	1	0					1	1	1	0			1	
0	1	1	1					1	1	1	1			1	

Tabelle L33.3: Wahrheitstabelle für die Ausgänge Z_1 bis Z_4

Nun müssen die Ausgänge Z_5 bis Z_7 eingetragen werden. Der Ausgang Z_5 ist trivial, da es sich lediglich um eine Konjunktion aller Eingangsvariablen handelt. In der Tabelle muss deshalb in Zeile 9 eine Null erscheinen. Z_6 ist immer dann 0, wenn Z_1 oder Z_2 gleich 1 sind. In der Tabelle sind dies die Zeilen 2, 3, 6 und 11. Analog dazu ist Z_7 immer dann 0, wenn Z_3 oder Z_4 gleich 1 sind. Es sind dies die Zeilen 1, 5, 15 und 16. Da der Gesamtausgang Y eine Konjunktion aller drei Zwischenausgänge Z_5 bis Z_7 ist, können wir in jeder Zeile in der bei den Zwischenausgängen mindestens eine Null steht, beim Ausgang auch eine Null eintragen. Die übrigen Kombinationen erhalten eine Eins. Die komplette Wahrheitstabelle (für Y) zeigt Tabelle L33.4.

A	B	C	D	Z_1	Z_2	Z_3	Z_4	Z_5	Z_6	Z_7	Y
0	0	0	0				1			0	0
0	0	0	1		1				0		0
0	0	1	0	1					0		0
0	0	1	1								1
0	1	0	0				1			0	0
0	1	0	1		1				0		0
0	1	1	0								1
0	1	1	1								1
1	0	0	0					0			0
1	0	0	1								1
1	0	1	0	1					0		0
1	0	1	1								1
1	1	0	0								1
1	1	0	1								1
1	1	1	0			1				0	0
1	1	1	1			1				0	0

Tabelle L33.4: Komplette Wahrheitstabelle für Aufgabe 33

Die Kombinationen des Ausganges Y werden in eine KV–Tafel übertragen, um die Ausgangsgleichung zu vereinfachen (Abb. L33.2).

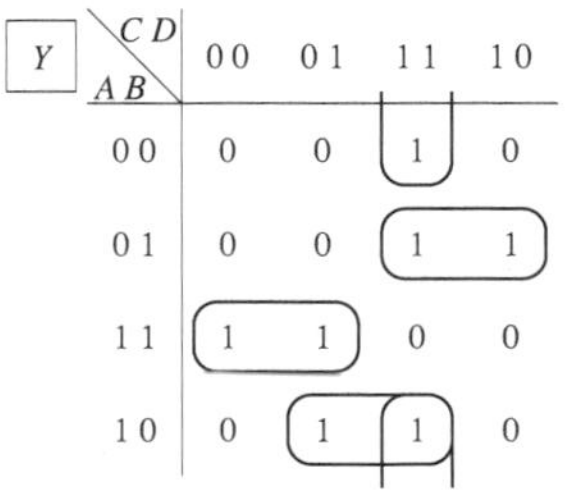

Y — AB \ CD	00	01	11	10
00	0	0	1	0
01	0	0	1	1
11	1	1	0	0
10	0	1	1	0

Abb. L33.2: KV–Tafel des Ausganges Y

Es ergibt sich als minimale Funktionsgleichung in DF:

$$Y = A\,B\,\overline{C} \vee \overline{A}\,B\,C \vee \overline{B}\,C\,D \vee A\,\overline{B}\,D$$

L.33.3: Das der minimalen DF entsprechende Schaltnetz zeigt Abb. L33.3.

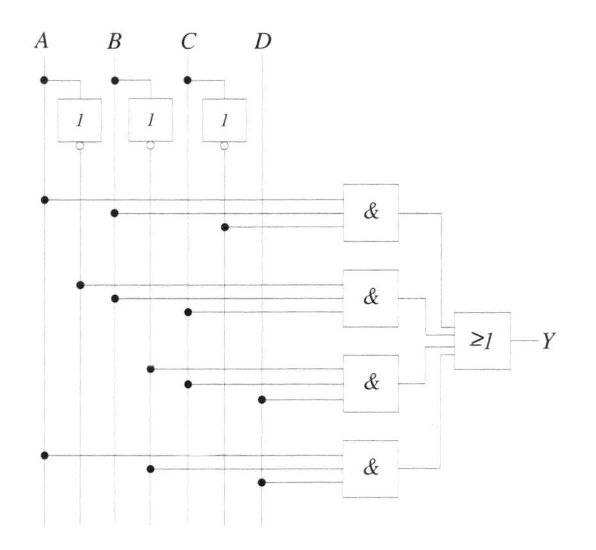

Abb. L33.3: Minimiertes Schaltnetz der Aufgabe 33 in disjunktiver Form

Gegenüber der Anfangsschaltung werden, einschließlich des nicht mehr benötigten Inverters am Eingang D, vier Schaltglieder eingespart.

Direkte Herleitung der Funktionsgleichung

L.33.2: Zuerst werden die Zwischenausgänge $Z_1 \dots Z_7$ der Lösung L.33.1 in die Gleichung für Y eingeführt:

$$Y = Z_5\, Z_6\, Z_7 = Z_5\, (\overline{Z_1 \vee Z_2})\, (\overline{Z_3 \vee Z_4})$$

Dann werden die Zwischenfunktionen durch die zugehörigen Funktionsgleichungen ersetzt und mit der DeMorganschen Regel die Gleichung umgeformt:

$$\begin{aligned} Y &= \overline{A\,\overline{B}\,\overline{C}\,\overline{D}} \wedge (\overline{\overline{B}\,C\,\overline{D} \vee \overline{A}\,\overline{C}\,D}) \wedge (\overline{A\,B\,C \vee \overline{A}\,\overline{C}\,\overline{D}}) \\ &= \overline{A\,\overline{B}\,\overline{C}\,\overline{D}} \wedge \overline{\overline{B}\,C\,\overline{D}} \wedge \overline{\overline{A}\,\overline{C}\,D} \wedge \overline{A\,B\,C} \wedge \overline{\overline{A}\,\overline{C}\,\overline{D}} \\ &= (\overline{A} \vee B \vee C \vee D)\,(B \vee \overline{C} \vee D)\,(A \vee C \vee \overline{D})\,(\overline{A} \vee \overline{B} \vee \overline{C})\,(A \vee C \vee D) \end{aligned}$$

Maxterme, die nicht alle Variablen enthalten, werden um die fehlenden Variablen ergänzt. Dieses „Aufblähen“ kann mit den Regeln des neutralen Elementes n ($N\vee$: $a \vee n = a$, siehe Lehrbuch) und des komplementären Elementes ($C\wedge$: $x \wedge \overline{x} = n$) in der Form $T = T \vee (X \wedge \overline{X})$ geschehen, ohne dass sich der Wahrheitsgehalt ändert. Hierbei ist T der zu erweiternde Term und X ein

Platzhalter für die jeweils einzusetzende fehlende Eingangsvariable. So gilt z.B. für den zweiten Term $(B \vee \overline{C} \vee D)$ der obigen Gleichung:

$$B \vee \overline{C} \vee D = (B \vee \overline{C} \vee D) \vee (A \wedge \overline{A}) = (B \vee \overline{C} \vee D \vee A)\,(B \vee \overline{C} \vee D \vee \overline{A})$$

Damit erhalten wir für Y die KNF:

$$\begin{aligned} Y \;=\; & (\overline{A} \vee B \vee C \vee D)\,(A \vee B \vee \overline{C} \vee D)\,(\overline{A} \vee B \vee \overline{C} \vee D)\,(A \vee B \vee C \vee \overline{D}) \\ & (A \vee \overline{B} \vee C \vee \overline{D})\,(\overline{A} \vee \overline{B} \vee \overline{C} \vee D)\,(\overline{A} \vee \overline{B} \vee \overline{C} \vee \overline{D})\,(A \vee B \vee C \vee D) \\ & (A \vee \overline{B} \vee C \vee D) \end{aligned}$$

Wir vereinfachen durch KV–Tafel (Vorsicht beim Erstellen einer KV–Tafel aus einer KNF: Da KV–Tafeln nur eine andere Schreibweise von Wertetabellen sind, steht z.B. der Term $\overline{A} \vee B \vee C \vee D$ für die Belegung $ABCD = 1000$!):

Y: AB \ CD	00	01	11	10
00	0	0	1	0
01	0	0	1	1
11	1	1	0	0
10	0	1	1	0

Abb. L33.4: KV–Tafel für Y

Hieraus ergibt sich die minimale KF, wobei wie bei der KNF–Bildung aus Wertetabellen vorzugehen ist:

$$Y \;=\; (A \vee C)\,(B \vee D)\,(\overline{A} \vee \overline{B} \vee \overline{C})$$

L.33.3: Aus dieser KF resultiert das Schaltnetz nach Abb. L33.5.

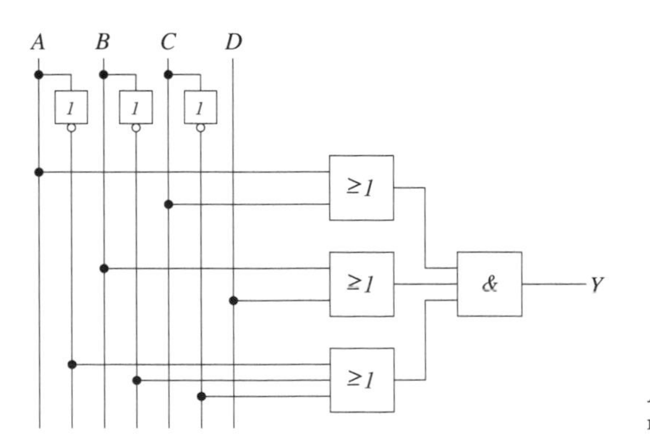

Abb. L33.5: Minimiertes Schaltnetz in der konjunktiven Form

Lösung der Aufgabe 34: Dreistufiges Schaltnetz

Bei der Lösung dieser Aufgabe wollen wir die Funktionsgleichung nicht mit einer Wertetabelle sondern direkt aus der Schaltung ableiten. Zuerst werden wieder die Zwischenfunktionen (hier $Z_1, \ldots, Z_5$) eingezeichnet (Abb. L34.1).

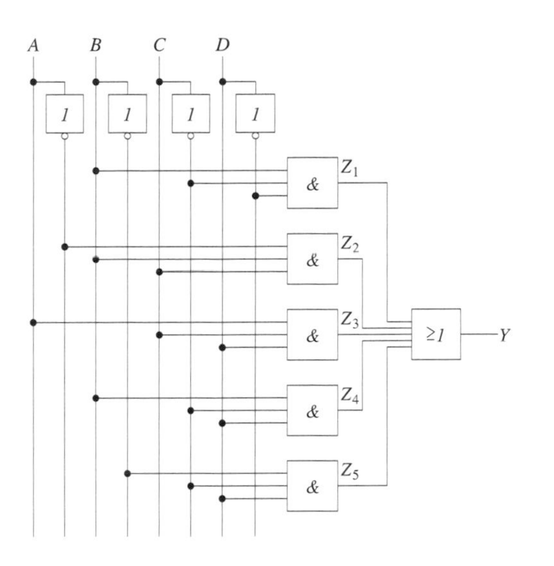

Abb. L34.1: Dreistufiges Schaltnetz mit vier Variablen

L.34.1: Wir erhalten für die Ausgangsgleichung: $Y = Z_1 \vee Z_2 \vee Z_3 \vee Z_4 \vee Z_5$
Dann werden die Zwischenfunktionen durch die zugehörigen Funktionsgleichungen ersetzt:

$$Y = B\,\overline{C}\,\overline{D} \vee \overline{A}\,B\,C \vee A\,C\,D \vee B\,\overline{C}\,D \vee \overline{B}\,\overline{C}\,D$$

Um diese Gleichung mittels KV–Diagrammen zu vereinfachen, benötigen wir die Normalform der Gleichung, d.h. alle Eingangsvariablen müssen in jedem Term negiert oder nicht negiert vorkommen. Da in jedem Term drei der vier Variablen vorkommen, brauchen wir nur jeden Term mit der fehlenden Variablen zu erweitern. Die Gleichung darf natürlich in ihrer logischen Aussage nicht verändert werden. Deshalb erweitern wir jeden Term mit dem neutralen Element $N\wedge$ (vgl. Lehrbuch) der Booleschen Algebra, mit Hilfe des komplementären Elementes $C\vee$ in der Form $(X \vee \overline{X})$, wobei X die jeweils fehlende Variable ist:

$$\begin{aligned} Y \;=\; & B\,\overline{C}\,\overline{D}\,(A \vee \overline{A}) \;\vee\; \overline{A}\,B\,C\,(D \vee \overline{D}) \;\vee \\ & A\,C\,D\,(B \vee \overline{B}) \;\vee\; B\,\overline{C}\,D\,(A \vee \overline{A}) \;\vee\; \overline{B}\,\overline{C}\,D\,(A \vee \overline{A}) \end{aligned}$$

Durch Ausklammern erhalten wir die DNF der Ausgangsvariablen Y:

$$\begin{aligned} Y \;=\; & A\,B\,\overline{C}\,\overline{D} \vee \overline{A}\,B\,\overline{C}\,\overline{D} \vee \overline{A}\,B\,C\,D \vee \\ & \overline{A}\,B\,C\,\overline{D} \vee A\,B\,C\,D \vee A\,\overline{B}\,C\,D \vee \\ & A\,B\,\overline{C}\,D \vee \overline{A}\,B\,\overline{C}\,D \vee A\,\overline{B}\,\overline{C}\,D \vee \overline{A}\,\overline{B}\,\overline{C}\,D \end{aligned}$$

Diese Gleichung übertragen wir in ein KV–Diagramm. Es ergibt sich das KV–Diagramm aus Abb. L34.2.

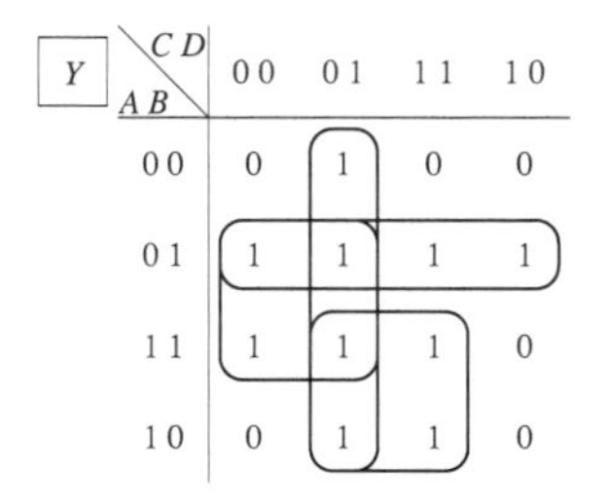

Abb. L34.2: KV–Diagramm für den Ausgang Y

Durch Vereinfachung erhalten wir die DF:

$$Y = \overline{A}\,B \vee \overline{C}\,D \vee A\,D \vee B\,\overline{C}$$

L.34.2: Nun können wir das Schaltnetz in minimierter Form erstellen (Abb. L34.3).

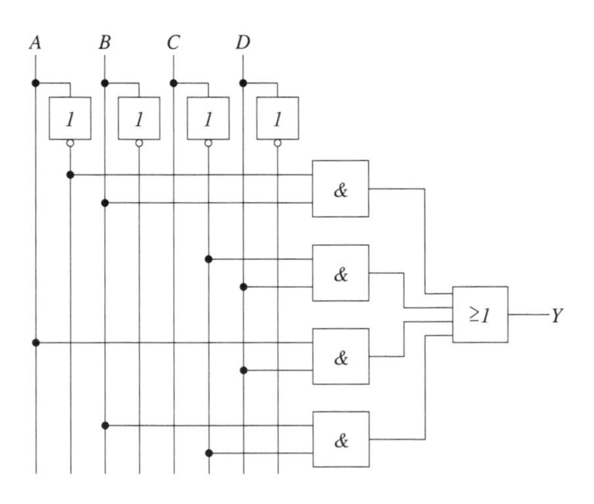

Abb. L34.3: Minimiertes Schaltnetz der Aufgabe 34

Lösung der Aufgabe 35: NAND–Logik

Um die Schaltfunktion mit NAND–Gliedern realisieren zu können, benötigen wir die Ausgangsgleichung in der DNF bzw. DF (vgl. Anhang D.1). Dazu formen wir die Funktion in die logische Notation um und wenden das Distributivgesetz an:

$$\begin{aligned} f(x_1, x_2, x_3) &= (x_1 \vee \overline{x_2}) \wedge x_1 \vee (x_1 \vee \overline{x_2}) \wedge \overline{x_3} \\ &= x_1 \vee x_1\,\overline{x_2} \vee x_1\,\overline{x_3} \vee \overline{x_2}\,\overline{x_3} \end{aligned}$$

Diese Gleichung wird nun zweimal invertiert, so dass wir das DeMorgansche Gesetz anwenden können:

$$\begin{aligned} f(x_1, x_2, x_3) &= x_1 \vee x_1\,\overline{x_2} \vee x_1\,\overline{x_3} \vee \overline{x_2}\,\overline{x_3} \\ &= \overline{\overline{x_1 \vee x_1\,\overline{x_2} \vee x_1\,\overline{x_3} \vee \overline{x_2}\,\overline{x_3}}} \\ &= \overline{\overline{x_1} \wedge \overline{x_1\,\overline{x_2}} \wedge \overline{x_1\,\overline{x_3}} \wedge \overline{\overline{x_2}\,\overline{x_3}}} \end{aligned}$$

In der letzten Gleichung kommen nun alle Variablen in NAND–Verknüpfungen vor, so dass wir damit sofort eine Schaltung realisieren können.

Lösung der Aufgabe 36: NOR–Logik

Um eine Schaltfunktion mit NOR–Gliedern realisieren zu können, benötigen wir die Ausgangsgleichung in KNF bzw. KF (vgl. Anhang D.2). Da sie aber in der DNF angegeben ist, müssen wir sie erst in die KNF umwandeln. Dies erreichen wir durch zweimaliges Invertieren und Anwenden der DeMorganschen Regel, nachdem wir sie in die logische Notation umgeformt haben:

$$\begin{aligned} f(x_1, x_2) &= x_1\,x_2 \vee \overline{x_1}\,\overline{x_2} \\ &= \overline{\overline{x_1\,x_2 \vee \overline{x_1}\,\overline{x_2}}} \\ &= \overline{\overline{x_1\,x_2} \wedge \overline{\overline{x_1}\,\overline{x_2}}} \\ &= \overline{(\overline{x_1} \vee \overline{x_2}) \wedge (x_1 \vee x_2)} \end{aligned}$$

Wenn wir nun ausklammern (Distributivgesetz), redundante Terme eliminieren, und anschließend wieder die DeMorgansche Regel anwenden, so erhalten wir die KNF:

$$\begin{aligned} f(x_1, x_2) &= \overline{(\overline{x_1} \vee \overline{x_2}) \wedge (x_1 \vee x_2)} \\ &= \overline{\overline{x_1}\,x_1 \vee \overline{x_1}\,x_2 \vee \overline{x_2}\,x_1 \vee \overline{x_2}\,x_2} \\ &= \overline{\overline{x_1}\,x_2 \vee \overline{x_2}\,x_1} \\ &= \overline{\overline{x_1}\,x_2} \wedge \overline{\overline{x_2}\,x_1} \\ &= (x_1 \vee \overline{x_2}) \wedge (x_2 \vee \overline{x_1}) \end{aligned}$$

Die KNF schließlich wird zweimal invertiert, so dass wir wiederum das DeMorgansche Gesetz anwenden können:

$$f(x_1, x_2) = (x_1 \vee \overline{x_2}) \wedge (x_2 \vee \overline{x_1}) = \overline{\overline{(x_1 \vee \overline{x_2}) \wedge (x_2 \vee \overline{x_1})}} = \overline{\overline{(x_1 \vee \overline{x_2})} \vee \overline{(x_2 \vee \overline{x_1})}}$$

In der letzten Gleichung kommen nun alle Variablen in NOR–Verknüpfungen vor, so dass wir somit sofort eine Schaltung realisieren können.

Lösung der Aufgabe 37: Synthese mit 4 Variablen

Wir entwickeln die DNF und die KNF schrittweise aus der Tabelle L37.1.

A	B	C	D	Y	A	B	C	D	Y
0	0	0	0	0	1	0	0	0	1
0	0	0	1	1	1	0	0	1	0
0	0	1	0	0	1	0	1	0	1
0	0	1	1	0	1	0	1	1	0
0	1	0	0	0	1	1	0	0	1
0	1	0	1	0	1	1	0	1	0
0	1	1	0	0	1	1	1	0	1
0	1	1	1	0	1	1	1	1	1

Tabelle L37.1: Wertetabelle für Aufgabe 37

L.37.1: Entwicklung der DNF und Minimierung: Eine DNF setzt sich aus den Eingangskombinationen zusammen, denen der Ausgangszustand 1 zugeordnet ist. In diesem Fall, siehe Tabelle L37.1, trifft dies auf 6 Kombination zu. Aus den betreffenden Eingangsvariablen werden dann mittels UND–Verknüpfungen Terme gebildet. Die ODER–Verknüpfung dieser einzelnen Terme bildet die DNF. Für diese Aufgabe ergibt sich somit die DNF:

$$Y = \overline{A}\,\overline{B}\,\overline{C}\,D \vee A\,\overline{B}\,\overline{C}\,\overline{D} \vee A\,\overline{B}\,C\,\overline{D} \vee A\,B\,\overline{C}\,\overline{D} \vee A\,B\,C\,\overline{D} \vee A\,B\,C\,D$$

Wir erstellen nun die zugehörige KV–Tafel (Abb. L37.1) und vereinfachen.

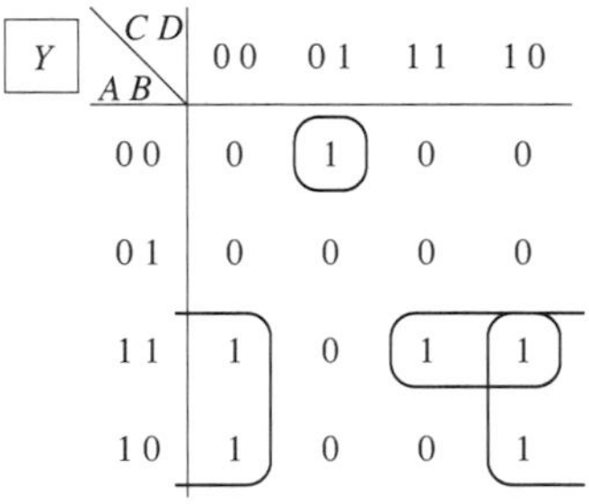

Y — AB \ CD	00	01	11	10
00	0	1	0	0
01	0	0	0	0
11	1	0	1	1
10	1	0	0	1

Abb. L37.1: KV–Tafel für den Ausgang Y

Die minimale DF lautet demnach (nach Termgröße):

$$Y = A\,\overline{D} \vee A\,B\,C \vee \overline{A}\,\overline{B}\,\overline{C}\,D$$

L.37.2: Entwicklung der KNF und Minimierung: Für die KNF werden diejenigen Eingangskombinationen ausgewählt, die dem Ausgangszustand 0 zugeordnet sind. Die einzelnen Eingangsvariablen werden dann negiert und durch eine ODER–Verknüpfung zu Termen zusammengefaßt. Die einzelnen Terme bilden dann mit UND–Verknüpfungen eine KNF. In diesem Fall lautet die KNF:

$$\begin{aligned} Y &= (A \vee B \vee C \vee D)\,(A \vee B \vee \overline{C} \vee D)\,(A \vee B \vee \overline{C} \vee \overline{D}) \\ &\quad (A \vee \overline{B} \vee C \vee D)\,(A \vee \overline{B} \vee C \vee \overline{D})\,(A \vee \overline{B} \vee \overline{C} \vee D) \\ &\quad (A \vee \overline{B} \vee \overline{C} \vee \overline{D})\,(\overline{A} \vee B \vee C \vee \overline{D})\,(\overline{A} \vee B \vee \overline{C} \vee \overline{D})\,(\overline{A} \vee \overline{B} \vee C \vee \overline{D}) \end{aligned}$$

Bei der Vereinfachung in der KV–Tafel ist zu beachten, dass die Päckchenbildung mit den Nullen erfolgt.

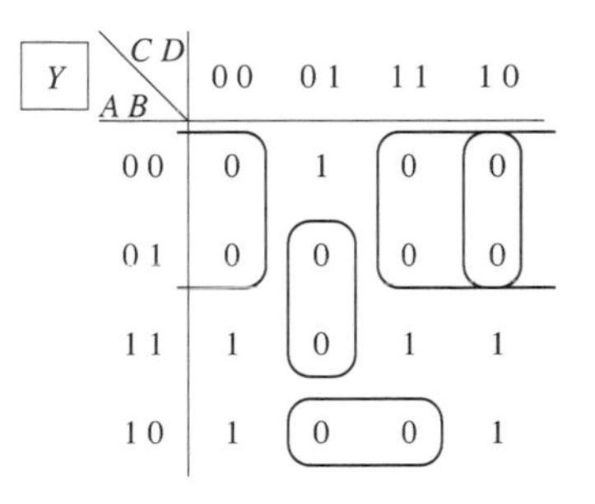

Abb. L37.2: KV–Tafel für die KNF von Y

Wir erhalten als minimale KF:

$$Y = (A \vee D)\,(A \vee \overline{C})\,(\overline{A} \vee B \vee \overline{D})\,(\overline{B} \vee C \vee \overline{D})$$

L.37.3: Das Schaltnetz, das die minimale DF beschreibt, zeigt Abb. L37.3.

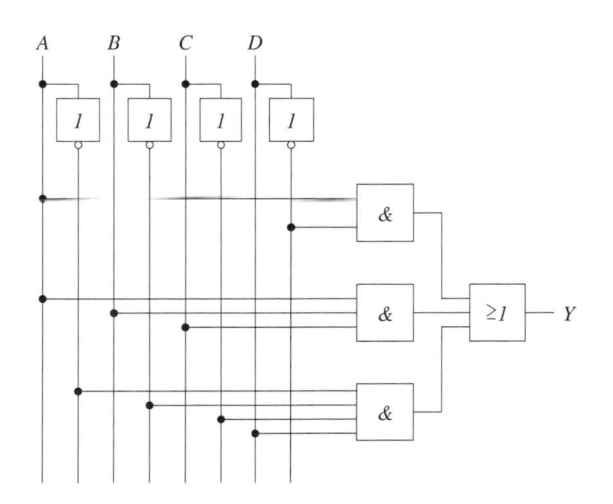

Abb. L37.3: Minimiertes Schaltnetz in disjunktiver Form

Das Schaltnetz der minimalen KF benötigt zwei Glieder mehr (Abb. L37.4).

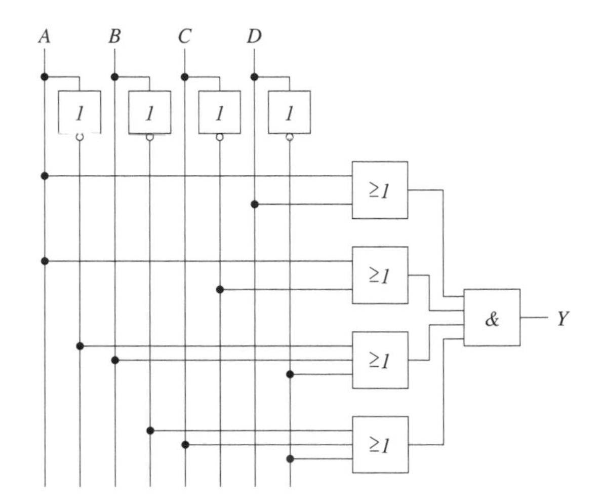

Abb. L37.4: Minimiertes Schaltnetz in konjunktiver Form

Lösung der Aufgabe 38: Implikation

Die Wertetabelle einer Implikation zeigt Tabelle L38.1.

A	B	Y
0	0	1
0	1	1
1	0	0
1	1	1

Tabelle L38.1: Wertetabelle einer Implikation

Wir wählen hier die Bildung der DF, weil wir die Schaltung mit NAND–Gattern realisieren wollen (vgl. Anhang D.1). Dann brauchen wir die DF nur noch zweimal zu invertieren und die innere Negation aufzubrechen. Würden wir die KF wählen (wegen der nur einmal vorhandenen 0), so müssten wir umfangreichere Umformungen vornehmen.

Das KV–Diagramm zeigt Abb. L38.1.

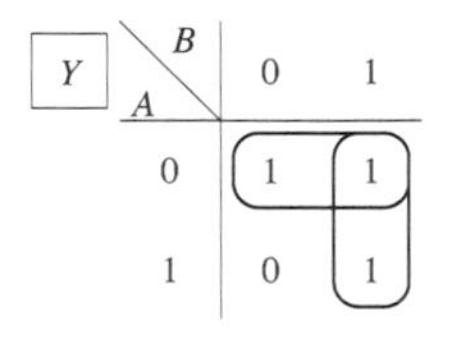

Abb. L38.1: KV–Diagramm zur Implikation

Wie nicht anders zu erwarten erhalten wir:

$$Y = \overline{A} \vee B$$

Diese DF invertieren wir zweimal und formen nach DeMorgan um:

$$\begin{aligned} Y &= \overline{\overline{\overline{A} \vee B}} \\ \Leftrightarrow Y &= \overline{A \wedge \overline{B}} \end{aligned}$$

Diese Gleichung können wir direkt mit zwei NAND–Gattern realisieren (Abb. L38.2).

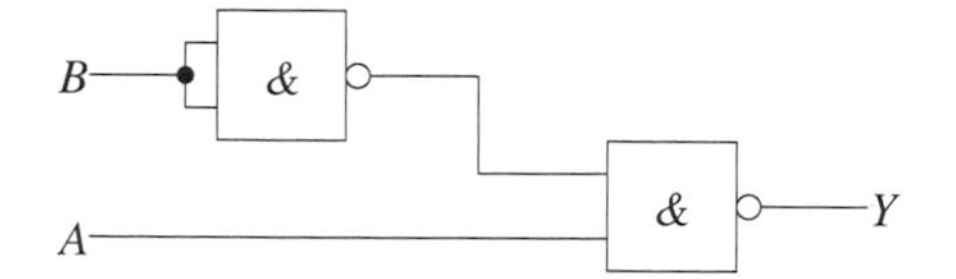

Abb. L38.2: Schaltung der Implikation mit NAND–Gattern

Lösung der Aufgabe 39: Quine–McCluskey

L.39.1: Würde man ein KV–Diagramm für 5 Variable nach dem gleichen Schema erstellen, wie man es von 4–Variablen her kennt, so käme man z.B. auf ein Diagramm nach Abb. L39.1.

Y — AB \ CDE	000	001	011	010	110	111	101	100
0 0								
0 1								
1 1								
1 0								

Abb. L39.1: Falsches KV–Diagramm für 5 Variable

Zwar ist hier sichergestellt, dass sich beim Übergang von einem Feld zum anderen nur eine Variable ändert, jedoch gibt es zu jeder Spalte in diesem Diagramm drei andere Spalten (und nicht nur zwei benachbarte), die sich gerade in der Belegung einer einzigen Variable unterscheiden. Für die Spalte $(C, D, E) = (010)$ sind dies (011), (110) und (000). Während die ersten beiden Spalten unmittelbare Nachbarn zur Spalte (010) sind, ist die Spalte (000) weiter entfernt. Wären hier also gleiche Werte eingetragen, so könnte man diese Spalten zusammenfassen, was im Diagramm aber nur schwer zu erkennen wäre (Abb. L39.2). Weiterhin muss bei einem KV–Diagramm sichergestellt sein, dass sich längs der Höhe bzw. Breite von Päckchen nur die Anzahl von Variablen in ihren Belegungen ändern, die der Hälfte der Höhe bzw. Breite des Päckchens entsprechen.

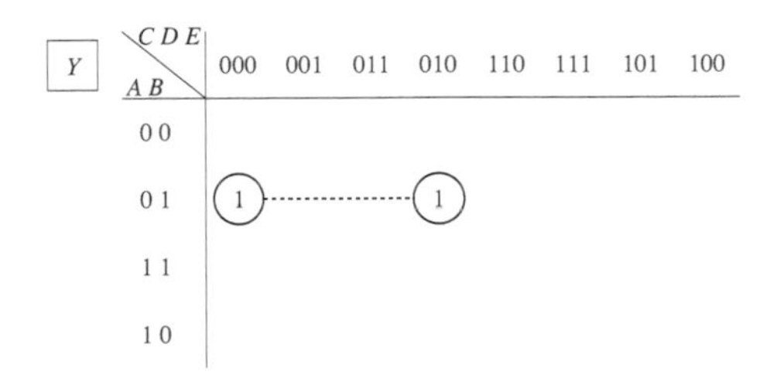

Abb. L39.2: Unübersichtliche Minimierung

Betrachten wir z.B. das KV–Diagramm aus Abb. L39.3, so sehen wir, dass sich bei dem möglichen Viererpäckchen von der linkesten 1 zur rechtesten 1, alle drei „Spalten"–Variablen ändern (001→110). Die Folge wäre eine falsche Minimalform.

Y: AB \ CDE	000	001	011	010	110	111	101	100
0 0	0	0	0	0	0	0	0	0
0 1	0	1	1	1	1	0	0	0
1 1	0	0	0	0	0	0	0	0
1 0	0	0	0	0	0	0	0	0

Abb. L39.3: Falsches KV–Diagramm für 5 Variable

Abhilfe schafft hier der Übergang in die dritte Dimension oder die Anwendung algorithmischer Minimierungsverfahren, wie das Verfahren nach Quine–McCluskey. Während dreidimensionale KV–Diagramme max. 6 Variablen zulassen, ist die Variablenzahl beim Quine–McCluskey Verfahren quasi unbegrenzt.

L.39.2: Ein dreidimensionales KV–Tafelsystem für die Schaltfunktion Y zeigt Abbildung L39.4. Dabei stehen die ausgefüllten Kreise für die Einsen und die leeren Kreise für die Nullen.

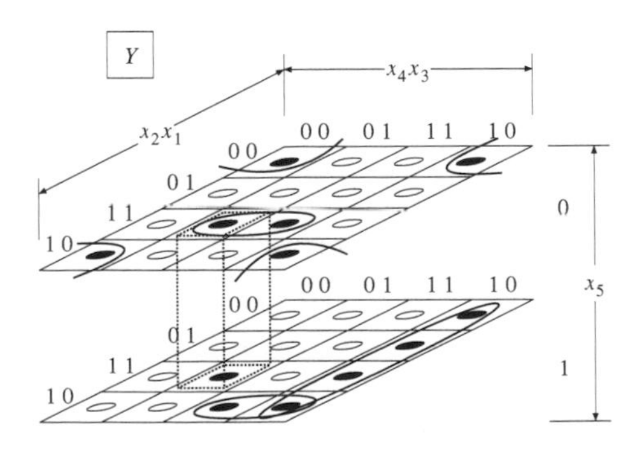

Abb. L39.4: KV–Tafelsystem für die Schaltfunktion Y

Vereinfachung im oberen Diagramm:

$$Y_o = \overline{x_5}\,\overline{x_3}\,\overline{x_1} \vee \overline{x_5}\,x_3\,x_2\,x_1$$

Vereinfachung im unteren Diagramm:

$$Y_u = x_5\,x_4\,x_2\,\overline{x_1} \vee x_5\,x_4\,\overline{x_3}$$

Vereinfachung in der dritten Dimension:

$$Y_d = \overline{x_4}\,x_3\,x_2\,x_1$$

Somit erhalten wir als Minimalform für Y:

$$Y = \overline{x_5}\,\overline{x_3}\,\overline{x_1} \vee \overline{x_5}\,x_3\,x_2\,x_1 \vee x_5\,x_4\,x_2\,\overline{x_1} \vee x_5\,x_4\,\overline{x_3} \vee \overline{x_4}\,x_3\,x_2\,x_1$$

L.39.3: Das Verfahren nach Quine–McCluskey besteht aus zwei Hauptschritten. Im ersten Schritt werden die Primimplikanten der Funktion Y ermittelt. Im Vergleich zum KV–Diagramm sind dies alle theoretisch möglichen Päckchen. Im zweiten Schritt wird dann aus diesen Primimplikanten eine minimale Anzahl gesucht, so dass alle Minterme der Funktion abgedeckt sind. Bei einer KV–Minimierung ist das die minimale Anzahl größtmöglicher Päckchen, so dass alle Einsen in Päckchen enthalten sind.
Zur Ermittlung der Primimplikanten von Y, teilen wir die Minterme je nach Anzahl der in ihnen vorkommenden Einsen in Gruppen ein. Die Nummer des Mintermes wird auch mit in die Tabelle aufgenommen. Es ergibt sich Tabelle L39.1.

Dez.	x_5	x_4	x_3	x_2	x_1	Gruppe	
0	0	0	0	0	0	0	√
2	0	0	0	1	0	1	√
8	0	1	0	0	0	1	√
10	0	1	0	1	0	2	√
24	1	1	0	0	0	2	√
7	0	0	1	1	1	3	√
25	1	1	0	0	1	3	√
26	1	1	0	1	0	3	√
15	0	1	1	1	1	4	√
23	1	0	1	1	1	4	√
27	1	1	0	1	1	4	√
30	1	1	1	1	0	4	√

Tabelle L39.1: Einteilung der Minterme für Y in Gruppen

Nun testen wir, inwieweit sich Minterme benachbarter Gruppen derart zusammenfassen lassen, dass eine Variable „herausfällt". Dies ist genau dann der Fall, wenn zwei Minterme sich nur in einer Stelle unterscheiden. Die an diesen Zusammenfassungen (Binäräquivalenten) beteiligten Minterme werden abgehakt

Dez.	x_5	x_4	x_3	x_2	x_1	Gruppe	
0, 2	0	0	0	–	0	0	$\surd$
0, 8	0	–	0	0	0	0	$\surd$
2, 10	0	–	0	1	0	1	$\surd$
8, 10	0	1	0	–	0	1	$\surd$
8, 24	–	1	0	0	0	1	$\surd$
10, 26	–	1	0	1	0	2	$\surd$
24, 25	1	1	0	0	–	2	$\surd$
24, 26	1	1	0	–	0	2	$\surd$
7, 15	0	–	1	1	1	3	$\star$
7, 23	–	0	1	1	1	3	$\star$
25, 27	1	1	0	–	1	3	$\surd$
26, 27	1	1	0	1	–	3	$\surd$
26, 30	1	1	–	1	0	3	$\star$

Tabelle L39.2: Binäräquivalente der Minterme aus Tabelle L39.1

($\surd$) und die Binäräquivalente wiederum in eine Tabelle eingetragen (Tabelle L39.2).
Die überflüssige Variable wird in der Binäräquivalentdarstellung mit einem Strich (–) markiert. Jeder Minterm kann mehrmals in einem Binäräquivalent auftreten, das heißt wir prüfen für jeden Minterm aus Gruppe i, ob er sich mit jedem Minterm aus Gruppe $i + 1$ zusammenfassen lässt. Gleiche Binäräquivalente könnten nun gestrichen werden. Hier kommen sie nicht vor.
Jetzt müssen wir wieder die Zeilen benachbarter Gruppen vergleichen, wie schon oben beschrieben (generell solange, bis sich keine Zusammenfassungen mehr ergeben).
Dabei lassen sich die Terme (7,15), (7,23) und (26,30) nicht mehr zusammenfassen, sie gehören also bereits zu den Primimplikanten und werden in der letzten Spalte mit einem Stern ($\star$) gekennzeichnet (Tabelle L39.2).
Die möglichen neuen Zusammenfassungen zeigt Tabelle L39.3.

Dez.	x_5	x_4	x_3	x_2	x_1	Gruppe	
0, 2; 8, 10	0	–	0	–	0	0	–
0, 8; 2, 10	0	–	0	–	0	0	$\star$
8, 10; 24, 26	–	1	0	–	0	1	–
8, 24; 10, 26	–	1	0	–	0	1	$\star$
24, 25; 26, 27	1	1	0	–	–	2	–
24, 26; 25, 27	1	1	0	–	–	2	$\star$

Tabelle L39.3: Dritte Stufe der Zusammenfassungen der Minterme von Y

Hier führen verschiedene Zusammenfassungen zu denselben Binäräquivalentdarstellungen, so dass jeweils eine davon gestrichen werden kann (gekennzeichnet mit einem – in der letzten Spalte).

Damit haben wir alle Primimplikanten der Gleichung für Y gefunden, es sind alle mit einem Stern gekennzeichneten Terme. Wir erstellen nun die Primimplikantentafel, die aus allen Primimplikanten sowie aus den daran beteiligten Mintermen besteht. Dazu zeichnen wir eine Tabelle, bei der die Spalten aus den Minterme gebildet werden und die Zeilen aus den Primimplikanten. Die Kreuzungspunkte zwischen Primimplikanten und beteiligten Mintermen markieren wir mit ($\times$). Es ergibt sich die grundlegende Primimplikantentafel aus Abb. L39.5.

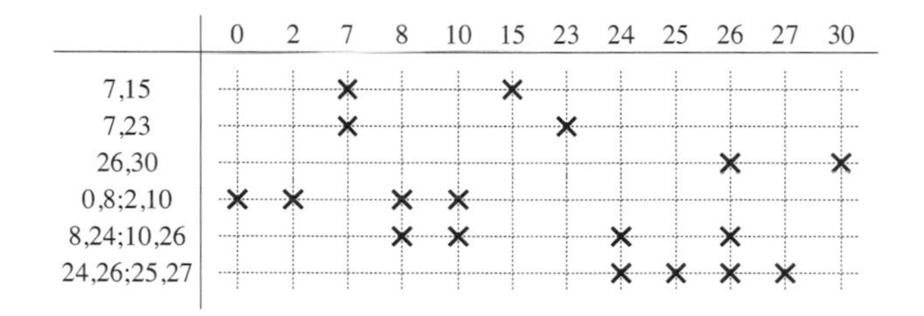

	0	2	7	8	10	15	23	24	25	26	27	30
7,15			×			×						
7,23			×				×					
26,30										×		×
0,8;2,10	×	×		×	×							
8,24;10,26				×	×			×		×		
24,26;25,27								×	×	×	×	

Abb. L39.5: Grundlegende Primimplikantentafel

Die Minterme 0, 2, 15, 23, 25, 27 und 30 werden nur von jeweils *einem* Primimplikanten abgedeckt (Es kommt nur ein $\times$ in den jeweiligen Spalten vor). Diese Primimplikanten sind die wesentlichen Primimplikanten (Kernimplikanten) und müssen in der Minimalform von F vorkommen. Wir kreisen

1. die ensprechenden Kreuze ein, markieren
2. die beteiligten Primimplikanten in der linken Spalte mit (•), verbinden
3. die jeweils von den wesentlichen Primimplikanten abgedeckten Minterme durch Querstriche (als verlängerte • Markierung) und streichen
4. die abgedeckten Minterme in der obersten Zeile.

Das Ergebnis zeigt Abb. L39.6.

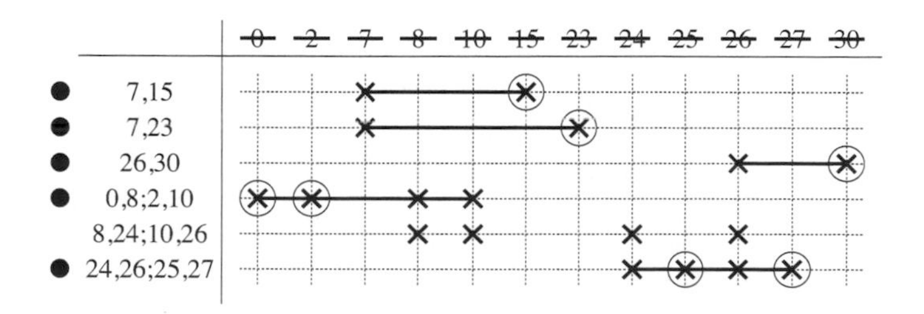

		~~0~~	~~2~~	~~7~~	~~8~~	~~10~~	~~15~~	~~23~~	~~24~~	~~25~~	~~26~~	~~27~~	~~30~~
•	7,15			×			(×)						
•	7,23			×				(×)					
•	26,30										×		(×)
•	0,8;2,10	(×)	(×)		×	×							
	8,24;10,26				×	×			×		×		
•	24,26;25,27								×	(×)	×	(×)	

Abb. L39.6: Ermittlung der wesentlichen Primimplikanten

Nun müssten wir für eventuell verbleibende Minterme die minimale Restüberdeckung finden, d.h. aus den verbleibenden Primimplikanten die kleinste Menge auswählen, die alle übrigen Minterme abdeckt. Dabei wären Primimplikanten mit weniger Variablen denjenigen mit mehr Variablen vorzuziehen, weil deren Terme kleiner sind.
Man erkennt aber aus der Primimplikantentafel, dass bereits die Kernimplikanten alle Minterme überdecken. Damit wird der noch nicht verwendete Primimplikant überflüssig und kann gestrichen werden. Es ergibt sich die vollständige Primimplikantentafel für die Schaltfunktion Y nach Abb. L39.7.

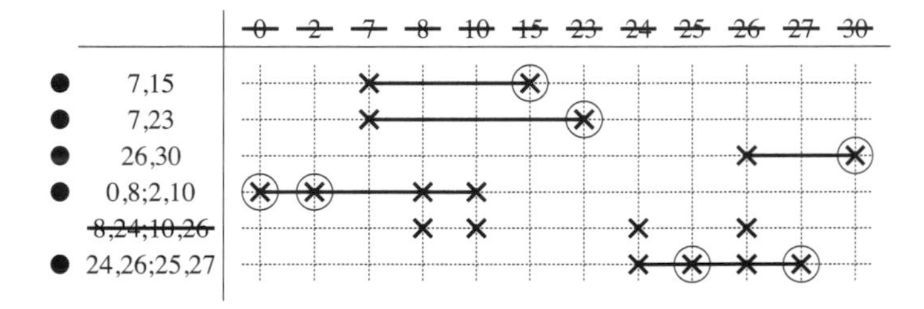

Abb. L39.7: Vollständige Primimplikatentafel für den Ausgang Y

Bei der 3D–KV–Lösung entspricht übrigens der gestrichene Primimplikant dem dort ebenfalls nicht benötigten 4er–Päckchen, das durch die rechten oberen und unteren Ecken beider Ebenen gebildet werden könnte.
Alle markierten Primimplikanten bilden nun die Minimalform für Y. Sie lautet in Primimplikanten–Schreibweise:

$$\begin{aligned} Y &= (7,15) \vee (7,23) \vee (26,30) \vee (0,8;2,10) \vee \\ &\quad (24,26;25,27) \end{aligned}$$

und in Boolescher Form:

$$Y = \overline{x_5}\, x_3\, x_2\, x_1 \vee \overline{x_4}\, x_3\, x_2\, x_1 \vee x_5\, x_4\, x_2\, \overline{x_1} \vee \overline{x_5}\, \overline{x_3}\, \overline{x_1} \vee x_5\, x_4\, \overline{x_3}$$

Dieses Ergebnis stimmt mit dem aus L.39.2 überein. Das Verfahren von Quine–McCluskey hat aber den Vorteil, dass es leicht durch ein Programm ausgeführt und auf beliebige Variablenzahl erweitert werden kann, da zusätzliche Variablen den Aufwand nur linear erhöhen. Es werden lediglich weitere Spalten in den Gruppentafeln benötigt, sowie eventuell weitere Spalten und Zeilen in der Primimplikantentafel.

Lösung der Aufgabe 40: Lastkontrolle

Wir berechnen für jede Kombination der vier Eingänge die Gesamtleistungsaufnahme der vier Motoren. Ist diese dann größer als 6 kW so muss der Ausgang Y eins sein. Es ergibt sich die Wahrheitstabelle aus Tabelle L40.1.

A	B	C	D	Gesamtleistung in kW	Y	A	B	C	D	Gesamtleistung in kW	Y
0	0	0	0	$0+0+0+0=0$	0	0	0	0	1	$0+0+0+1=1$	0
1	0	0	0	$2+0+0+0=2$	0	1	0	0	1	$2+0+0+1=3$	0
0	1	0	0	$0+3+0+0=3$	0	0	1	0	1	$0+3+0+1=4$	0
1	1	0	0	$2+3+0+0=5$	0	1	1	0	1	$2+3+0+1=6$	0
0	0	1	0	$0+0+5+0=5$	0	0	0	1	1	$0+0+5+1=6$	0
1	0	1	0	$2+0+5+0=7$	1	1	0	1	1	$2+0+5+1=8$	1
0	1	1	0	$0+3+5+0=8$	1	0	1	1	1	$0+3+5+1=9$	1
1	1	1	0	$2+3+5+0=10$	1	1	1	1	1	$2+3+5+1=11$	1

Tabelle L40.1: Wahrheitstabelle für den Ausgang Y

Die Übertragung in ein KV–Diagramm ergibt Abb. L40.1.

Y: AB \ CD	00	01	11	10
00	0	0	0	0
01	0	0	1	1
11	0	0	1	1
10	0	0	1	1

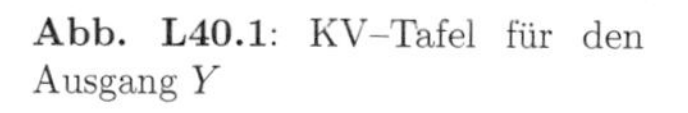

Abb. L40.1: KV–Tafel für den Ausgang Y

Wir erhalten als minimale DF:

$$Y = B\,C \vee A\,C$$

Dies führt zur Schaltung aus Abb. L40.2.

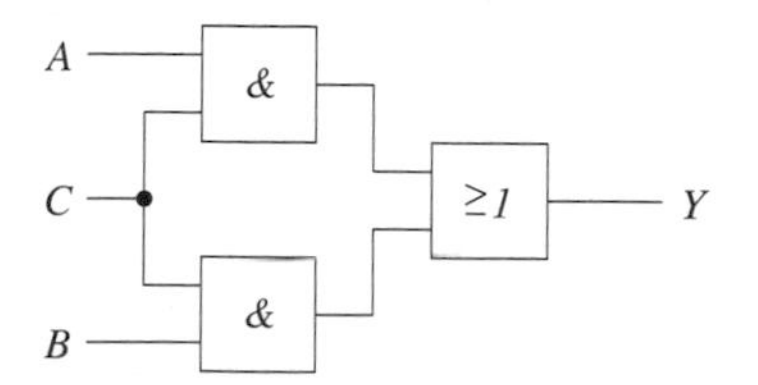

Abb. L40.2: Schaltnetz der minimalen DF des Ausgangs Y

Um die Anzahl der Schaltglieder zu minimieren, wenden wir das Distributivgesetz an:

$$Y = B\,C \vee A\,C = C \wedge (B \vee A)$$

Es wird ein Schaltglied eingespart, so dass wir die Schaltung aus Abbildung L40.3 erhalten.

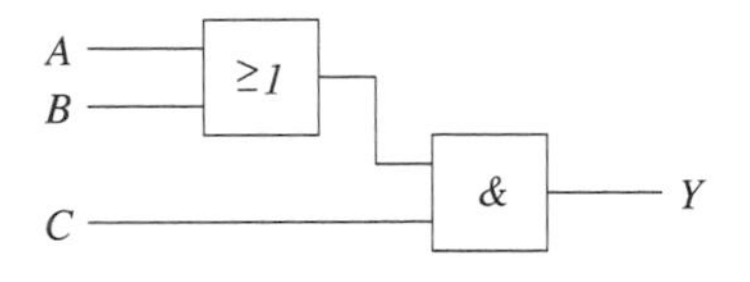

Abb. L40.3: Schaltnetz mit minimalem Gatteraufwand

Dies zeigt, dass eine minimale DF zwar die minimale Anzahl Minterme enthält, dies aber nicht einem minimalen Hardwareaufwand gleichkommen muss.

Lösung der Aufgabe 41: Paritätsbit

L.41.1: Um die Zuordnung von Binärwort zu ungeradem Paritätsbit zu treffen, genügt es, alle möglichen Kombinationen der 8421–Bits in einer Tabelle aufzuführen und dann in jedem Wort die Einsen zu zählen. Dabei wird gemäß dem Hinweis eine Anzahl von Nullen (die Belegung $ABCD = 0000$) als gerade gewertet. Die sich ergebende Wahrheitstafel zeigt Tabelle L41.1.

A	B	C	D	$Pbit$	A	B	C	D	$Pbit$
0	0	0	0	1	1	0	0	0	0
0	0	0	1	0	1	0	0	1	1
0	0	1	0	0	1	0	1	0	1
0	0	1	1	1	1	0	1	1	0
0	1	0	0	0	1	1	0	0	1
0	1	0	1	1	1	1	0	1	0
0	1	1	0	1	1	1	1	0	0
0	1	1	1	0	1	1	1	1	1

Tabelle L41.1: Wahrheitstabelle des Paritätsbit–Schaltnetzes (ungerade Parität)

Die Übertragung in ein KV–Diagramm zeigt Abb. L41.1.

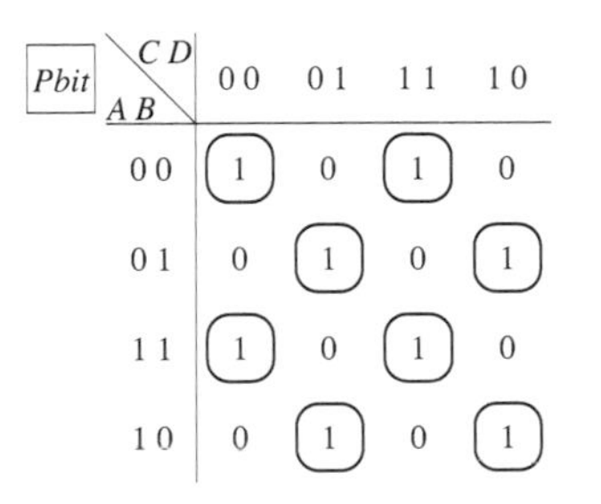

Abb. L41.1: KV–Diagramm für den Schaltnetzausgang eines (ungeraden) Paritätsbits

Eine Vereinfachung mittels KV–Diagramm ist nicht möglich! Wir erhalten als minimale DF die DNF:

$$\begin{aligned} Pbit &= \overline{A}\,\overline{B}\,\overline{C}\,\overline{D} \vee \overline{A}\,\overline{B}\,C\,D \vee \overline{A}\,B\,\overline{C}\,D \vee \\ &\ \overline{A}\,B\,C\,\overline{D} \vee A\,\overline{B}\,\overline{C}\,D \vee A\,\overline{B}\,C\,\overline{D} \vee \\ &\ A\,B\,\overline{C}\,\overline{D} \vee A\,B\,C\,D \end{aligned}$$

Wir versuchen nun die Gleichung mit den Regeln der Booleschen Algebra so umzuformen, dass die Anzahl der zu verwendenden Gatter minimal wird. Läßt sich nämlich eine Schaltfunktion in einem KV–Diagramm nicht vereinfachen, so kann man oft Antivalenz– oder Äquivalenzglieder einsetzen.
Die Zusammenfassung gleicher Teilterme liefert:

$$\begin{aligned} Pbit &= \overline{A}\,\overline{B} \wedge (\overline{C}\,\overline{D} \vee C\,D) \vee \\ &\ \overline{A}\,B \wedge (\overline{C}\,D \vee C\,\overline{D}) \vee \\ &\ A\,\overline{B} \wedge (\overline{C}\,D \vee C\,\overline{D}) \vee \\ &\ A\,B \wedge (\overline{C}\,\overline{D} \vee C\,D) \end{aligned}$$

Hier können wir Antivalenz– und Äquivalenzterme einsetzen und weiter vereinfachen:

$$\begin{aligned} Pbit &= \overline{A}\,\overline{B} \wedge (C \equiv D) \quad \vee \quad \overline{A}\,B \wedge (C \not\equiv D) \quad \vee \\ &\ A\,\overline{B} \wedge (C \not\equiv D) \quad \vee \quad A\,B \wedge (C \equiv D) \\ \Rightarrow Pbit &= (\overline{A}\,\overline{B} \vee A\,B) \wedge (C \equiv D) \quad \vee \\ &\ (\overline{A}\,B \vee A\,\overline{B}) \wedge (C \not\equiv D) \\ \Rightarrow Pbit &= (A \equiv B) \wedge (C \equiv D) \quad \vee \quad (A \not\equiv B) \wedge (C \not\equiv D) \\ \Rightarrow Pbit &= (A \equiv B) \equiv (C \equiv D) \end{aligned}$$

Damit ergibt sich für das Schaltnetz die Schaltung aus Abb. L41.2.

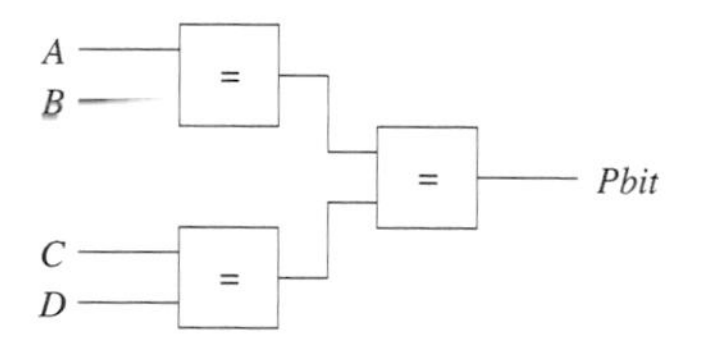

Abb. L41.2: Schaltung eines Paritätsbit–Generators um zusammen mit einem 4-stelligen Binärwort eine ungerade Parität zu erzeugen

L.41.2: Ein Paritätsprüfbaustein benötigt neben dem Binärwort noch einen Eingang für das Soll–Paritätsbit. Dann wird aus dem Binärwort die Parität bestimmt und mit dem Soll–Paritätsbit verglichen. Das Ergebnis wird in Form einer Eins (Parität korrekt) oder einer Null (Parität falsch) ausgegeben.
Somit verfügt der Paritätsprüfbaustein auch über einen Generator, wie wir ihn im ersten Teil bestimmt haben. Der noch auszuführende Vergleich, kann durch ein weiteres Äquivalenzglied ausgeführt werden. Die Schaltung eines so aufgebauten Paritätsprüfbausteins zeigt Abb. L41.3.

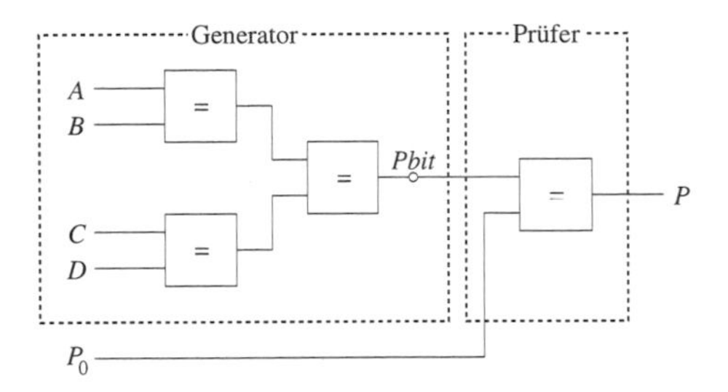

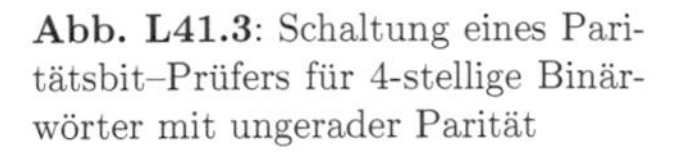
Abb. L41.3: Schaltung eines Paritätsbit–Prüfers für 4-stellige Binärwörter mit ungerader Parität

Der Vorteil dieser Schaltung liegt in der doppelten Verwendungsmöglichkeit. Man kann sie sowohl als reinen Generator als auch als Prüfer einsetzen. Soll sie als Generator dienen, so hat der Eingang P_0 die Aufgabe die Art der Parität zu bestimmen:

$P_0 = 1$: Schaltnetz generiert an P ungerade Paritätsbits

$P_0 = 0$: Schaltnetz generiert an P gerade Paritätsbits

Als Prüfer wird P_0 das empfangene Paritätsbit zugeführt. P gibt dann Auskunft über die Korrektheit bei ungerader Parität:

$P = 1$: Paritätsbit an P_0 ist korrekt

$P = 0$: Paritätsbit an P_0 ist nicht korrekt

Eine einfache Sender–Empfangsschaltung zeigt Abb. L41.4.

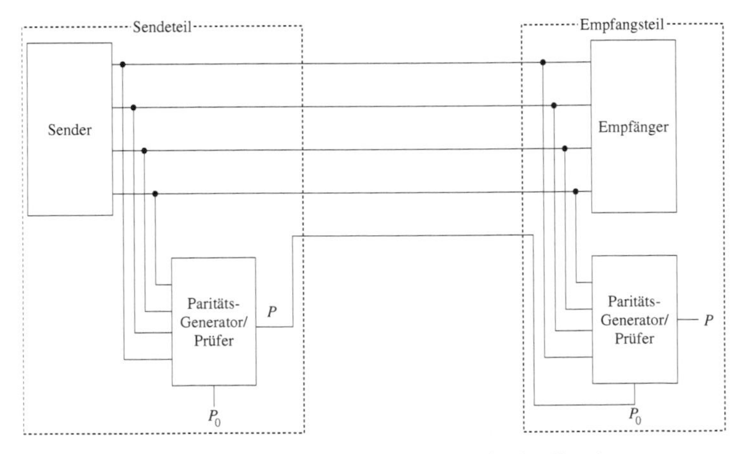

Abb. L41.4: Schaltung einer einfachen Sender–Empfänger–Kombination für 4-stellige Binärwörter mit Paritätsgenerierung und –prüfung

Das hier erzeugte Schaltnetz kann natürlich als Paritäts–Generator/Prüfer gemäß Abb. L41.4 eingesetzt werden. Wird allerdings gerade Parität gesendet ($P_0 = 0$ im Sendeteil), dann muss im Empfangsteil der Ausgang P noch invertiert werden.

Lösung der Aufgabe 42: Analyse eines TTL–Bausteines

Das Schaltnetz besteht aus zwei Teilen: aus den Eingangsvariablen A bis H wird die Variable N gebildet; aus der Variablen N und den Steuervariablen I_g und I_u werden die Ausgangsvariablen Q_u und Q_g gebildet. Die Analyse wird deshalb in zwei Schritten ausgeführt:

1. Bildung der Funktionsgleichung für die Hilfsvariable N (Zur Vorgehensweise vergleichen Sie bitte das Lehrbuch, Band 1). Im ersten Schritt werden die Zwischenfunktionen $Z_1, \ldots, Z_6$ eingeführt (Abb. L42.1):

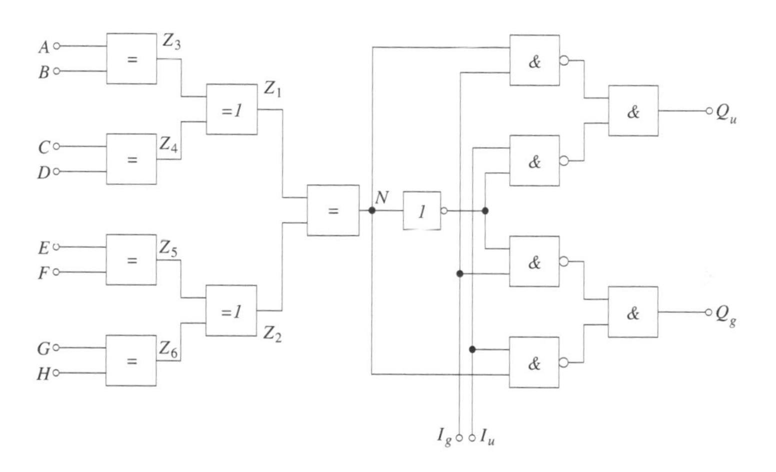

Abb. L42.1: Schaltbild des TTL–Bausteines SN74180

Die Variablen Z_1 und Z_2 sind gleichartig aufgebaut. Es gilt:

$$Z_1 = Z_3 \not\equiv Z_4 = (A \equiv B) \not\equiv (C \equiv D)$$
$$Z_2 = Z_5 \not\equiv Z_6 = (E \equiv F) \not\equiv (G \equiv H)$$

Das bedeutet:

$Z_1 = 1$, wenn die Summe der 1–Signale an A bis D ungerade ist.
$Z_1 = 0$, wenn die Summe der 1–Signale an A bis D gerade ist.
$Z_2 = 1$, wenn die Summe der 1–Signale an E bis H ungerade ist.
$Z_2 = 0$, wenn die Summe der 1–Signale an E bis H gerade ist.

Mit $N = Z_1 \equiv Z_2$ folgt:

$$N = 1 \;, \quad \text{wenn die Summe der 1–Signale an } A \text{ bis } H \text{ gerade ist.}$$
$$N = 0 \;, \quad \text{wenn die Summe der 1–Signale an } A \text{ bis } H \text{ ungerade ist.}$$

2. Bildung der Funktionsgleichungen für die Ausgangsvariablen Q_g und Q_u.
   Aus dem Schaltbild folgt für Q_g:

$$\begin{aligned} Q_g &= \overline{N\, I_u} \wedge \overline{\overline{N}\, I_g} \qquad \text{Mit DeMorgan folgt:} \\ &= (\overline{N} \vee \overline{I_u}) \wedge (N \vee \overline{I_g}) \qquad \text{Umformung in DF durch Ausmultiplizieren:} \\ &= \overline{N}\,\overline{I_g} \vee N\,\overline{I_u} \vee \overline{I_u}\,\overline{I_g} \end{aligned}$$

Die Übertragung in ein KV–Diagramm ergibt Abb. L42.2.

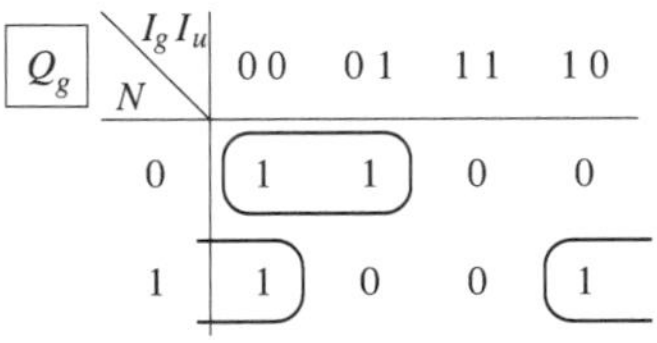

Q_g — N \ $I_g I_u$	00	01	11	10
0	1	1	0	0
1	1	0	0	1

Abb. L42.2: KV–Diagramm für die Ausgangsvariable Q_g

Wir erhalten:

$$Q_g = \overline{N}\,\overline{I_g} \vee N\,\overline{I_u}$$

Aus dem Schaltbild folgt für Q_u:

$$\begin{aligned} Q_u &= \overline{N\, I_g} \wedge \overline{\overline{N}\, I_u} \qquad \text{Mit DeMorgan folgt:} \\ &= (\overline{N} \vee \overline{I_g}) \wedge (N \vee \overline{I_u}) \qquad \text{Umformung in DF:} \\ &= \overline{N}\,\overline{I_u} \vee N\,\overline{I_g} \vee \overline{I_g}\,\overline{I_u} \end{aligned}$$

Die Übertragung in ein KV–Diagramm ergibt Abb. L42.3.

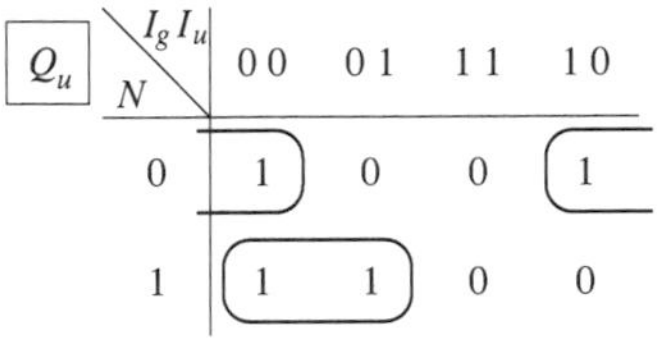

Q_u — N \ $I_g I_u$	00	01	11	10
0	1	0	0	1
1	1	1	0	0

Abb. L42.3: KV–Diagramm für die Ausgangsvariable Q_u

Wir erhalten:

$$Q_u = \overline{N}\,\overline{I_u} \vee N\,\overline{I_g}$$

Mit diesen Ergebnissen, können wir nun die Tabelle der Aufgabenstellung vervollständigen (Tabelle L42.1).
Mit dieser Tabelle können wir nun die Funktion des Bausteins analysieren. Wie bereits ermittelt ist die Funktion von N die Aussage, ob die Summe der 1–Signale an den Eingängen A bis H gerade oder ungerade ist. Was macht nun also der „Rest" des Bausteines bei den unterschiedlichen Belegungen von I_g und I_u die augenscheinlich als Steuereingänge fungieren ?

Eingänge			Ausgänge	
N (Σ 1–Signale an A bis H)	I_g	I_u	Q_g	Q_u
0	0	0	1	1
0	0	1	1	0
0	1	0	0	1
0	1	1	0	0
1	0	0	1	1
1	0	1	0	1
1	1	0	1	0
1	1	1	0	0

Tabelle L42.1: Funktionstabelle des TTL–Bausteines SN74180

Fall 1: Für $I_g = I_u = 0$ gilt unabhängig von N, dass $Q_g = Q_u = 1$ ist. Anders gesagt, sind hier die Belegungen für die Eingänge A bis H egal, der Baustein ist „inaktiv“ und liefert dann an beiden Ausgängen konstant 1.

Fall 2: Für $I_g = I_u = 1$ gilt unabhängig von N, dass $Q_g = Q_u = 0$ ist. Wie im Fall 1 ist der Baustein „inaktiv“, beide Ausgänge sind aber diesmal konstant 0.

Fall 3: Für $I_g = 0$ und $I_u = 1$ ist der Wert von N entscheidend, also

$$I_g = 0; I_u = 1; \begin{cases} N = 0 \quad (\Sigma A \ldots H \text{ ungerade}) & \Rightarrow \quad Q_g = 1 \quad \text{und} \quad Q_u = 0 \\ N = 1 \quad (\Sigma A \ldots H \text{ gerade}) & \Rightarrow \quad Q_g = 0 \quad \text{und} \quad Q_u = 1 \end{cases}$$

Fall 4: Für $I_g = 1$ und $I_u = 0$ gilt analog

$$I_g = 1; I_u = 0; \begin{cases} N = 0 \quad (\Sigma A \ldots H \text{ ungerade}) & \Rightarrow \quad Q_g = 0 \quad \text{und} \quad Q_u = 1 \\ N = 1 \quad (\Sigma A \ldots H \text{ gerade}) & \Rightarrow \quad Q_g = 1 \quad \text{und} \quad Q_u = 0 \end{cases}$$

Fall 3 und 4 sind also die interessanten Fälle. Im Fall 3 wird an Q_g eine 1 erzeugt, wenn die Summe der 1–Signale an A bis H ungerade ist und eine 0, wenn die Summe der 1–Signale an A bis H gerade ist. Im Sinne der geraden Parität wäre Q_g ein gültiges Paritätsbit, denn dann hätte das „Gesamtpaket“ aus A bis H mit Q_g eine gerade Parität. Für die Forderung der ungeraden Parität gilt diese Betrachtung im Fall 3 analog für Q_u, so dass wir festhalten können:

> Bei der Belegung $I_g = 0$ und $I_u = 1$ erzeugt der Baustein für die Eingangssignale A bis H das gerade Paritätsbit an Q_g und das ungerade Paritätsbit an Q_u.

Der Fall 4 liegt etwas komplizierter. Hier kommen wir zu einem sinnvollen Ergebnis, wenn wir annehmen, das an A bis H ein Gesamtpaket aus 7–Bit Daten und Paritätsbit anliegt. Dann können wir sagen:

> Bei der Belegung $I_g = 1$ und $I_u = 0$ prüft der Baustein für die Eingangssignale A bis H an Q_g die gerade Parität und an Q_u die ungerade Parität. Die jeweilige Parität ist erfüllt, wenn der entsprechende Ausgang 1 ist.

Als Ergebnis halten wir fest: Es handelt sich bei dem Baustein um einen 9–Bit Paritätsbitgenerator bzw. 8–Bit Paritätsbitprüfer (vgl. Aufgabe 41).

Man kann den Baustein mit nur einem weiteren Inverter auch zu einem 9–Bit Paritätsbitprüfer erweitern. Dies zeigt Abb. L42.4. Die gerade Parität ist dann erfüllt wenn $Q_g = 1$ ist und die ungerade Parität wenn $Q_u = 1$ ist. Die inaktiven Fälle bei $I_g = I_u$ können dann durch den Inverter gar nicht auftreten.

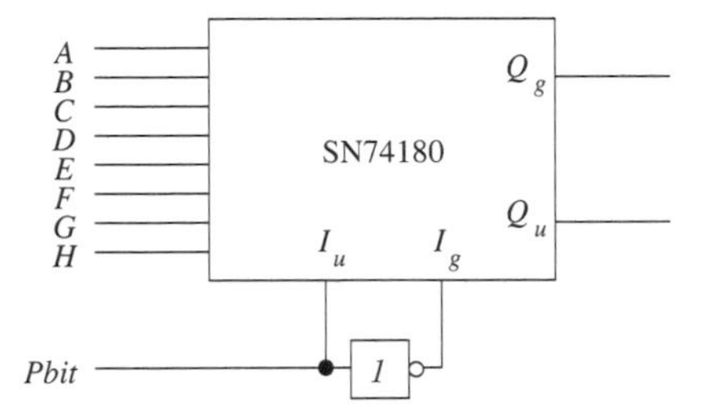

Abb. L42.4: Erweiterung des Bausteines SN74180 zum 9–Bit Paritätsbitprüfer

Lösung der Aufgabe 43: 1–Bit Volladdierer

L.43.1: Ein 1–Bit Volladdierer muss der Tabelle L43.1 genügen.

A	B	$\ddot{U}_0$	S	$\ddot{U}_1$
0	0	0	0	0
0	0	1	1	0
0	1	0	1	0
0	1	1	0	1

A	B	$\ddot{U}_0$	S	$\ddot{U}_1$
1	0	0	1	0
1	0	1	0	1
1	1	0	0	1
1	1	1	1	1

Tabelle L43.1: Wertetabelle eines 1–Bit Volladdierers

L.43.2: Wir leiten aus der Tabelle L43.1 die Funktionsgleichungen für die Stellensumme und den Übertrag her und minimieren diese.

Stellensumme

Die DNF für die Stellensumme lautet:

$$S = \overline{A}\,\overline{B}\,\ddot{U}_0 \vee \overline{A}\,B\,\overline{\ddot{U}_0} \vee A\,\overline{B}\,\overline{\ddot{U}_0} \vee A\,B\,\ddot{U}_0$$

Nachdem wir diese DNF in eine KV–Tafel eingetragen haben (Abb. L43.1), sehen wir, dass sie sich nicht weiter vereinfachen lässt.
Lediglich die Anzahl der Schaltglieder lässt sich durch Umformung minimieren:

$$\begin{aligned} S &= \overline{\ddot{U}_0}\,(\overline{A}\,B \vee A\,\overline{B}) \vee \ddot{U}_0\,(A\,B \vee \overline{A}\,\overline{B}) \\ &= \overline{\ddot{U}_0}\,(A \not\equiv B) \vee \ddot{U}_0\,(A \equiv B) \\ &= \ddot{U}_0 \equiv (A \equiv B) \end{aligned}$$

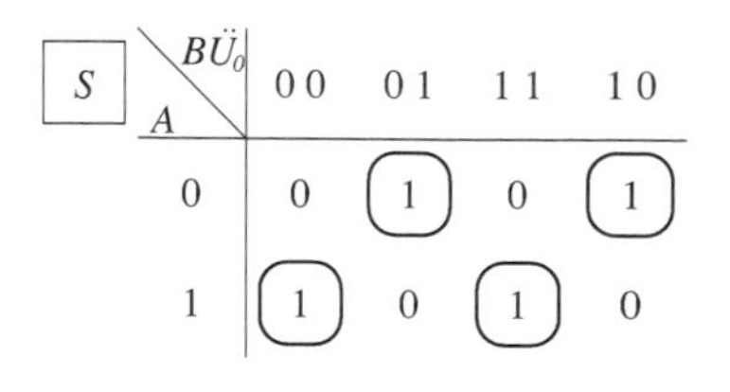

Abb. L43.1: KV–Tafel für die Stellensumme

Übertrag

Die DNF des Übertrages lautet:

$$\ddot{U}_1 = \overline{A}\,B\,\ddot{U}_0 \vee A\,\overline{B}\,\ddot{U}_0 \vee A\,B\,\overline{\ddot{U}_0} \vee A\,B\,\ddot{U}_0$$

Wir erstellen die KV–Tafel (Abb. L43.2), und vereinfachen nach den bekannten Methoden.

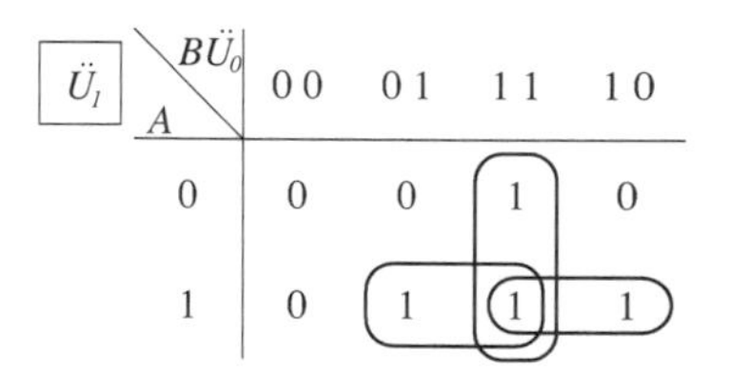

Abb. L43.2: KV–Tafel für den Übertrag

Die vereinfachte DF für den Übertrag lautet:

$$\begin{aligned}\ddot{U}_1 &= A\,\ddot{U}_0 \vee B\,\ddot{U}_0 \vee A\,B \\ &= A\,B \vee \ddot{U}_0\,(A \vee B)\end{aligned}$$

Lösung der Aufgabe 44: 4–Bit Subtrahierer

Um die beiden Zahlen mit Volladdiererbausteinen subtrahieren zu können, müssen wir die z.B. in den Aufgaben 80 und 81 behandelte Methode der Komplementbildung anwenden. Zur Verdeutlichung noch mal die Schreibweise (gilt nur für das Dualsystem):

$$a - b = a + \mathrm{INV}(b) + 1$$

Die bitweise Invertierung der Zahl b ist mit einfachen NICHT–Gliedern möglich. Anschließend muss zu der inversen Zahl eine 1 addiert werden. Diese Funktion wird von dem Teilschaltnetz in Abb. L44.1 ausgeführt.

Um nun noch die Zahl a zu addieren, wären an sich nur vier weitere Volladdierer nötig, es geht jedoch auch mit insgesamt nur vier Volladdierern. Betrachten wir uns

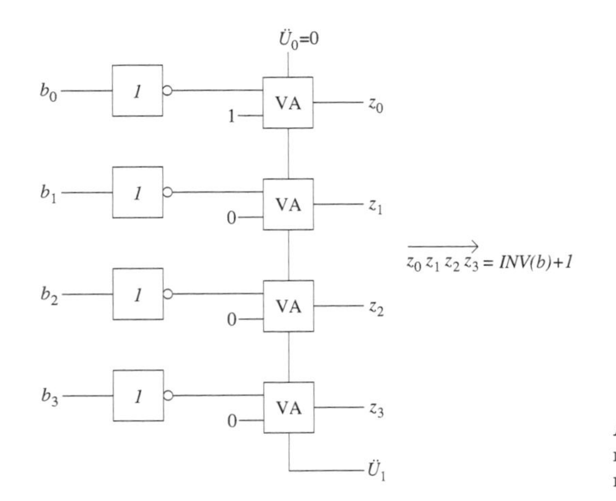

Abb. L44.1: Volladdierer–Schaltnetz zur Berechnung des Komplements von b

die Addition der 1 genauer, so sieht man, dass wir den Übertragseingang des ersten Volladdierers für diesen Zweck verwenden können. Wir speisen also für $Ü_0$ anstatt der 0 eine 1 ein (die dann für einen früheren Übertrag gehalten und entsprechend aufaddiert wird) und erhalten dann als komplettes Subtrahierschaltnetz die Schaltung in Abb. L44.2.

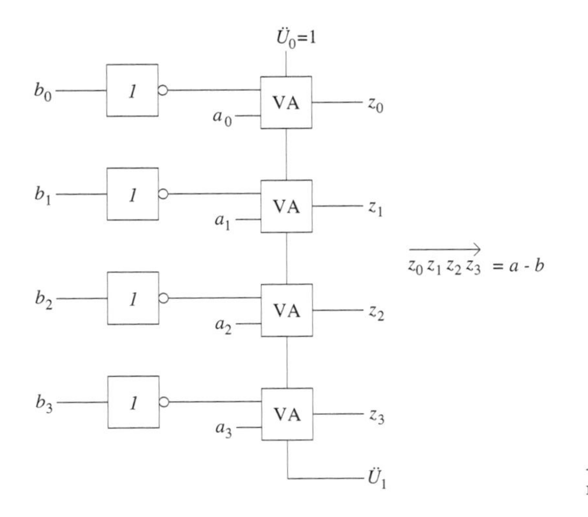

Abb. L44.2: Volladdierer–Schaltnetz zur Lösung der Aufgabe 44

Als Zahlenbeispiel diene die Subtraktion „7–3“:

x		0	1	1	1	(7)
y		1	1	0	1	(−3)
c	1	1	1	1	0	
s		0	1	0	0	(4)

Lösung der Aufgabe 45: Normalform–Paralleladdierer

Ein Normalform–Paralleladdierer für 2–stellige Dualzahlen benötigt neben den vier Eingängen für die Summanden, drei Ausgänge. 2–Bit sind dabei für das Ergebnis reserviert (S_0, S_1), während das dritte Bit den Übertrag bereitstellt (C). Wir können somit direkt die Wertetabelle angeben (Tabelle L45.1).

b_1	b_0	a_1	a_0	C	S_1	S_0
0	0	0	0	0	0	0
0	0	0	1	0	0	1
0	0	1	0	0	1	0
0	0	1	1	0	1	1
0	1	0	0	0	0	1
0	1	0	1	0	1	0
0	1	1	0	0	1	1
0	1	1	1	1	0	0
1	0	0	0	0	1	0
1	0	0	1	0	1	1
1	0	1	0	1	0	0
1	0	1	1	1	0	1
1	1	0	0	0	1	1
1	1	0	1	1	0	0
1	1	1	0	1	0	1
1	1	1	1	1	1	0

Tabelle L45.1: Wertetabelle des 2–Bit Normalform–Paralleladdierers

Nun erstellen wir für jeden Ausgang ein KV–Diagramm und vereinfachen soweit möglich:

- S_0:
  Aus der Tabelle L45.1 erhalten wir das KV–Diagramm für S_0 gemäß Abb. L45.1.

S_0 — $b_1 a_1$ \ $b_0 a_0$	0 0	0 1	1 1	1 0
0 0	0	1	0	1
0 1	0	1	0	1
1 1	0	1	0	1
1 0	0	1	0	1

Abb. L45.1: KV–Diagramm für den Ausgang S_0

Die Vereinfachung ergibt:

$$S_0 = \overline{a_0}\, b_0 \vee a_0\, \overline{b_0} = (a_0 \not\equiv b_0)$$

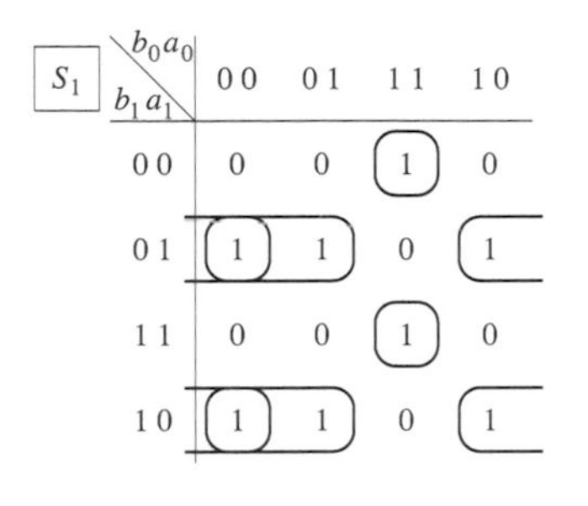

Abb. L45.2: KV–Diagramm für den Ausgang S_1

- S_1:
  Aus der Tabelle L45.1 erhalten wir das KV–Diagramm für S_1 gemäß Abb. L45.2. Die Vereinfachung ergibt:

$$\begin{aligned} S_1 \;&=\; \overline{b_1}\, a_1\, \overline{b_0} \vee b_1\, \overline{a_1}\, \overline{b_0} \vee \overline{b_1}\, a_1\, \overline{a_0} \vee \\ &\quad\; b_1\, \overline{a_1}\, \overline{a_0} \vee \overline{b_1}\, \overline{a_1}\, b_0\, a_0 \vee b_1\, a_1\, b_0\, a_0 \;=\; (a_1 \equiv b_1) \equiv a_0\, b_0 \end{aligned}$$

- C:
  Aus der Tabelle L45.1 erhalten wir das KV–Diagramm für C gemäß Abb. L45.3.

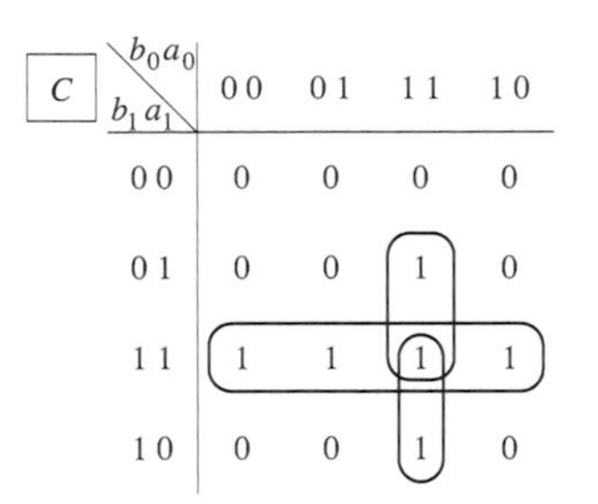

Abb. L45.3: KV–Diagramm für den Ausgang C

Die Vereinfachung ergibt:

$$C = b_1\, a_1 \vee a_1\, b_0\, a_0 \vee b_1\, b_0\, a_0$$

Damit können wir den Schaltplan erstellen, wobei wir nur Standardverknüpfungsglieder verwenden wollen. Es ergibt sich Abbildung L45.4.

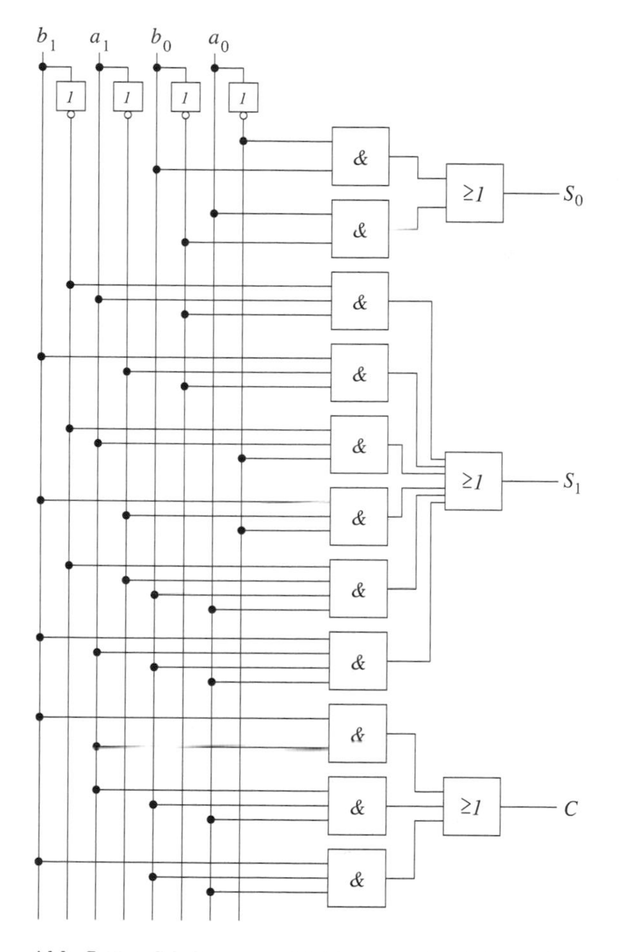

Abb. L45.4: Schaltnetz zur Addition zweier 2–Bit Dualzahlen

Lösung der Aufgabe 46: Multiplizierer

Die Binärworte a_1a_0 und b_1b_0 sollen miteinander multipliziert werden, wobei a_1 und b_1 die höherwertigen Stellen sind.

Das Ergebnis wird maximal 4–stellig ($11 \cdot 11 = 1001$) und wird mit $z_3z_2z_1z_0$ bezeichnet. Somit können wir bereits ein Blockschaltbild für den Normalform–Parallelmultiplizierer angeben (Abb. L46.1).

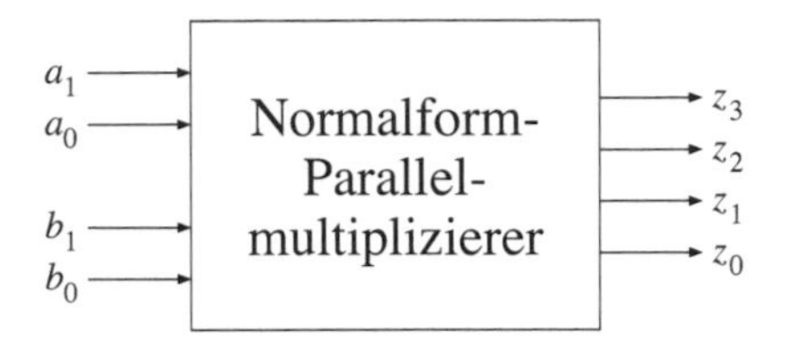

Abb. L46.1: Blockschaltbild des Normalform–Parallelmultiplizierers

L.46.1: Wir gehen analog den Schritten des Lehrbuches vor:

- Wertetabelle:
  Mit den algebraischen Regeln der Multiplikation, lässt sich die Wertetabelle leicht erstellen (Tabelle L46.1).

a_1	a_0	b_1	b_0	z_3	z_2	z_1	z_0
0	0	0	0	0	0	0	0
0	0	0	1	0	0	0	0
0	0	1	0	0	0	0	0
0	0	1	1	0	0	0	0
0	1	0	0	0	0	0	0
0	1	0	1	0	0	0	1
0	1	1	0	0	0	1	0
0	1	1	1	0	0	1	1
1	0	0	0	0	0	0	0
1	0	0	1	0	0	1	0
1	0	1	0	0	1	0	0
1	0	1	1	0	1	1	0
1	1	0	0	0	0	0	0
1	1	0	1	0	0	1	1
1	1	1	0	0	1	1	0
1	1	1	1	1	0	0	1

Tabelle L46.1: Wertetabelle des Normalform–Parallelmultiplizierers

- Minimierung der Funktionsgleichungen für $z_3 \dots z_0$ mit KV–Diagrammen in disjunktiver Form.
  Das KV–Diagramm für z_0 zeigt Abb. L46.2.

z_0: $a_1 a_0$ \ $b_1 b_0$	0 0	0 1	1 1	1 0
0 0	0	0	0	0
0 1	0	1	1	0
1 1	0	1	1	0
1 0	0	0	0	0

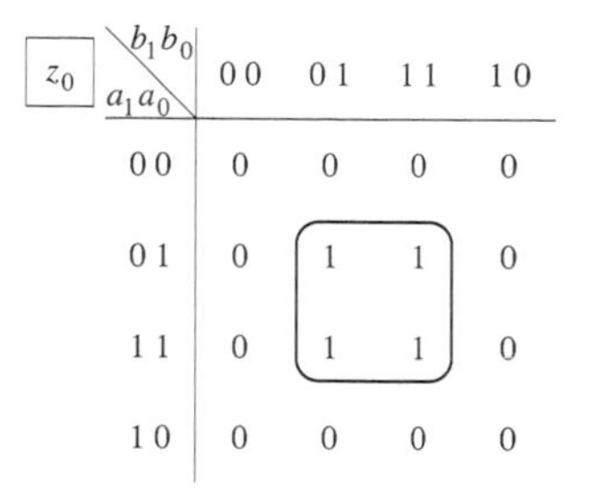

Abb. L46.2: KV–Diagramm für z_0

Wir erhalten als minimale Form:

$$z_0 = a_0\, b_0$$

Das KV–Diagramm für z_1 zeigt Abb. L46.3.

z_1: $a_1 a_0$ \ $b_1 b_0$	0 0	0 1	1 1	1 0
0 0	0	0	0	0
0 1	0	0	1	1
1 1	0	1	0	1
1 0	0	1	1	0

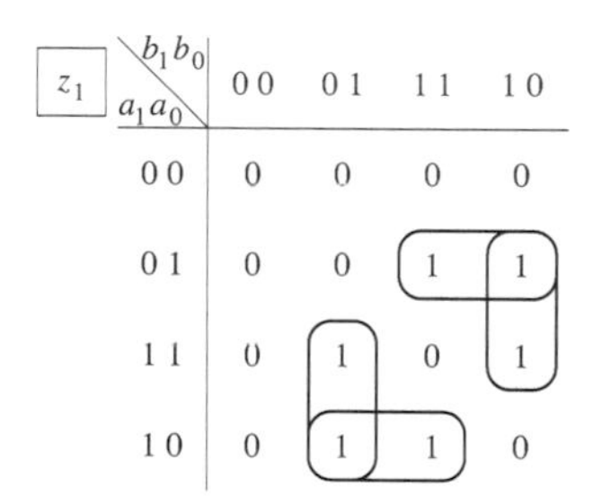

Abb. L46.3: KV–Diagramm für z_1

Wir erhalten als minimale Form:

$$z_1 = a_1\, \overline{b_1}\, b_0 \vee a_1\, \overline{a_0}\, b_0 \vee \overline{a_1}\, a_0\, b_1 \vee \overline{a_0}\, b_1\, \overline{b_0}$$

Das KV–Diagramm für z_2 zeigt Abb. L46.4.

z_2: $a_1 a_0$ \ $b_1 b_0$	0 0	0 1	1 1	1 0
0 0	0	0	0	0
0 1	0	0	0	0
1 1	0	0	0	1
1 0	0	0	1	1

Abb. L46.4: KV–Diagramm für z_2

Wir erhalten als minimale Form:

$$z_2 = a_1\, \overline{a_0}\, b_1 \vee a_1\, b_1\, \overline{b_0}$$

Für z_3 gibt es nur einen Minterm, es folgt daher direkt:

$$z_3 = a_1\, a_0\, b_1\, b_0$$

- Schaltplan:
  Damit ergibt sich der Schaltplan wie in Abb. L46.5.

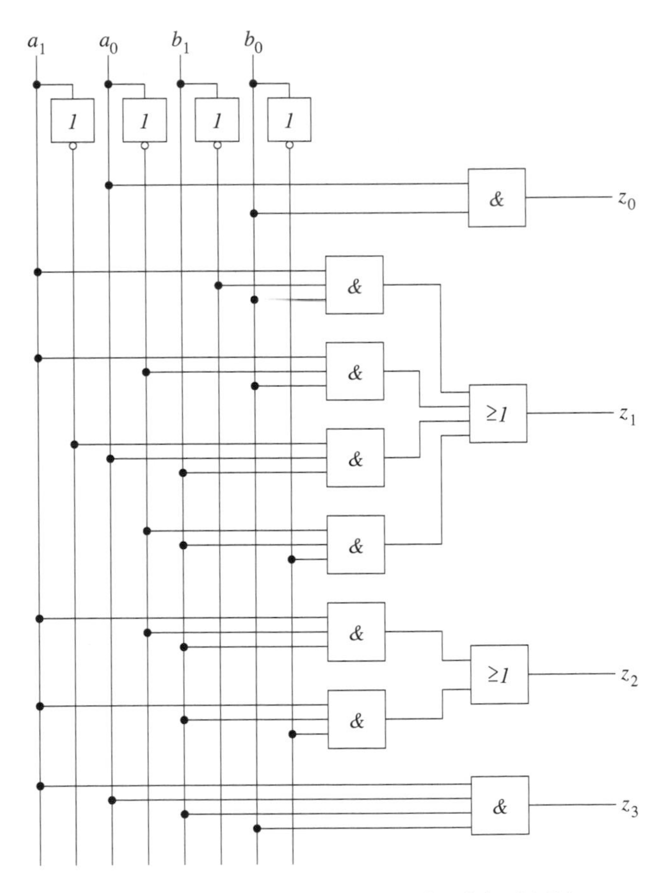

Abb. L46.5: Schaltplan des Normalform–Parallelmultiplizierers

L.46.2: Für die Realisierung mit NAND–Gliedern, wenden wir auf jede Minimalform das DeMorgansche Gesetz an (vgl. Anhang D.1). Es ergibt sich für die Ausgänge:

$$z_0 = a_0\, b_0 = \overline{\overline{a_0\, b_0}}$$

$$
\begin{aligned}
z_1 &= a_1\,\overline{b_1}\,b_0 \vee a_1\,\overline{a_0}\,b_0 \vee \overline{a_1}\,a_0\,b_1 \vee \overline{a_0}\,b_1\,\overline{b_0} \\
&= \overline{\overline{a_1\,\overline{b_1}\,b_0} \wedge \overline{a_1\,\overline{a_0}\,b_0} \wedge \overline{\overline{a_1}\,a_0\,b_1} \wedge \overline{\overline{a_0}\,b_1\,\overline{b_0}}}
\end{aligned}
$$

$$
z_2 = a_1\,\overline{a_0}\,b_1 \vee a_1\,b_1\,\overline{b_0} = \overline{\overline{a_1\,\overline{a_0}\,b_1} \wedge \overline{a_1\,b_1\,\overline{b_0}}}
$$

$$
z_3 = a_1\,a_0\,b_1\,b_0 = \overline{\overline{a_1\,a_0\,b_1\,b_0}}
$$

Damit ergibt sich das Schaltbild aus Abb. L46.6.

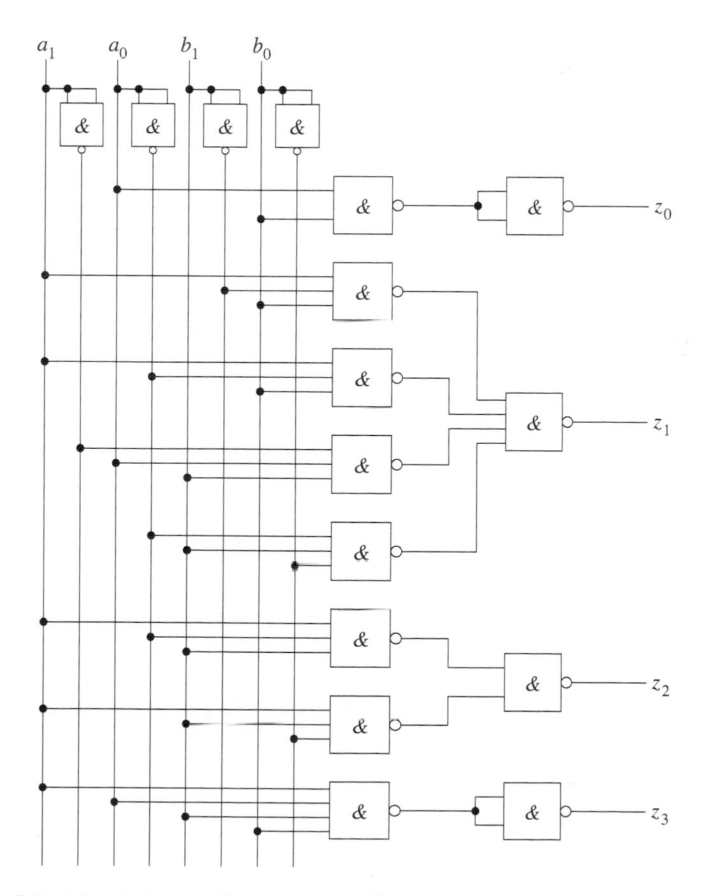

Abb. L46.6: Schaltplan des Normalform–Parallelmultiplizierers nur mit NAND–Gliedern

Lösung der Aufgabe 47: 1–Bit ALU

L.47.1: Wir ergänzen die Zuordnungstabelle um die möglichen Kombinationen der Variablen A und B in jeder Operation. Nun können wir entsprechend der Funktion den ALU–Ausgang F und den Übertragsausgang $\ddot{U}$ bestimmen und in die Tabelle eintragen (Tabelle L47.1).

S_2	S_1	S_0	B	A	F	$\ddot{U}$	Funktion	S_2	S_1	S_0	B	A	F	$\ddot{U}$	Funktion
0	0	0	0	0	0	0	$A \wedge B$	1	0	0	0	0	1	0	$\overline{A}$
0	0	0	0	1	0	0	$A \wedge B$	1	0	0	0	1	0	0	$\overline{A}$
0	0	0	1	0	0	0	$A \wedge B$	1	0	0	1	0	1	0	$\overline{A}$
0	0	0	1	1	1	0	$A \wedge B$	1	0	0	1	1	0	0	$\overline{A}$
0	0	1	0	0	0	0	$A \vee B$	1	0	1	0	0	0	0	$A + B$
0	0	1	0	1	1	0	$A \vee B$	1	0	1	0	1	1	0	$A + B$
0	0	1	1	0	1	0	$A \vee B$	1	0	1	1	0	1	0	$A + B$
0	0	1	1	1	1	0	$A \vee B$	1	0	1	1	1	0	1	$A + B$
0	1	0	0	0	0	0	$A\overline{B} \vee \overline{A}B$	1	1	0	0	0	0	1	$\overline{A} + 1$
0	1	0	0	1	1	0	$A\overline{B} \vee \overline{A}B$	1	1	0	0	1	1	0	$\overline{A} + 1$
0	1	0	1	0	1	0	$A\overline{B} \vee \overline{A}B$	1	1	0	1	0	0	1	$\overline{A} + 1$
0	1	0	1	1	0	0	$A\overline{B} \vee \overline{A}B$	1	1	0	1	1	1	0	$\overline{A} + 1$
0	1	1	0	0	0	0	A	1	1	1	0	0	0	0	B
0	1	1	0	1	1	0	A	1	1	1	0	1	0	0	B
0	1	1	1	0	0	0	A	1	1	1	1	0	1	0	B
0	1	1	1	1	1	0	A	1	1	1	1	1	1	0	B

Tabelle L47.1: Wahrheitstabelle der 1–Bit ALU

L.47.2: Wir haben nun theoretisch drei Möglichkeiten die Ausgangsgleichungen zu minimieren. Die Möglichkeit mit Booleschen Rechenregeln können wir aufgrund der Komplexität des Schaltnetzes außer Acht lassen. Somit bleiben die KV–Diagramme und das Quine–McCluskey Verfahren. Hier sollen beide Verfahren angewendet werden, um die Vor– und Nachteile besser verstehen zu können.

Lösung mit KV–Diagrammen

Um KV–Diagramme auf diese Aufgabe anwenden zu können, müssen wir bereits in die dritte Dimension gehen, da 5 Eingangsvariablen vorliegen. Wir lösen dies, indem wir uns zwei Tafeln für vier Variable erstellen, die wir uns dann übereinanderliegend vorstellen. Bei einer dieser Tafeln ist die fünfte Variable als 1 anzunehmen, bei der anderen als 0 (invertiert). Zu beachten ist jetzt, dass die Päckchenbildung auch zwischen diesen Tafeln angewendet werden kann. Am besten schreibt man die beiden Tafeln untereinander, so wie es Abbildung L47.1 für F zeigt. Dabei stehen die ausgefüllten Punkte für Einsen.

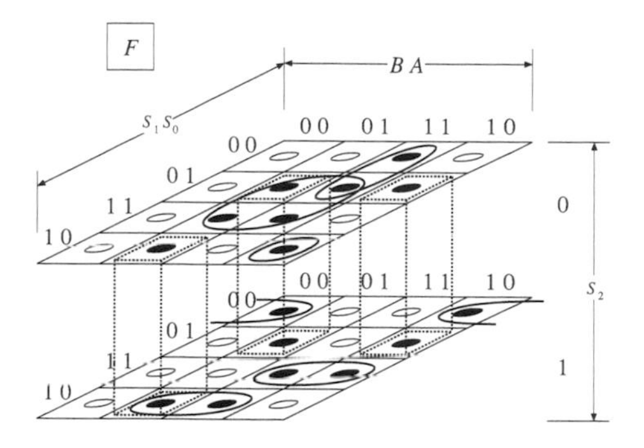

Abb. L47.1: KV–Tafelsystem für den Ausgang F

Wir erhalten als minimale Form für F:

$$\begin{aligned} F = \; & S_2\,\overline{S_1}\,\overline{S_0}\,\overline{A} \;\vee\; \overline{S_2}\,\overline{S_1}\,B\,A \;\vee\; \overline{S_1}\,S_0\,\overline{B}\,A \;\vee\; \overline{S_1}\,S_0\,B\,\overline{A} \;\vee \\ & S_1\,\overline{S_0}\,\overline{B}\,A \;\vee\; \overline{S_2}\,S_1\,\overline{S_0}\,B\,\overline{A} \;\vee\; \overline{S_2}\,S_0\,A \;\vee\; S_2\,S_1\,S_0\,B \;\vee \\ & S_2\,S_1\,\overline{S_0}\,A \end{aligned}$$

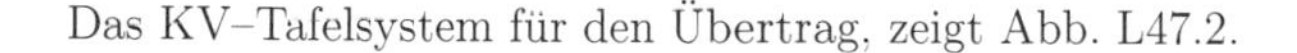
Das KV–Tafelsystem für den Übertrag, zeigt Abb. L47.2.

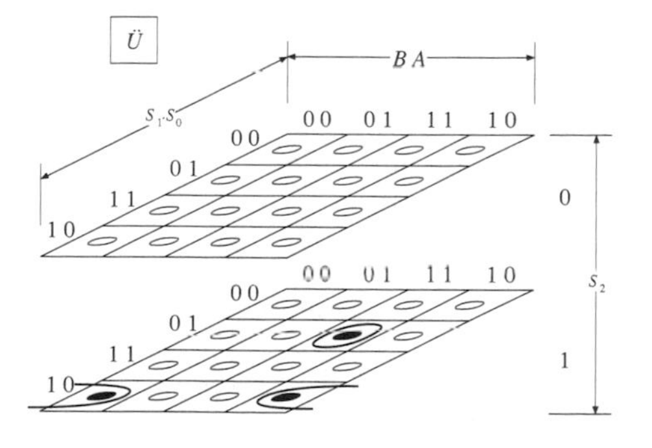

Abb. L47.2: KV–Tafelsystem für den Ausgang $\ddot{U}$

Wir erhalten als minimale Form für $\ddot{U}$:

$$\ddot{U} = S_2\,\overline{S_1}\,S_0\,B\,A \;\vee\; S_2\,S_1\,\overline{S_0}\,\overline{A}$$

Die Übertragung in eine Schaltung führt zu Abb. L47.3.

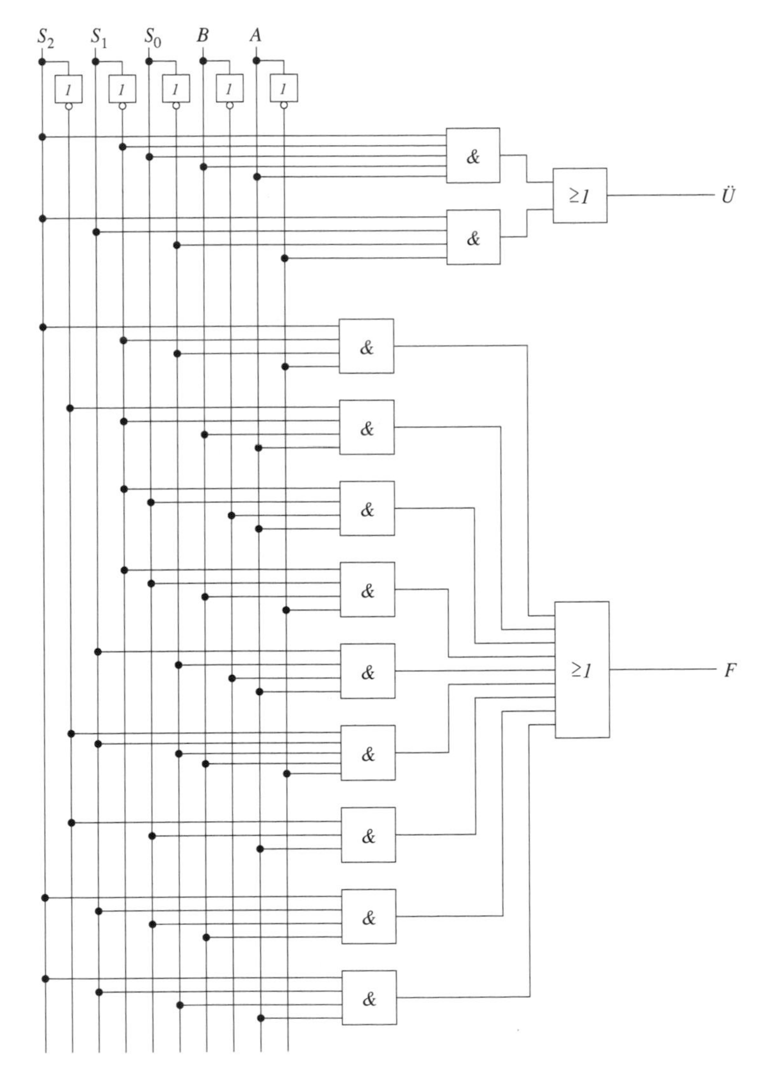

Abb. L47.3: Schaltung der 1–Bit ALU

Lösung mit dem Quine–McCluskey Verfahren

Beim Verfahren nach Quine–McCluskey müssen wir für F und $\ddot{U}$ im ersten Schritt die Primimplikanten ermitteln. Im zweiten Schritt wird dann aus diesen Primimplikanten eine minimale Anzahl gesucht, so dass alle Minterme der Funktion abgedeckt sind.
Zur Ermittlung der Primimplikanten von F, teilen wir die Minterme je nach Anzahl der in ihnen vorkommenden Einsen in Gruppen ein. Zur besseren Übersicht nehmen wir die Nummer des Minterms auch als Dezimalzahl mit in die Tabelle auf. Es ergibt sich Tabelle L47.2 (vorerst ohne die letzte Spalte).

Dez.	S_2	S_1	S_0	B	A	Gruppe	
16	1	0	0	0	0	1	$\surd$
3	0	0	0	1	1	2	$\surd$
5	0	0	1	0	1	2	$\surd$
6	0	0	1	1	0	2	$\surd$
9	0	1	0	0	1	2	$\surd$
10	0	1	0	1	0	2	$\star$
18	1	0	0	1	0	2	$\surd$
7	0	0	1	1	1	3	$\surd$
13	0	1	1	0	1	3	$\surd$
21	1	0	1	0	1	3	$\surd$
22	1	0	1	1	0	3	$\surd$
25	1	1	0	0	1	3	$\surd$
15	0	1	1	1	1	4	$\surd$
27	1	1	0	1	1	4	$\surd$
30	1	1	1	1	0	4	$\surd$
31	1	1	1	1	1	5	$\surd$

Tabelle L47.2: Einteilung der Minterme für F in Gruppen

Nun testen wir, inwieweit sich Minterme benachbarter Gruppen derart zusammenfassen lassen, dass eine Variable „herausfällt". Dies ist genau dann der Fall, wenn zwei Minterme sich nur in einer Stelle unterscheiden. Die an diesen Zusammenfassungen (Binäräquivalenten) beteiligten Minterme werden abgehakt ($\surd$) und die Binäräquivalente wiederum in eine Tabelle eingetragen (Tabelle L47.3). Die überflüssige Variable wird in der Binäräquivalentdarstellung mit einem Strich ($-$) markiert. Jeder Minterme kann mehrmals in einem Binäräquivalent auftreten, das heißt wir prüfen für jeden Minterm aus Gruppe i, ob er sich mit jedem Minterm aus Gruppe $i+1$ zusammenfassen lässt. Für den Minterm 10 gibt es keine Möglichkeit der Zusammenfassung. Damit ist bereits jetzt klar, dass der Minterm 10 ein Primimplikant ist. Er wird durch einen Stern gekennzeichnet ($\star$) und braucht nicht mehr in die neue Tabelle übernommen zu werden.

Dez.	S_2	S_1	S_0	B	A	Gruppe	
16, 18	1	0	0	–	0	1	$\star$
3, 7	0	0	–	1	1	2	$\star$
5, 13	0	–	1	0	1	2	$\surd$
5, 21	–	0	1	0	1	2	$\star$
6, 7	0	0	1	1	–	2	$\star$
6, 22	–	0	1	1	0	2	$\star$
9, 13	0	1	–	0	1	2	$\star$
9, 25	–	1	0	0	1	2	$\star$
7, 15	0	–	1	1	1	3	$\surd$
13, 15	0	1	1	–	1	3	$\star$
22, 30	1	–	1	1	0	3	$\star$
25, 27	1	1	0	–	1	3	$\star$
15, 31	–	1	1	1	1	4	$\star$
27, 31	1	1	–	1	1	4	$\star$
30, 31	1	1	1	1	–	4	$\star$

Tabelle L47.3: Binäräquivalente der zusammengefassten Minterme aus Tabelle L47.2

Jetzt müssen wir wieder die Zeilen benachbarter Gruppen vergleichen, wie schon oben beschrieben (generell solange, bis sich keine Binäräquivalente mehr ergeben).
Es findet sich nur noch eine Zusammenfassung und wir erhalten Tabelle L47.4.

Dez.	S_2	S_1	S_0	B	A	Gruppe	
5, 13; 7, 15	0	–	1	–	1	2	$\star$

Tabelle L47.4: Einzige Vereinfachung der Tabelle L47.3

Damit haben wir alle Primimplikanten der Gleichung für F gefunden, es sind alle mit einem Stern gekennzeichneten Terme. Wir erstellen nun die Primimplikantentafel (Abb. L47.4), die aus allen Primimplikanten sowie aus den daran beteiligten Mintermen besteht.
Die Kreuzungspunkte zwischen Primimplikanten sowie beteiligten Mintermen markieren wir mit ($\times$). Die Minterme 10, 16, 18, 3 und 21 werden nur von jeweils einem Primimplikanten abgedeckt. Diese Primimplikanten sind die wesentlichen Primimplikanten und müssen in der Minimalform von F vorkommen. Die entsprechenden Kreuze kreisen wir ein, markieren die wesentlichen Primimplikanten in der linken Spalte ($\bullet$), verbinden noch jeweils die abgedeckten Minterme durch Querstriche und streichen sie in der obersten Zeile.

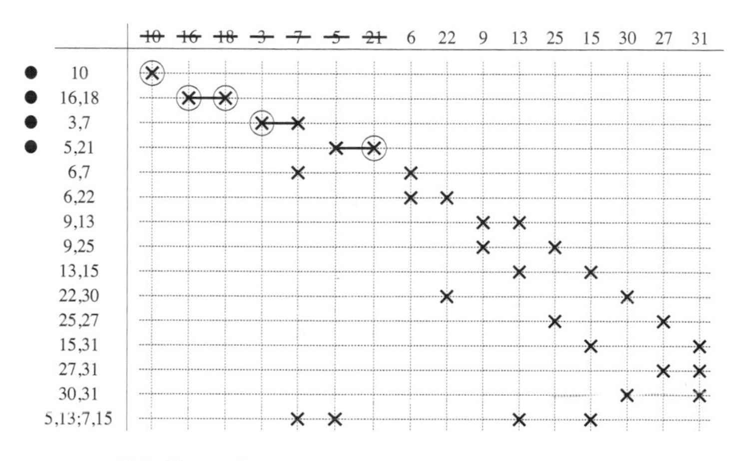

Abb. L47.4: Ermittlung der wesentlichen Primimplikanten

Für die verbleibenden Minterme (6, 22, 9, 13, 25, 15, 30, 27 und 31) müssen wir die minimale Restüberdeckung finden, d.h. aus den verbleibenden Primimplikanten die kleinste Menge auswählen, die alle übrigen Minterme abdeckt. Dabei sind natürlich Primimplikanten mit weniger Variablen denjenigen mit mehr Variablen vorzuziehen.
Für den Ausgang F gilt (Abb. L47.5): Wir wählen zuerst den Primimplikanten (5,13;7,15), weil er nur noch aus drei Variablen besteht.

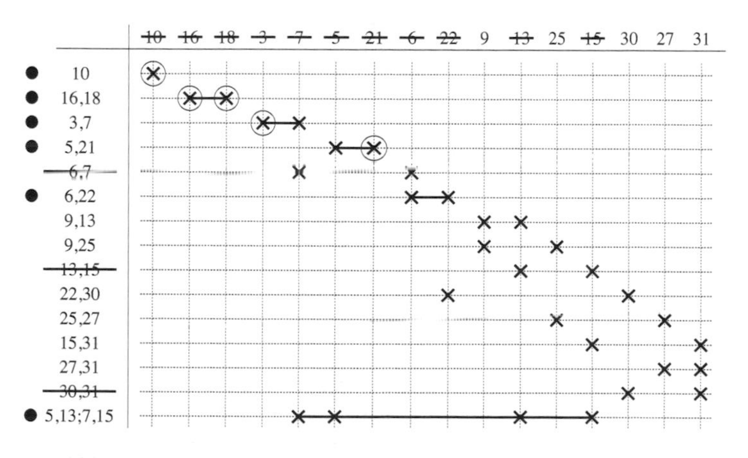

Abb. L47.5: Primimplikatentafel für den Ausgang F (Zwischenschritt)

Wir markieren ihn (•) und streichen die abgedeckten Minterme 13 und 15. Damit wird der Primimplikant (13,15) sofort überflüssig und kann gestrichen

werden. Der Primimplikant (6,7) würde nur noch den offenen Minterm 6 abdecken, wir streichen ihn und wählen den Primimplikanten (6,22), der den Minterm 6 und zusätzlich noch 22 abdeckt. Es ergibt sich Abb. L47.5.
Dasselbe Vorgehen wie bei (6,7) und (6,22) wenden wir auch für (9,13), der gestrichen wird, und (9,25) an. Für die verbleibenden Minterme (30, 27 und 31) gibt es mehrere Möglichkeiten, die alle gleichwertig sind. Wir gehen hier von oben nach unten vor und wählen die Primimplikanten (22,30) und (27,31). Diese werden der Reihe nach markiert (•), deren Minterme und anschließend die nun wieder überflüssigen Primimplikanten gestrichen. Dabei müssen wir eine doppelte Überdeckung des Minterms 22 in Kauf nehmen. Damit ergibt sich die komplette Primimplikantentafel für F nach Abb. L47.6. Die mit (∘) markierten Primimplikanten, bildeten bei der Lösung mit der KV–Tafel die Überdeckung.

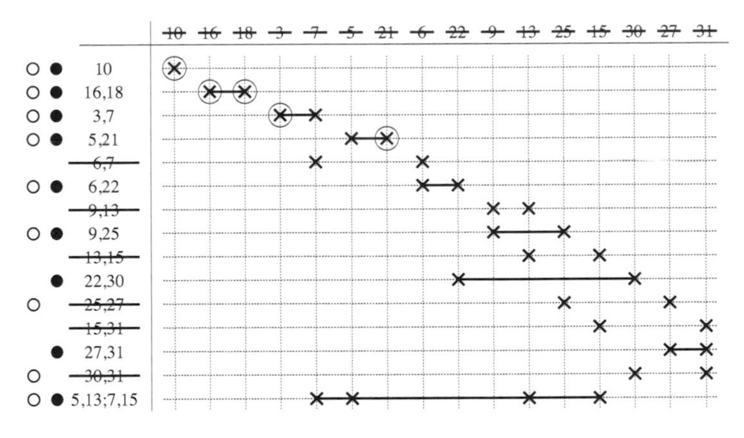

Abb. L47.6: Vollständige Primimplikatentafel für den Ausgang F

Alle markierten Primimplikanten (•) bilden nun die Minimalform für F. Sie lautet in Primimplikanten–Schreibweise:

$$\begin{aligned} F &= (10) \vee (16,18) \vee (3,7) \vee (5,21) \vee (6,22) \vee \\ & \quad (9,25) \vee (22,30) \vee (27,31) \vee (5,13;7,15) \end{aligned}$$

und in Boolescher Form:

$$\begin{aligned} F = \; & \overline{S_2}\, S_1\, \overline{S_0}\, B\, \overline{A} \;\vee\; S_2\, \overline{S_1}\, \overline{S_0}\, \overline{A} \;\vee\; \overline{S_2}\, \overline{S_1}\, B\, A \;\vee \\ & \overline{S_1}\, S_0\, \overline{B}\, A \;\vee\; \overline{S_1}\, S_0\, B\, \overline{A} \;\vee\; S_1\, \overline{S_0}\, \overline{B}\, A \;\vee \\ & S_2\, S_0\, B\, \overline{A} \;\vee\; S_2\, S_1\, B\, A \;\vee\; \overline{S_2}\, S_0\, A \end{aligned}$$

Nun müssen wir die gleichen Schritte für den Ausgang $\ddot{U}$ vornehmen. Die Einteilung der nur 3 Minterme in Gruppen zeigt Tabelle L47.5. Der Minterm 23 ist bereits ein Primimplikant.

Dez.	S_2	S_1	S_0	B	A	Gruppe	
24	1	1	0	0	0	2	$\surd$
26	1	1	0	1	0	3	$\surd$
23	1	0	1	1	1	4	$\star$

Tabelle L47.5: Einteilung der Minterme für $\ddot{U}$ in Gruppen

Die Minterme 24 und 26 lassen sich zusammenfassen und ergeben den Primimplikanten (24,26) aus Tabelle L47.6.

Dez.	S_2	S_1	S_0	B	A	Gruppe	
24, 26	1	1	0	–	0	2	$\star$

Tabelle L47.6: Gruppentabelle des 2.Durchganges

Nun erstellen wir die Primimplikantentafel für $\ddot{U}$ (Abb. L47.7).

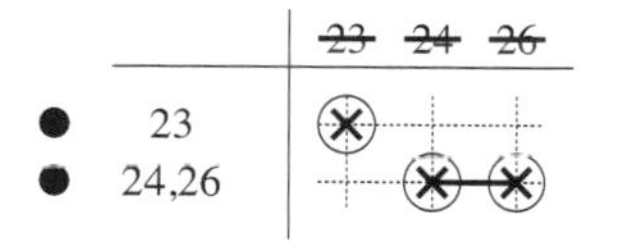

Abb. L47.7: Vollständige Primimplikatentafel für den Ausgang $\ddot{U}$

Alle markierten Primimplikanten bilden nun die Minimalform für $\ddot{U}$. Sie lautet:

$$\ddot{U} = S_2\,\overline{S_1}\,S_0\,B\,A \quad \vee \quad S_2\,S_1\,\overline{S_0}\,\overline{A}$$

Die Schaltung der ALU unterscheidet sich zu der in der KV–Lösung gefundenen nur unwesentlich. Lediglich bei dem Teil–Schaltnetz für F sind zwei UND–Glieder anders zu beschalten. Dies liegt darin begründet, dass bei der Lösung mit KV–Tafeln eine andere Restüberdeckung gewählt wurde. Statt (22,30) und (27,31) wurden bei der KV–Tafel die Primimplikanten (25,27) und (30,31) ausgewählt (Abb. L47.6).

Lösung der Aufgabe 48: Multiplexer

Multiplexer eignen sich sehr gut, um den Aufwand für ein Schaltnetz klein zu halten. Im einfachsten Fall nimmt man einen Multiplexer der für jede vorkommende Eingangsvariable einen Steuereingang hat. Dann muss man lediglich die Eingänge des Multiplexers entsprechend der Wertetabelle der zu realisierenden Funktion mit Nullen und Einsen zu belegen.

Da wir hier die Funktion f mit nur einem 4:1 Multiplexer realisieren sollen, stehen wir vor dem Problem, dass ein solcher Multiplexer nur 2 Steuereingänge hat, wir aber 4 Eingangsvariablen vorliegen haben. Um dieses Problem zu lösen gehen wir folgendermaßen vor: Wir wählen für jeden Steuereingang eine Variable aus (hier also zwei) und ermitteln dann mittels einer Instanziierungstabelle die Beschaltung der MUX–Eingänge mit Schaltgliedern und den übrigen Variablen. Wählt man zudem als Steuervariablen die Variablen, die in der Schaltfunktion (bzw. in der DNF oder KNF) am häufigsten vorkommen, so hält man das vor den MUX zu schaltende Schaltnetz minimal. Der Einfluss dieser Variablen wird damit auf bereits unabhängige Eingänge verteilt.

In unserem Fall wählen wir für die Steuereingänge die Variablen B und D. Nun ermitteln wir die Eingangsfunktionen der Eingänge E_0 bis E_3. Dazu erstellen wir eine Tabelle in der die vier möglichen Zustände der Steuervariablen aufgelistet sind. Die jeweiligen Werte der Steuervariablen werden nun in die Formel übertragen und diese dann vereinfacht. Die vereinfachten Formeln sind dann die entsprechenden Eingangsbelegungen (Tabelle L48.1).

S_1 B	S_0 D	f $A \vee (B \wedge D) \vee (C \wedge D) \vee (\overline{B} \wedge \overline{D})$	f (vereinfacht)	E
0	0	$A \vee (0 \wedge 0) \vee (C \wedge 0) \vee (1 \wedge 1)$	$= A \vee 1 = 1$	$E_0 = 1$
0	1	$A \vee (0 \wedge 1) \vee (C \wedge 1) \vee (1 \wedge 0)$	$= A \vee C$	$E_1 = A \vee C$
1	0	$A \vee (1 \wedge 0) \vee (C \wedge 0) \vee (0 \wedge 1)$	$= A$	$E_2 = A$
1	1	$A \vee (1 \wedge 1) \vee (C \wedge 1) \vee (0 \wedge 0)$	$= A \vee 1 \vee C = 1$	$E_3 = 1$

Tabelle L48.1: Instanziierungstabelle der Schaltfunktion f für einen 4:1 Multiplexer

Das Schaltnetz mit einem 4:1 Multiplexer zeigt Abb. L48.1.

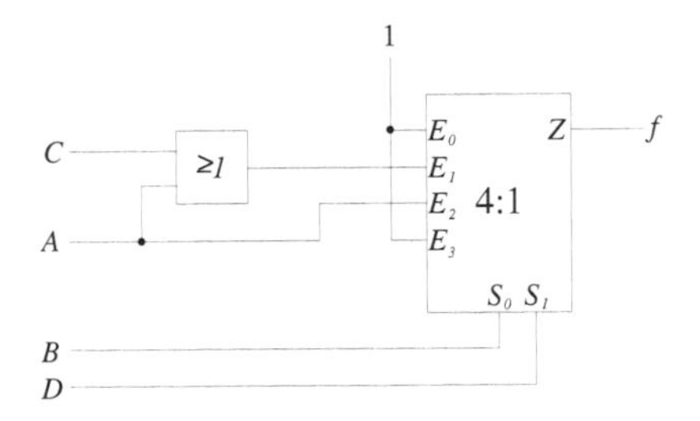

Abb. L48.1: Realisierung der Schaltfunktion f mit einem 4:1 Multiplexer

Zur weiteren Übung im Umgang mit Multiplexer–Instanziierungstabellen, können Sie z.B. noch folgende Schaltnetze mit einem Multiplexer realisieren:

Aufgabe 45: Ausgang S_1 mit einem 4:1 MUX

Aufgabe 46: Ausgang Z_1 mit einem 4:1 MUX

Aufgabe 47: Ausgang F einmal mit einem 4:1 und einmal mit einem 8:1 MUX

Lösung der Aufgabe 49: Dual– zu Siebensegmentdekoder

Die Ziffern bzw. Buchstaben sollen auf der Siebensegmentanzeige gemäß der Abb. L49.1 dargestellt werden.

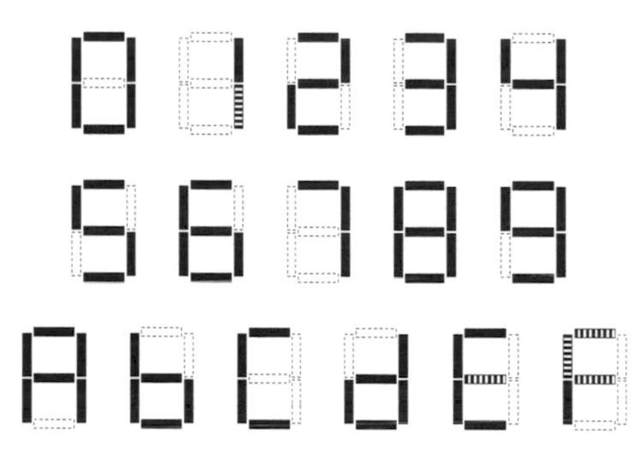

Abb. L49.1: Darstellung der Ziffern 0–15 auf einer Siebensegmentanzeige

Die Ansteuerung der Leuchtsegmente $D_0 \ldots D_7$, die sich aus den Werten der Adressleitungen $A_0 \ldots A_3$ ergeben, zeigt Tabelle L49.1 (In der letzten Spalte ist der Hexcode eingetragen).

A_3	A_2	A_1	A_0	D_7	D_6	D_5	D_4	D_3	D_2	D_1	D_0	Hexcode
0	0	0	0	0	1	1	1	1	1	0	1	$7D$
0	0	0	1	0	0	0	0	0	1	0	1	05
0	0	1	0	0	1	1	0	1	1	1	0	$6E$
0	0	1	1	0	1	0	0	1	1	1	1	$4F$
0	1	0	0	0	0	0	1	0	1	1	1	17
0	1	0	1	0	1	0	1	1	0	1	1	$5B$
0	1	1	0	0	1	1	1	1	0	1	1	$7B$
0	1	1	1	0	0	0	0	1	1	0	1	$0D$
1	0	0	0	0	1	1	1	1	1	1	1	$7F$
1	0	0	1	0	1	0	1	1	1	1	1	$5F$
1	0	1	0	1	0	1	1	1	1	1	1	BF
1	0	1	1	1	1	1	1	0	0	1	1	$F3$
1	1	0	0	1	1	1	1	1	0	0	0	$F8$
1	1	0	1	1	1	1	0	0	1	1	1	$E7$
1	1	1	0	1	1	1	1	1	0	1	0	FA
1	1	1	1	1	0	1	1	1	0	1	0	BA

Tabelle L49.1: Programmiertabelle für die Siebensegmentanzeige

Dabei stellen die Leuchtsegmente $D_0 \ldots D_7$ die Ausgangsvariablen der Tabelle dar. Sie haben den Wert 1, wenn sie nach Abb. L49.1 ein Segment der Anzeige einschalten sollen.

Zur „Programmierung“ übertragen wir die Tabelle L49.1 auf die Matrix des Festwertspeichers, indem wir für jede 1 bei den Ausgangsvariablen $D_0 \ldots D_7$ einen Verbindungspunkt zwischen der zugehörigen Wortleitung und der zugeordneten Datenleitung eintragen (Abb. L49.2).

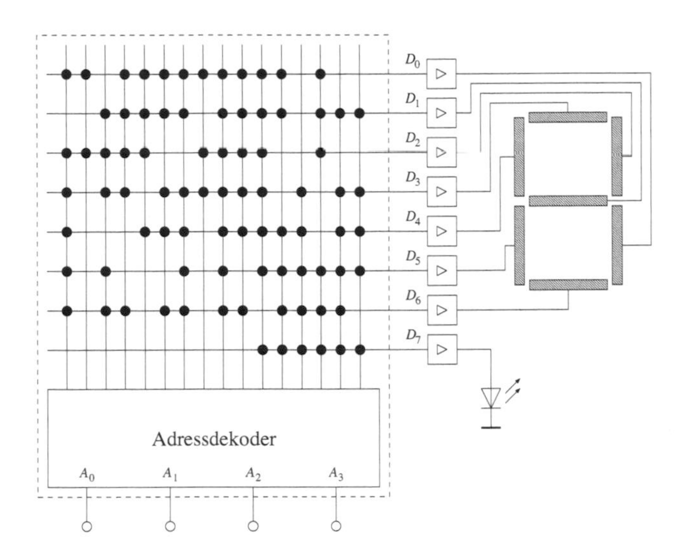

Abb. L49.2: Programmierung eines Dual zu Siebensegmentdekoders zur Darstellung der Ziffern 0–15 nach Abbildung L49.1

Die Verbindungspunkte auf den Leitungen in Abb. L49.2 sind keine Lötverbindungen oder Kontaktpunkte, die die Leitungen direkt miteinander verbinden, sondern stehen für Koppeldioden. Abbildung L49.3 zeigt eine solche „Verbindung" im Detail.

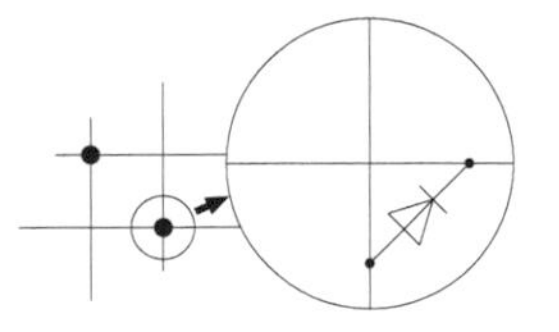

Abb. L49.3: Anordnung einer Koppeldiode in einem PROM

Lösung der Aufgabe 50: Hazards

Die Boolesche Verknüpfung $Y = f(x)$ ohne Einfluss der Signallaufzeiten ist in Tabelle L50.1 dargestellt.

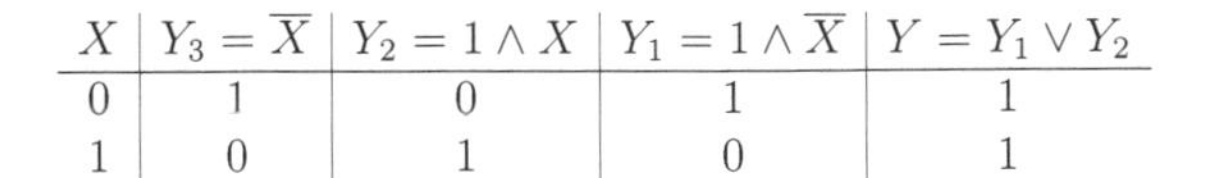

X	$Y_3 = \overline{X}$	$Y_2 = 1 \wedge X$	$Y_1 = 1 \wedge \overline{X}$	$Y = Y_1 \vee Y_2$
0	1	0	1	1
1	0	1	0	1

Tabelle L50.1: Funktionstabelle für Y

L.50.1: Die Signallaufzeiten ermittelt man am besten, in dem man zunächst die Boolesche Form der Gleichung um die Zeitabhängigkeit erweitert und diese dann für jede Verknüpfung mit der gegebenen Verzögerung τ in die Gleichung „hineinzieht", bis man alles auf die Eingangsvariablen zurückgeführt hat. Damit ergeben sich die Signallaufzeiten für Y_3 bis Y_1 zu:

$$\begin{aligned}
Y_3(t) &= \overline{X}(t) = \overline{X(t-\tau)} \\
Y_2(t) &= (1 \wedge X)(t) = 1 \wedge X(t-\tau) = X(t-\tau) \\
Y_1(t) &= (1 \wedge Y_3)(t) = 1 \wedge Y_3(t-\tau) = 1 \wedge \overline{X(t-\tau-\tau)} = \overline{X(t-2\tau)}
\end{aligned}$$

Und schließlich für Y zu:

$$\begin{aligned}
Y(t) &= (Y_1 \vee Y_2)(t) = Y_1(t-\tau) \vee Y_2(t-\tau) \\
\Rightarrow Y(t) &= \overline{X(t-3\tau)} \vee X(t-2\tau)
\end{aligned}$$

L.50.2: Da gemäß dem Hinweis der Zustand von X für $t < 0$ als logisch „0" betrachtet werden kann, ergeben sich die Impulsdiagramme und der Hazard am Ausgang Y wie in Abbildung L50.1 gezeigt.

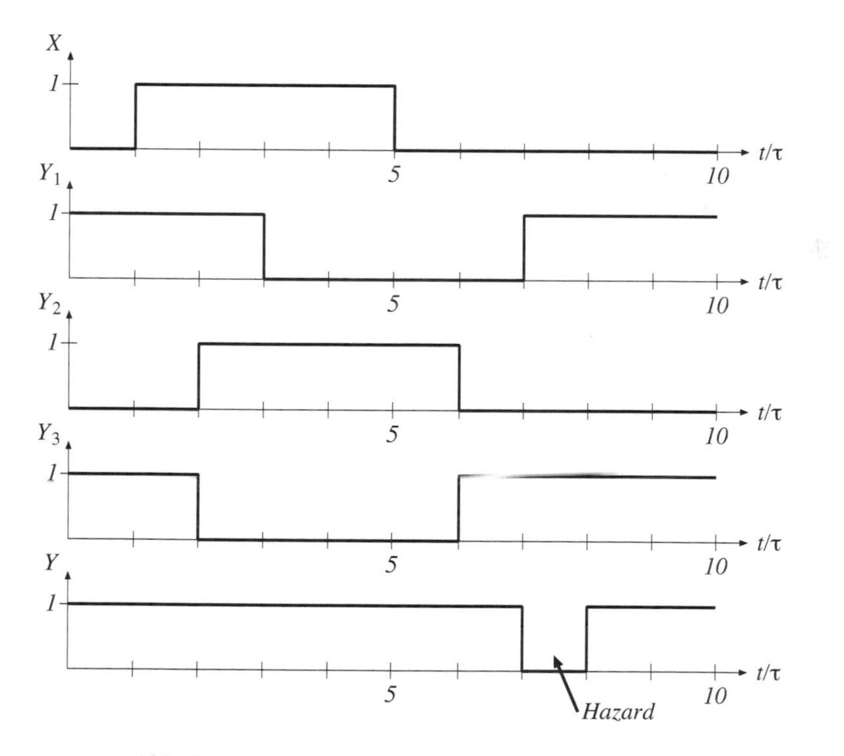

Abb. L50.1: Impulsdiagramme der Schaltung aus Aufgabe 50

L.50.3: Es handelt sich um einen statischen 0–Hazard !

5 Speicherglieder

Lösung der Aufgabe 51: Dynamische Eintransistor–Speicherzelle

L.51.1: Der Ladungsausgleich von C_p und C_s über R wird durch eine Maschengleichung beschrieben. Es gilt:

$$u_{C_p}(t) - i(t) \cdot R - u_{C_s}(t) = 0$$

Hier kommen alle von uns gesuchten Größen vor. Um diese drei Unbekannten mit nur einer Gleichung zu ermitteln, müssen wir zwei der drei Unbekannten auf die dritte zurückführen. Dies gelingt leicht, da die Kondensatorspannungen von $i(t)$ abhängen.
Allgemein gilt für die Spannung an einem Kondensator mit $\mathrm{d}Q = C \cdot \mathrm{d}u$ und $i(t) = i = \frac{\mathrm{d}Q}{\mathrm{d}t}$:

$$\mathrm{d}Q = i \cdot \mathrm{d}t \Rightarrow \mathrm{d}u = \frac{1}{C} \cdot i \cdot \mathrm{d}t \Rightarrow u(t) = \frac{1}{C} \int i \cdot \mathrm{d}t + u(t_0)$$

Für die Kondensatorspannung an C_p gilt damit:

$$u_{C_p}(t) = -\frac{1}{C_p} \int i \cdot \mathrm{d}t + u_{C_p}(t_0)$$

Der zeitlich veränderliche Teil der Spannung ist an sich positiv. Er muss also ein negatives Vorzeichen haben, damit er der Anfangsspannung entgegenwirken kann, weil sich der Kondensator entlädt.
Für die Kondensatorspannung an C_s gilt:

$$u_{C_s}(t) = \frac{1}{C_s} \int i \cdot \mathrm{d}t$$

Der Anfangswert entfällt, da C_s laut Aufgabenstellung ungeladen ist.
Die ermittelten Teilspannungen können wir nun in unsere Maschengleichung einsetzen, um i zu berechnen:

$$\begin{aligned} 0 &= -\frac{1}{C_p} \int i \cdot \mathrm{d}t + u_{C_p}(t_0) - i \cdot R - \frac{1}{C_s} \int i \cdot \mathrm{d}t \\ \Leftrightarrow 0 &= u_{C_p}(t_0) - (\frac{1}{C_p} + \frac{1}{C_s}) \int i \cdot \mathrm{d}t - i \cdot R \end{aligned}$$

Diese Gleichung differenzieren wir und erhalten:

$$\begin{aligned} 0 &= -\left(\frac{1}{C_p}+\frac{1}{C_s}\right)\cdot i(t) - \frac{\mathrm{d}i}{\mathrm{d}t}\cdot R \\ \Leftrightarrow 0 &= \frac{C_s+C_p}{C_p\cdot C_s}\cdot i(t) + R\cdot\frac{\mathrm{d}i}{\mathrm{d}t} \\ \Leftrightarrow \frac{\mathrm{d}i}{i(t)} &= -\frac{C_s+C_p}{C_p\cdot C_s}\cdot\frac{1}{R}\cdot\mathrm{d}t \end{aligned}$$

Da $\frac{C_s\cdot C_p}{C_p+C_s}\cdot R=\tau$ die Zeitkonstante der Serienschaltung der beiden Kapazitäten und des Widerstandes ist, gilt:

$$\frac{\mathrm{d}i}{i(t)} = -\frac{1}{\tau}\cdot\mathrm{d}t$$

Für diese homogene Differentialgleichung erster Ordnung gibt es ein Lösungsschema in der Mathematik:

$$\int_a^b \frac{f'(t)}{f(t)}\cdot\mathrm{d}t = \ln\frac{f(a)}{f(b)}$$

Nach dessen Anwendung erhalten wir den Strom in Abhängigkeit der Zeit:

$$i(t) = i_0\cdot e^{-\frac{t}{\tau}}$$

Hierbei ist i_0 der Stromfluss zum Zeitpunkt t_0. Er ist:

$$\begin{aligned} i_0 &= \frac{1}{R}\cdot\left(u_{C_p}(t_0)-u_{C_s}(t_0)\right) \quad \text{mit } u_{C_s}(t_0)=0 \\ i_0 &= \frac{1}{R}\cdot u_{C_p}(t_0) \\ &= \frac{U_0}{R} \end{aligned}$$

Nun können wir die Gleichung für $i(t)$ komplett angeben:

$$i(t) = \frac{U_0}{R}\cdot e^{-\frac{t}{\tau}}$$

Diese Gleichung kann nun in die beiden Spannungsgleichungen eingesetzt werden. Für $u_{C_p}(t)$ ergibt sich:

$$\begin{aligned} u_{C_p} &= -\frac{1}{C_p}\int i\cdot\mathrm{d}t + u_{C_p}(t_0) \\ &= -\frac{1}{C_p}\int\frac{U_0}{R}\cdot e^{-\frac{t}{\tau}}\cdot\mathrm{d}t + U_0 \\ &= -\frac{U_0}{C_p\cdot R}\int e^{-\frac{t}{\tau}}\cdot\mathrm{d}t + U_0 \\ &= -\frac{U_0}{C_p\cdot R}\left(-\frac{1}{\frac{1}{\tau}}e^{-\frac{t}{\tau}}\Big|_0^T\right) + U_0 \\ &= -\frac{U_0}{C_p\cdot R}\left(-\tau\cdot e^{-\frac{T}{\tau}}+\tau\right) + U_0 \end{aligned}$$

Wenn wir nun für T wieder t schreiben und ausklammern, erhalten wir:

$$\begin{aligned} u_{C_p} &= \frac{U_0 \cdot \tau \cdot e^{-\frac{t}{\tau}}}{C_p \cdot R} - \frac{U_0 \cdot \tau}{C_p \cdot R} + U_0 \quad \text{mit } \tau = \frac{C_s \cdot C_p}{C_p + C_s} \cdot R \\ &= U_0 \frac{C_s}{C_p + C_s} \cdot e^{-\frac{t}{\tau}} - U_0 \frac{C_s}{C_p + C_s} + U_0 \\ &= U_0 \left[1 - \frac{C_s}{C_p + C_s} \left(1 - e^{-\frac{t}{\tau}} \right) \right] \end{aligned}$$

Für $u_{C_s}(t)$ ergibt sich analog:

$$\begin{aligned} u_{C_s} &= \frac{1}{C_s} \int i \cdot \mathrm{d}t + u_{C_s}(t_0) \quad \text{mit } u_{C_s}(t_0) = 0 \\ &= \frac{1}{C_s} \int \frac{U_0}{R} \cdot e^{-\frac{t}{\tau}} \cdot \mathrm{d}t \quad = \quad \frac{U_0}{C_s \cdot R} \int e^{-\frac{t}{\tau}} \cdot \mathrm{d}t \\ &= \frac{U_0}{C_s \cdot R} \left(-\frac{1}{\frac{1}{\tau}} e^{-\frac{t}{\tau}} \Big|_0^T \right) \quad = \quad \frac{U_0}{C_s \cdot R} \left(-\tau \cdot e^{-\frac{T}{\tau}} + \tau \right) \end{aligned}$$

Auch hier setzen wir für T wieder t ein und klammern aus:

$$\begin{aligned} u_{C_s} &= -\frac{U_0 \cdot \tau \cdot e^{-\frac{t}{\tau}}}{C_s \cdot R} + \frac{U_0 \cdot \tau}{C_s \cdot R} \quad \text{mit } \tau = \frac{C_p \cdot C_s}{C_p + C_s} \cdot R \\ &= -U_0 \frac{C_p}{C_p + C_s} \cdot e^{-\frac{t}{\tau}} + U_0 \frac{C_p}{C_p + C_s} \\ &= U_0 \frac{C_p}{C_p + C_s} \left(1 - e^{-\frac{t}{\tau}} \right) \end{aligned}$$

Nun können wir die Funktionen grafisch darstellen. i hat zum Zeitpunkt $t_0 = 0$ den Wert $\frac{U_0}{R}$. Der Graph fällt dann exponentiell zum Nullpunkt ab. Die Skizze in Abb. L51.1 gibt den Verlauf für eine bestimmte Zeitkonstante τ wieder.

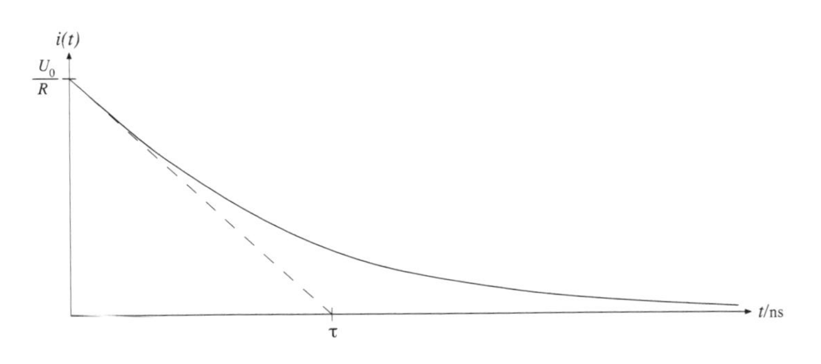

Abb. L51.1: Skizze des Verlaufs für $i(t)$

Die beiden Spannungen wollen wir in ein Diagramm eintragen. Da wir es auch hier mit exponentiellen Verläufen zu tun haben, gilt es die Start– und Endwerte zu ermitteln. Die Spannung am Kondensator C_p beginnt mit dem Wert U_0. Im Unendlichen beträgt sie:

$$\begin{aligned} u_{C_p}(\infty) &= U_0\left[1 - \frac{C_s}{C_p + C_s}\left(1 - e^{-\frac{\infty}{\tau}}\right)\right] \\ &= U_0\left[1 - \frac{C_s}{C_p + C_s}(1-0)\right] \\ &= U_0\left(1 - \frac{C_s}{C_p + C_s}\right) \end{aligned}$$

Die Spannung am Kondensator C_s beginnt mit dem Wert 0. Im Unendlichen beträgt sie:

$$\begin{aligned} u_{C_s}(\infty) &= U_0\frac{C_p}{C_p + C_s}\left(1 - e^{-\frac{\infty}{\tau}}\right) \\ &= U_0\frac{C_p}{C_p + C_s}(1-0) = U_0\frac{C_p}{C_p + C_s} \end{aligned}$$

Da ein Ladungsausgleich stattgefunden hat, müssen die beiden Spannungen im Unendlichen gleich sein:

$$\begin{aligned} U_0\frac{C_p}{C_p + C_s} &= U_0\left(1 - \frac{C_s}{C_p + C_s}\right) \\ \frac{C_p}{C_p + C_s} &= 1 - \frac{C_s}{C_p + C_s} \quad /\cdot(C_p + C_s) \\ C_p &= (C_p + C_s) - C_s \\ C_p &= C_p \end{aligned}$$

Die beiden Spannungen sind gleich groß und haben den Wert $U_0\frac{C_p}{C_p+C_s}$. Damit können wir den Verlauf skizzieren und es ergibt sich Abb. L51.2.

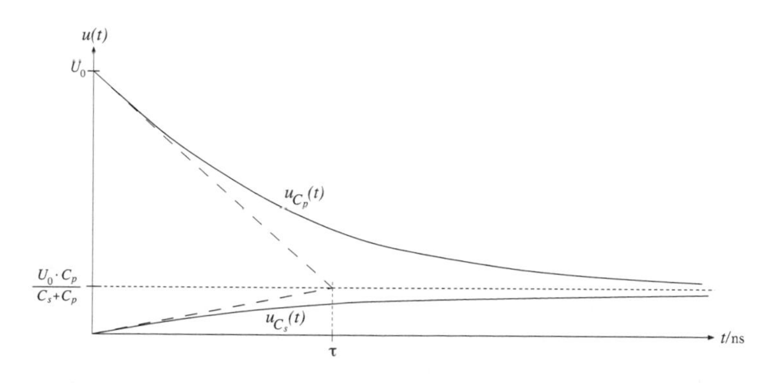

Abb. L51.2: Skizze der beiden Kondensatorspannungen

L.51.2: Im ersten Teil erhielten wir bereits die Gleichung für die Zeitkonstante dieses RC–Gliedes. Zu beachten ist, dass sich die Kapazitäten nicht addieren sondern der Kehrwert der Gesamtkapazität gleich der Summe der Kehrwerte der Einzelkapazitäten ist (vgl. Reihenschaltung von Kapazitäten). Wir erhalten mit den vorgebenen Werten:

$$\begin{aligned}\tau &= R \cdot \frac{C_p \cdot C_s}{C_p + C_s} \\ &= 10^3 \cdot \frac{10 \cdot 10^{-12} \cdot 10^{-12}}{10 \cdot 10^{-12} + 10^{-12}}\,\mathrm{s} = 10^3 \cdot \frac{10 \cdot 10^{-24}}{11 \cdot 10^{-12}}\,\mathrm{s} = \frac{10^{-20}}{11 \cdot 10^{-12}}\,\mathrm{s} \\ &\approx \frac{10^{-20}}{10^{-11}}\,\mathrm{s} = 10^{-9}\,\mathrm{s} = 1\,\mathrm{ns}\end{aligned}$$

Lösung der Aufgabe 52: RS–Kippglied

Aufgrund des funktionalen Verhaltens des RS–Kippgliedes ergibt sich ein mögliches Impulsdiagramm nach Abb. L52.1.

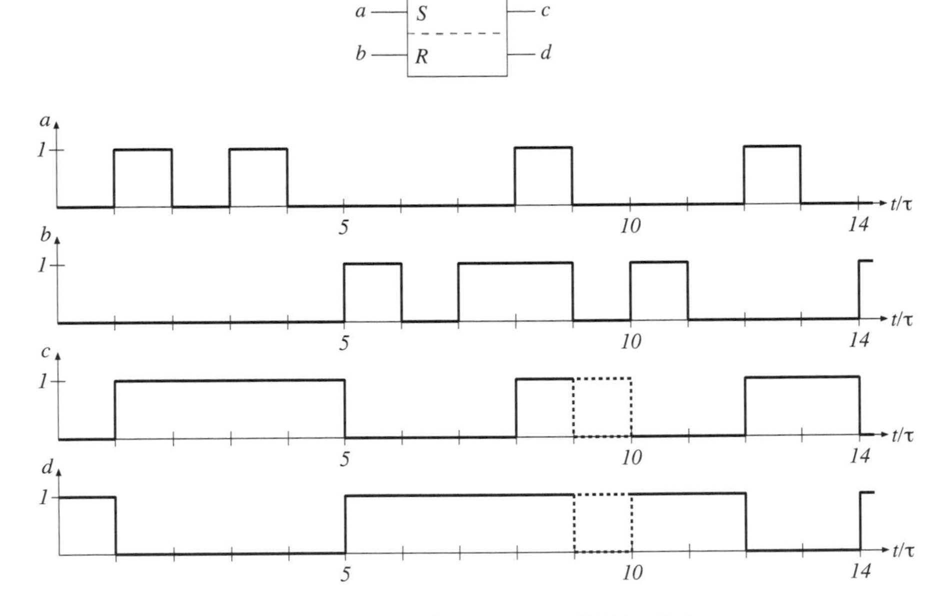

Abb. L52.1: Impulsdiagramm eines RS–Kippgliedes

Zwischen 8 τ und 9 τ wäre auch das komplementäre Impulsdiagramm der Ausgänge c und d möglich. Ob sich hier eine 0 oder eine 1 einstellt hängt von der Realisierungsform des Kippgliedes ab. Der gestrichelte Bereich zwischen 9 τ und 10 τ kennzeichnet die unbekannten Ausgangszustände, da vorher die „verbotene" Eingangsbelegung $a = b = 1$ angelegt war.

Lösung der Aufgabe 53: D–Kippglied mit Taktzustandssteuerung

Aufgrund des funktionalen Verhaltens des D–Kippgliedes ergibt sich das vollständige Impulsdiagramm nach Abb. L53.1.

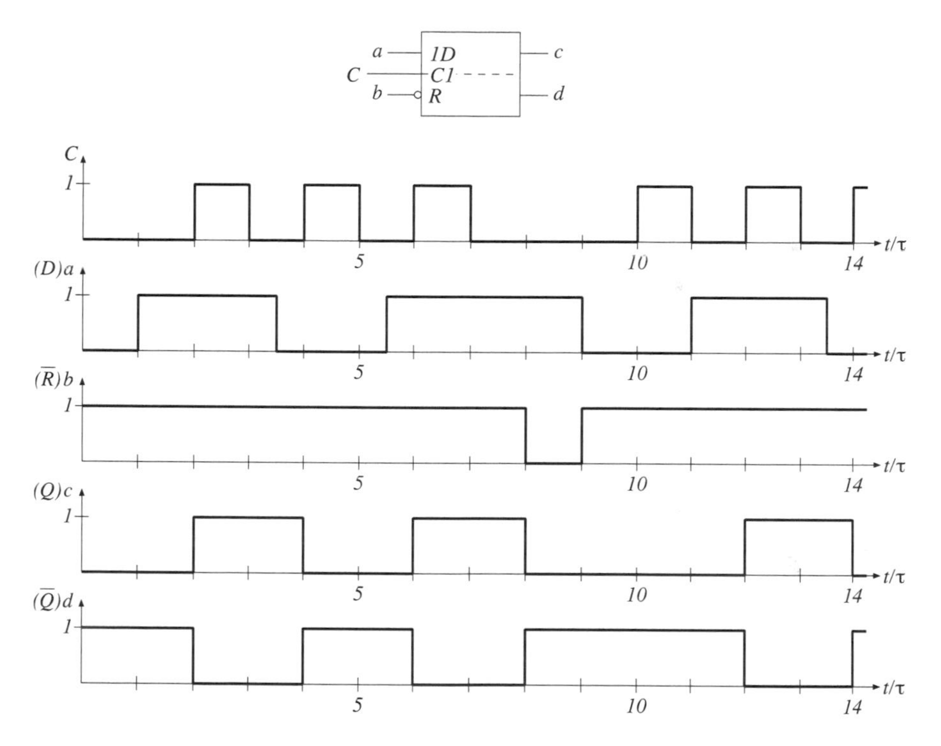

Abb. L53.1: Impulsdiagramm eines D–Kippgliedes

Wie in der Aufgabestellung erwähnt, ist zu beachten, dass nach dem Schaltzeichen der Eingang b gemäß der Abhängigkeitsnotation der DIN–Norm (siehe Lehrbuch) ein taktunabhängiger, 0–aktiver Rücksetzeingang ist. Insofern muss das Flipflop bei $t = 8\ \tau$ auf den 0–Impuls am Eingang b sofort reagieren und zurücksetzen.

Lösung der Aufgabe 54: Übergangsfunktion des JK–Flipflop

In einer ausführlichen Funktionstabelle (Automatentabelle) wird der Ausgang zusätzlich als Variable aufgeführt und zwar zustandsgebunden. Das heißt, dass der Ausgang Q zu einem Zeitpunkt t_n als Eingangs–Variable betrachtet wird und bei t_{n+1} (also zum darauffolgenden Zeitpunkt) als Ausgang. Dies ist erforderlich, weil der Zustand des Ausganges nach einer Taktflanke unter anderem vom vorherigen Zustand abhängig ist. Damit ergibt sich die ausführliche Funktionstabelle eines JK–Flipflops nach Tabelle L54.1.

	t_n		t_{n+1}	
J	K	Q	Q	Funktion
0	0	0	0	Speichern
0	0	1	1	Speichern
0	1	0	0	Rücksetzen
0	1	1	0	Rücksetzen
1	0	0	1	Setzen
1	0	1	1	Setzen
1	1	0	1	Kippen
1	1	1	0	Kippen

Tabelle L54.1: Automatentabelle eines JK–Flipflops

Wir minimieren die Gleichung des Ausganges Q^{n+1} mit einer KV–Tafel (Abb. L54.1).

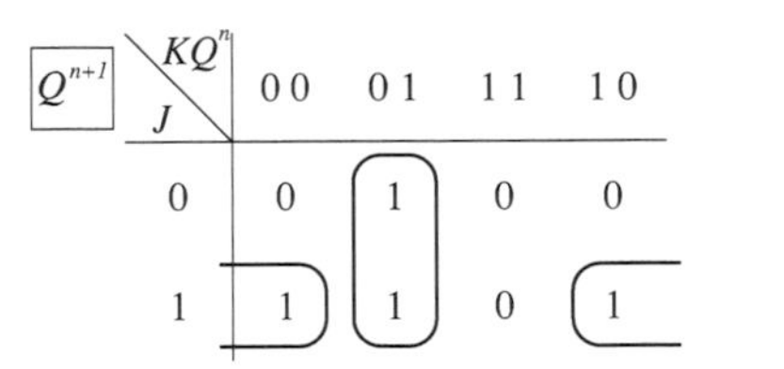

Abb. L54.1: KV–Tafel für den Ausgang Q^{n+1}

Aus der KV–Tafel können wir nun die Übergangsfunktion des JK–Flipflops ablesen. Sie lautet:

$$Q^{n+1} = \left[J\,\overline{Q} \vee \overline{K}\,Q\right]^n$$

Lösung der Aufgabe 55: JK–Master–Slave–Kippglied

Aufgrund des funktionalen Verhaltens des JK–Master–Slave–Kippgliedes ergibt sich das vollständige Impulsdiagramm nach Abb. L55.1.

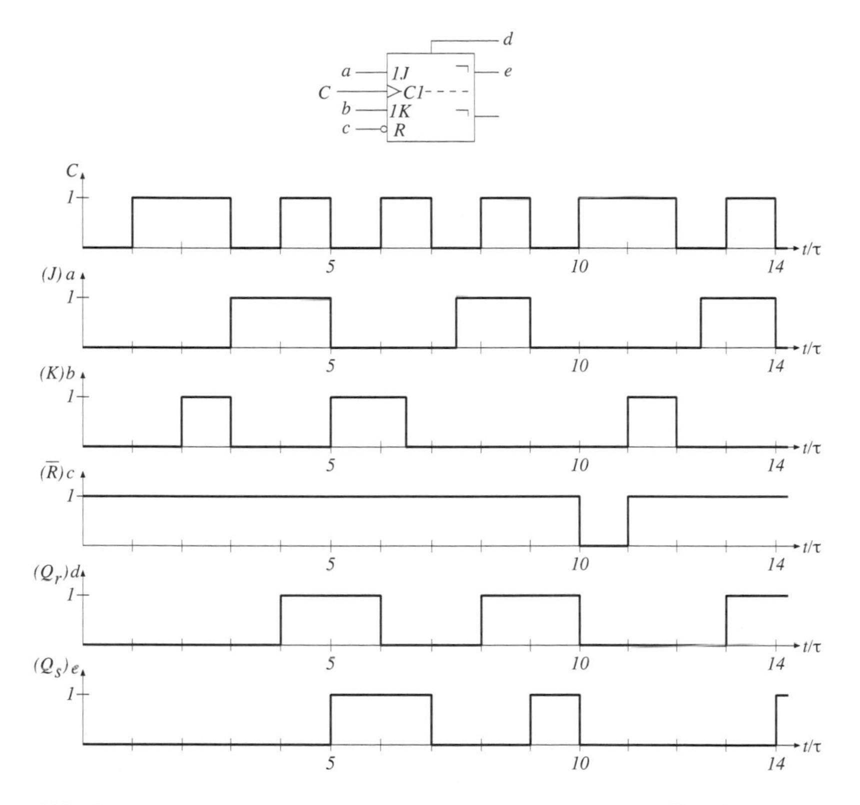

Abb. L55.1: Impulsdiagramm eines zweiflankengesteuerten JK–Master–Slave–Kippgliedes

Zu beachten ist, dass nach dem Schaltzeichen der Eingang c gemäß der Abhängigkeitsnotation der DIN–Norm (siehe Lehrbuch) ein taktunabhängiger, 0–aktiver Rücksetzeingang ist. Das Kippglied muss also auf den 0–Impuls am Eingang c zum Zeitpunkt $t = 10\ \tau$ direkt reagieren und trotz des gerade aktiven Speicherfalls zurücksetzen.

Lösung der Aufgabe 56: D–Kippglied mit Taktflankensteuerung

Aufgrund des funktionalen Verhaltens des D–Kippgliedes ergibt sich das vollständige Impulsdiagramm nach Abb. L56.1.

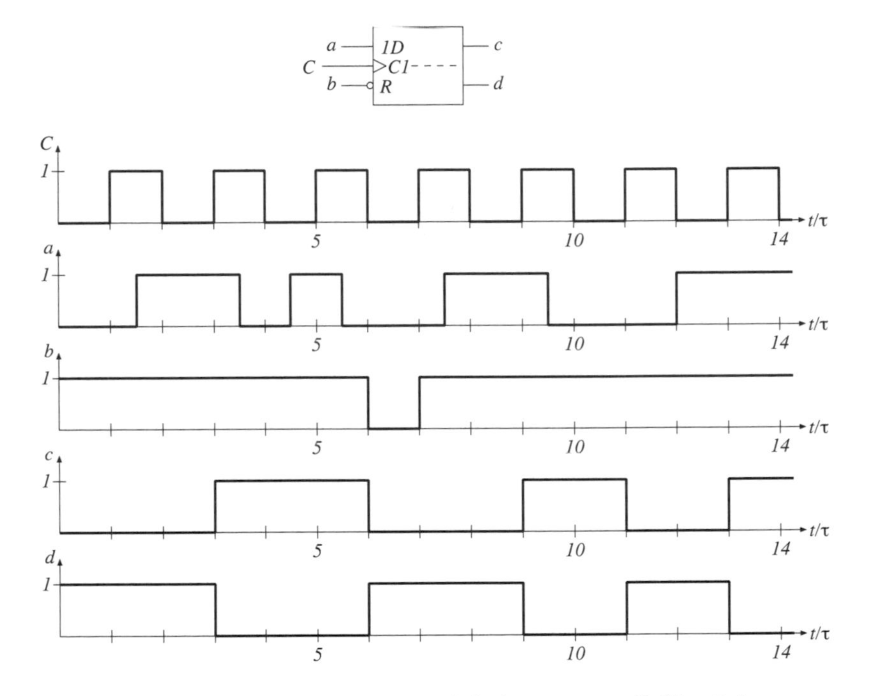

Abb. L56.1: Impulsdiagramm eines taktflankengesteuerten D–Kippgliedes

Da für den Eingang b in dem Schaltzeichen keine Abhängigkeitsnotation angegeben ist, muss das Kippglied bei $t = 6\ \tau$ direkt reagieren und zurücksetzen.

6 Schaltwerke

Lösung der Aufgabe 57: Schaltwerk mit JK–Flipflops

Als Erstes werden wir den Anfangszustand in die Tabelle eintragen. Dies bedeutet, dass wir in die Spalten bei Q_0^n, Q_1^n und X eine 0 eintragen:

X	J_0	K_0	J_1	K_1	Q_0^n	Q_1^n	Q_0^{n+1}	Q_1^{n+1}
0					0	0		

Dann ermitteln wir die Schaltfunktionen, die aus dem momentanen Zustand die Belegung der JK–Eingänge bestimmen:

- Die Eingänge J_0 und K_0 sind gleich und haben stets den Wert $\overline{Q_1}$ (Also zu Beginn 1).
- K_1 ist konstant auf 1 gesetzt.
- J_1 ergibt sich aus der Logikfunktion $J_1 = \overline{X} \not\equiv \overline{Q_0}$ wobei aufgrund des Kommutativgesetzes dies identisch mit der „reinen“ Antivalenz $X \not\equiv Q$ ist.

Aus dem Anfangszustand bestimmen wir die Belegung für J_0, K_0, J_1 und K_2:

X	J_0	K_0	J_1	K_1	Q_0^n	Q_1^n	Q_0^{n+1}	Q_1^{n+1}
0	1	1	0	1	0	0		

Nun müssen wir den Folgezustand ermitteln. Da wir wissen wie ein JK–Flipflop bei entsprechender Eingangsbelegung reagiert (Aufgabe 54), ist das kein großes Problem mehr. Das erste Flipflop kippt, das zweite wird rückgesetzt und damit erhalten die Ausgänge nach der fallenden Taktflanke die Werte:

X	J_0	K_0	J_1	K_1	Q_0^n	Q_1^n	Q_0^{n+1}	Q_1^{n+1}
0	1	1	0	1	0	0	1	0

Diesen neuen Zustand übertragen wir nun in die Q_0^n und Q_1^n Spalten der nächsten Reihe und verfahren analog wie oben. Also wieder die J und K Eingänge bestimmen und so weiter. Dieses Schema wird solange wiederholt, bis ein Folgezustand auftritt, der schon einmal als Anfangszustand benutzt wurde. Wir erhalten folgende Tabelle:

X	J_0	K_0	J_1	K_1	Q_0^n	Q_1^n	Q_0^{n+1}	Q_1^{n+1}
0	1	1	0	1	0	0	1	0
0	1	1	1	1	1	0	0	1
0	0	0	0	1	0	1	0	0

Da wir nun als neuen Zustand der beiden Ausgänge wieder 0 erhalten, können wir aufhören, da der Zyklus dann wieder oben beginnt.

Das Schaltwerk zählt also bei $X = 0$ von 0 bis 2 (Wenn wir den Ausgängen Q_0 und Q_1 entsprechend die Wertigkeit 2^0 und 2^1 zuweisen).

Nun müssen wir nur noch die Zustände für den Fall $X = 1$ ermitteln. Wir verfahren entsprechend dem ersten Fall und erhalten dann als Ergebnis Tabelle L57.1.

X	J_0	K_0	J_1	K_1	Q_0^n	Q_1^n	Q_0^{n+1}	Q_1^{n+1}
0	1	1	0	1	0	0	1	0
0	1	1	1	1	1	0	0	1
0	0	0	0	1	0	1	0	0
1	1	1	1	1	0	0	1	1
1	0	0	0	1	1	1	1	0
1	1	1	0	1	1	0	0	0

Tabelle L57.1: Tabelle der nacheinander auftretenden Zustände des Schaltwerks nach Aufgabe 57

Damit stellen wir fest:

- für $X = 0$ zählt das Schaltwerk von 0 bis 2.
- für $X = 1$ zählt das Schaltwerk in der Reihenfolge 0–3–1.

Man beachte aber, dass Tabelle L57.1 nicht die vollständige Funktion des Schaltwerkes beschreibt, sondern lediglich die beiden Zyklen für $X = 1$ und $X = 0$. Die Tabelle sagt nichts darüber aus was passiert, wenn sich das Schaltwerk bei $X = 1$ im Zustand $Q_0^n = Q_1^n = 1$ befindet, und dann der Eingang auf 0 wechselt. 11 ist kein Zustand der Zählfolge für $X = 0$!

Zur vollständigen Beschreibung des Schaltwerkverhaltens, benötigen wir also auch eine vollständige Folgezustandstabelle. Hier gehen wir so vor, dass wir zuerst alle theoretisch möglichen (Anfangs)–Zustände in die Tabelle eintragen:

X	J_0	K_0	J_1	K_1	Q_0^n	Q_1^n	Q_0^{n+1}	Q_1^{n+1}
0					0	0		
0					0	1		
0					1	0		
0					1	1		
1					0	0		
1					0	1		
1					1	0		
1					1	1		

Nun ermitteln wir für jede Zeile die JK–Belegungen und den Folgezustand. Es ergibt sich schließlich Tabelle L57.2.

Lösung der Aufgabe 58: Asynchrones Schaltwerk

L.58.1: Da kein ausgezeichneter Ausgang vorliegt, ist der Ausgangsvektor identisch mit dem Zustandsvektor. Da der Zustandsvektor laut Definition zustandsorientiert

X	J_0	K_0	J_1	K_1	Q_0^n	Q_1^n	Q_0^{n+1}	Q_1^{n+1}
0	1	1	0	1	0	0	1	0
0	0	0	0	1	0	1	0	0
0	1	1	1	1	1	0	0	1
0	0	0	1	1	1	1	1	0
1	1	1	1	1	0	0	1	1
1	0	0	1	1	0	1	0	0
1	1	1	0	1	1	0	0	0
1	0	0	0	1	1	1	1	0

Tabelle L57.2: Vollständige Folgezustandstabelle für Aufgabe 57

ist, gilt dies auch für den Ausgangsvektor. Damit ist der Automat zustandsorientiert, es handelt sich also um einen asynchronen Moore–Automaten.

L.58.2: Für die Erstellung der Zustandsfolgetabelle werden folgende Bezeichnungen eingeführt:

- Ausgang von FF_1 wird mit Q_1 bezeichnet und mit der Wertigkeit 2^0 belegt. Entsprechendes soll für FF_2, FF_3 und FF_4 gelten.
- Der Takteingang von FF_1 wird mit C_1 bezeichnet, der Takteingang von FF_2 mit C_2 usw.

Da das Schaltwerk mit zweiflankengesteuerten JK–Flipflops aufgebaut ist, wird in der Zustandsfolgetabelle das Taktsignal mit angegeben, um die Übernahme der Folgezustände zu verdeutlichen.
Die Funktionsgleichungen für die Takteingänge und die Dateneingänge folgen aus dem Schaltbild.
J ist für alle Flipflops gleich:

$$J = \overline{Q_1\,\overline{Q_2}\,\overline{Q_3}\,Q_4} = \overline{Q_1} \vee Q_2 \vee Q_3 \vee \overline{Q_4}$$

Für die vier Takteingänge gilt:

$$\begin{aligned} C_1 &= C \\ C_2 &= Q_1\,J \vee \overline{J}\,C \\ C_3 &= Q_2\,J \vee \overline{J}\,C \\ C_4 &= Q_3\,J \vee \overline{J}\,C \end{aligned}$$

Um die Tabelle schneller erstellen zu können, leiten wir aus den Gleichungen für C_2, C_3 und C_4 gemäß der Belegung von J noch folgende Hilfstabelle ab:

C_x	$J=1$	$J=0$
$C_2 =$	Q_1	C
$C_3 =$	Q_2	C
$C_4 =$	Q_3	C

Damit kann die Zustandsfolgetabelle aufgeschrieben werden (Tabelle L58.1). Wir beginnen mit dem Anfangszustand $Q_1Q_2Q_3Q_4 = 0000$. In den beiden ersten Zeilen betrachten wir die Belegung der Takteingänge der Flipflops für

C	Q_1	Q_2	Q_3	Q_4	J	C_1	C_2	C_3	C_4
0	0	0	0	0	1	0	0	0	0
1	0	0	0	0	1	1	0	0	0
0	1	0	0	0	1	0	1	0	0
1	1	0	0	0	1	1	1	0	0
0	0	1	0	0	1	0	0	1	0
1	0	1	0	0	1	1	0	1	0
0	1	1	0	0	1	0	1	1	0
1	1	1	0	0	1	1	1	1	0
0	0	0	1	0	1	0	0	0	1
1	0	0	1	0	1	1	0	0	1
0	1	0	1	0	1	0	1	0	1
1	1	0	1	0	1	1	1	0	1
0	0	1	1	0	1	0	0	1	1
1	0	1	1	0	1	1	0	1	1
0	1	1	1	0	1	0	1	1	1
1	1	1	1	0	1	1	1	1	1
0	0	0	0	1	1	0	0	0	0
1	0	0	0	1	1	1	0	0	0
0	1	0	0	1	0	0	0	0	0
1	1	0	0	1	0	1	1	1	1
0	0	0	0	0	1	0	0	0	0
1	0	0	0	0	1	1	0	0	0

Tabelle L58.1: Zustandsfolgetabelle des Schaltwerkes aus Aufgabe 58

den Fall, dass $C = 0$ und $C = 1$ ist. Wir sehen, dass in beiden Fällen $J = 1$ ist und sich (gemäß der Hilfstabelle) nur am Takteingang von FF_1 eine Taktflanke von 0 nach 1 ergibt. Mit dieser positiven Taktflanke wird das Masterflipflop von FF_1 kippen, d.h. es nimmt den Zustand 1 an. Mit der folgenden Nullphase von C entsteht eine negative Taktflanke an C_1 und die 1 erscheint am Ausgang von FF_1. Dadurch kann an C_2 eine positive Taktflanke entstehen (da gemäß Hilfstabelle bei $J = 1$ für $C_2 = Q_1$ gilt und Q_1 hier 1 ist), die das Masterflipflop von FF_2 zum Kippen bringt.
Mit der nächsten 1–0 Folge an C entsteht am Ausgang von FF_1 eine fallende Flanke. Dies verursacht eine negative Taktflanke für das FF_2. Diese Taktflanke bewirkt, dass die zuvor im Masterflipflop von FF_2 gespeicherte 1 am Ausgang von FF_2 erscheint.
Aufgrund der gleichartigen Rückkopplungsschaltnetze der nachfolgenden Stufen, kann diese Betrachtung auch auf diese Stufen angewandt werden.
Sobald der Zustand $Q_1Q_2Q_3Q_4 = 1001$ erreicht wird, wechselt J auf 0. Mit der nächsten 0–1 Folge des Taktes C wird an allen Flipflops eine positive Taktflanke erzeugt und gleichzeitig eine 0 eingespeichert. Dieser Rücksetzzustand erscheint nach der nächsten 1–0 Folge von C an den Ausgängen der Flipflops.

L.58.3: Aus der Zustandsfolgetabelle ist ersichtlich, dass sich der Ausgangsvektor nach jeder vollen Taktperiode ändert. Betrachtet man nur diese Folge der geänderten Ausgangsvektoren, so erkennt man, dass das Schaltwerk der Reihe nach die dualen Werte null bis neun annimmt. Damit handelt es sich bei dem Schaltwerk um einen dualen Modulo–10 Zähler.

Lösung der Aufgabe 59: 2–Bit–Synchronzähler

L.59.1: Wir gehen nach dem gleichen Schema vor, wie bei der Aufgabe 57. Wir erhalten damit die folgende (nicht vollständige!) Zustandstabelle:

X	J_0	K_0	J_1	K_1	Q_0^n	Q_1^n	Q_0^{n+1}	Q_1^{n+1}
0	0	0	1	0	0	0	0	1
0	1	1	1	0	0	1	1	1
0	1	1	1	1	1	1	0	0
1	0	0	1	1	0	0	0	1
1	1	1	1	1	0	1	1	0
1	0	0	1	1	1	0	1	1
1	1	1	1	1	1	1	0	0

Aus der Tabelle ergeben sich die Zählzyklen (wenn $Q_0 \triangleq 2^0$ und $Q_1 \triangleq 2^1$):
- für $X = 0$ zählt das Schaltwerk in der Reihenfolge 0–2–3.
- für $X = 1$ zählt das Schaltwerk in der Reihenfolge 0–2–1–3.

L.59.2: Der Zustandsgraph ist eine grafische Darstellung der Zählfolgen. Die Knoten enthalten die jeweiligen (Zähl–) Zustände, während an den Kanten die Zustandsübergangsbedingungen eingetragen sind.

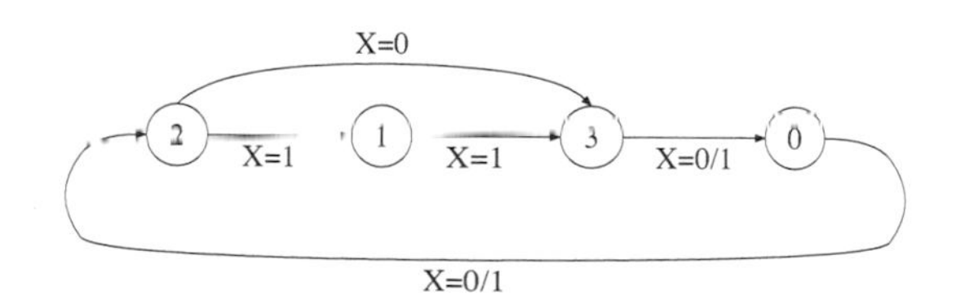

Abb. L59.1: Zustandsgraph der Zyklen des Schaltwerks aus Aufgabe 59

Lösung der Aufgabe 60: 3–Bit–Synchronzähler

L.60.1: Die Analyse des Schaltnetzes liefert uns die Schaltfunktionen für die Vorbereitungseingänge J und K der Flipflops. Die Schaltfunktionen sind:

$$J_A = X \qquad K_A = \overline{X}$$

$$J_B = K_B = A \vee \overline{X}$$

$$J_C = K_C = \overline{\overline{\overline{X}\,B} \wedge \overline{A\,B}} = \overline{X}\,B \vee A\,B$$

Mit diesen Gleichungen und den Kippbedingungen für JK–Flipflops laut Tabelle L54.1 kann die Zustandsfolgetabelle erstellt werden:

X	J_A	K_A	J_B	K_B	J_C	K_C	A_n	B_n	C_n	A_{n+1}	B_{n+1}	C_{n+1}
0	0	1	1	1	0	0	0	0	0	0	1	0
0	0	1	1	1	1	1	0	1	0	0	0	1
0	0	1	1	1	0	0	0	0	1	0	1	1
0	0	1	1	1	1	1	0	1	1	0	0	0
1	1	0	0	0	0	0	0	0	0	1	0	0
1	1	0	1	1	0	0	1	0	0	1	1	0
1	1	0	1	1	1	1	1	1	0	1	0	1
1	1	0	1	1	0	0	1	0	1	1	1	1
1	1	0	1	1	1	1	1	1	1	1	0	0

Die eingerahmte Zeile innerhalb der Tabelle, kennzeichnet einen Sonderfall. Der Anfangszustand $ABC = 000$ ist kein Zustand der Zählfolge für $X = 1$. Der Zähler wiederholt seine Zählfolge mit dem Zustand 100. Der Zustand 000 wird also nicht mehr erreicht. Die Zählzyklen lauten somit (wenn $A \triangleq 2^0, B \triangleq 2^1, C \triangleq 2^2$):
- für $X = 0$: 0–2–4–6–0– usw.
- für $X = 1$: 1–3–5–7–1– usw.

L.60.2: Aus der Tabelle folgen die Zustandsgraphen:
- für $X = 0$
- für $X = 1$

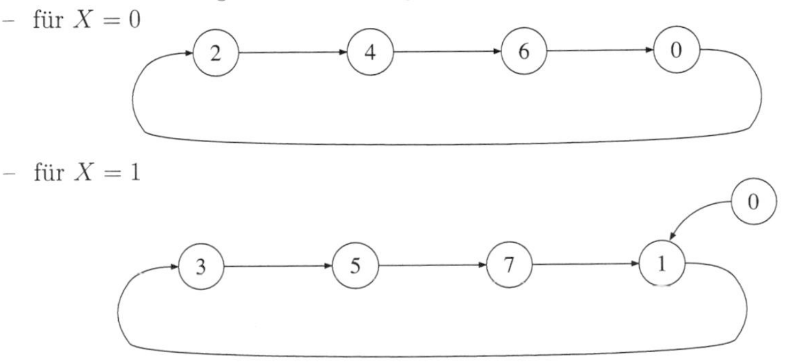

Wir erhalten zwei getrennte Zustandsgraphen, weil beide Zyklen keinen gemeinsamen Zustand haben.

Lösung der Aufgabe 61: Medvedev–Automaten

L.61.1: Nein, denn bei Mealy-Automaten ist der Ausgangsvektor auch vom Eingangsvektor abhängig, also ohne „Umweg“ über ein Flipflop. Alle Automatenausgänge können also nicht mit dem Ausgang eines Zustands–Flipflops identisch sein.

L.61.2: Nach der Definition muss die Ausgangsfunktion die Identitätsfunktion bezüglich des aktuellen Zustandes sein, also

$$Y(t) = z(t)$$

L.61.3: Ja, da der Ausgangsvektor nicht vom Eingangsvektor abhängt. Umgekehrt gilt das aber nicht. Die hinreichende Bedingung für einen Moore–Automat ist die bloße Abhängigkeit des Ausgangsvektors vom Zustandsvektor. Es muss aber nicht die Identitätsfunktion sein.

L.61.4: Ein einfaches RS–Flipflop.

L.61.5: Ja. Alle Ausgänge der Flipflops bilden den Ausgangsvektor, nämlich den aktuellen Zählerstand.

Lösung der Aufgabe 62: Johnsonzähler

L.62.1: Die Grundstruktur eines jeden Schaltwerkes besteht aus einem *Schaltnetz* und *Speichergliedern* (siehe Lehrbuch, Band 1). Beim Johnsonzähler besteht das „Schaltnetz“ (Rückkopplung) nur aus direkten Verbindungen zwischen den Speichergliedern.
Die Schaltfunktionen für die Vorbereitungseingänge J und K der Flipflops sind:

$$J_0 = Q_1 \qquad K_0 = \overline{Q_1} \qquad J_1 = Q_2 \qquad K_1 = \overline{Q_2} \qquad J_2 = \overline{Q_0} \qquad K_2 = Q_0$$

Mit diesen Gleichungen und den Kippbedingungen für JK-Flipflops laut Tabelle L54.1 wird die Zustandsfolgetabelle (Tabelle L62.1) aufgestellt.

			t_n						t_{n+1}		
Q_0	Q_1	Q_2	J_0	K_0	J_1	K_1	J_2	K_2	Q_0	Q_1	Q_2
0	0	0	0	1	0	1	1	0	0	0	1
0	0	1	0	1	1	0	1	0	0	1	1
0	1	1	1	0	1	0	1	0	1	1	1
1	1	1	1	0	1	0	0	1	1	1	0
1	1	0	1	0	0	1	0	1	1	0	0
1	0	0	0	1	0	1	0	1	0	0	0

Tabelle L62.1: Folgezustandstabelle für den Johnsonzähler

Es geht sogar noch einfacher – nämlich ohne die Belegungen für die J– und K–Eingänge explizit ermitteln zu müssen – wenn man sich mittels der Kippbedingung eines JK–Flipflops aus den o.g. Schaltfunktionen der Eingänge direkt Gleichungen für die Folgezustände der Ausgänge herleitet:

$$J_0 = Q_1 \; ; \; K_0 = \overline{Q_1} \;\Rightarrow\; Q_0^{n+1} = Q_1^n$$
$$J_1 = Q_2 \; ; \; K_1 = \overline{Q_2} \;\Rightarrow\; Q_1^{n+1} = Q_2^n$$
$$J_2 = \overline{Q_0} \; ; \; K_2 = Q_0 \;\Rightarrow\; Q_2^{n+1} = \overline{Q_0^n}$$

L.62.2: Aufgrund der Zustandsfolgetabelle kann man nun die Signale in das Impulsdiagramm übertragen (Abb. L62.1).

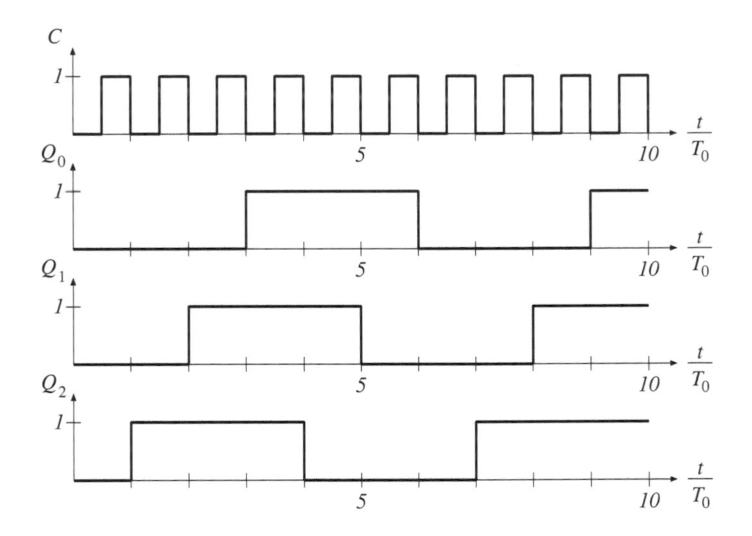

Abb. L62.1: Taktsignal und Impulsdiagramme

Lösung der Aufgabe 63: Serienaddierer

L.63.1: Es handelt sich um einen Mealy–Automaten. Aus dem Zustandsgraphen erkennt man, dass der Automat übergangsorientiert ist, da der Ausgangsvektor an den Kanten neben dem Eingangsvektor angegeben ist.

L.63.2: Die vollständige Zustandsfolgetabelle zeigt Tabelle L63.1.
Das Schaltwerk kann beliebige n–stellige Dualzahlen addieren. Die beiden Zustände sind dabei das „Gedächtnis“ für den laufenden Übertrag.

$Z(t_n)$	X		$Z(t_{n+1})$	Y
	x_2	x_1		
0	0	0	0	0
0	0	1	0	1
0	1	0	0	1
0	1	1	1	0
1	0	0	0	1
1	0	1	1	0
1	1	0	1	0
1	1	1	1	1

Tabelle L63.1: Vollständige Folgezustandstabelle für Aufgabe 63

L.63.3: Das KV–Diagramm der Ausgangsfunktion zeigt Abb. L63.1.

Y: $Z(t_n)$ \ $x_2 x_1$	00	01	11	10
0	0	1	0	1
1	1	0	1	0

Abb. L63.1: KV–Diagramm der Ausgangsfunktion

Es ist keine Minimierung möglich. Die DNF lautet:

$$Y = \overline{Z(t_n)}\,\overline{x_2}\,x_1 \vee \overline{Z(t_n)}\,x_2\,\overline{x_1} \vee Z(t_n)\,\overline{x_2}\,\overline{x_1} \vee Z(t_n)\,x_2\,x_1$$

Das KV–Diagramm der Übergangsfunktion ist in Abb. L63.2 dargestellt.

$Z(t_{n+1})$: $Z(t_n)$ \ $x_2 x_1$	00	01	11	10
0	0	0	1	0
1	0	1	1	1

Abb. L63.2: KV–Diagramm der Übergangsfunktion

Die minimierte DF lautet:

$$Z(t_{n+1}) = x_2\,x_1 \vee Z(t_n)\,x_2 \vee Z(t_n)\,x_1$$

L.63.4: Um das Schaltwerk zu zeichnen und im Schaltnetz Antivalenzglieder zu benutzen, wird die Ausgangsfunktion Y umgeformt:

$$\begin{aligned}
Y &= \overline{Z(t_n)}\,\overline{x_2}\,x_1 \vee \overline{Z(t_n)}\,x_2\,\overline{x_1} \vee Z(t_n)\,\overline{x_2}\,\overline{x_1} \vee Z(t_n)\,x_2\,x_1 \\
&= \overline{Z(t_n)}\,(\overline{x_2}\,x_1 \vee x_2\,\overline{x_1}) \vee Z(t_n)\,(\overline{x_2}\,\overline{x_1} \vee x_2\,x_1) \\
&= \overline{Z(t_n)}\,(x_2 \not\equiv x_1) \vee Z(t_n)\,\overline{(x_2 \not\equiv x_1)} \\
&= Z(t_n) \not\equiv (x_2 \not\equiv x_1)
\end{aligned}$$

Damit folgt für das Schaltwerk Abbildung L63.3.

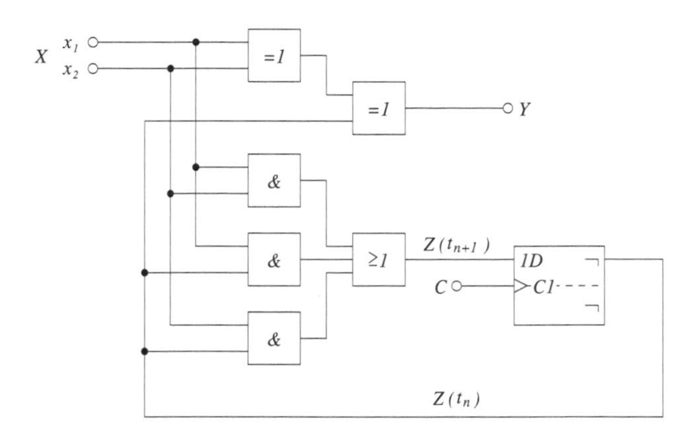

Abb. L63.3: Schaltbild des Serienaddierers

Lösung der Aufgabe 64: Entwurfsschritte

L.64.1: Der Entwurf eines synchronen Schaltwerkes mit JK–Flipflops kann in 4 Schritte unterteilt werden:

1. Zustandsgraph erstellen
2. Automatentabelle aufbauen
3. Funktionsgleichungen minimieren
4. Schaltung erstellen

L.64.2: Den Zustandsgraphen für die angegebene Zählfolge zeigt Abbildung L64.1.

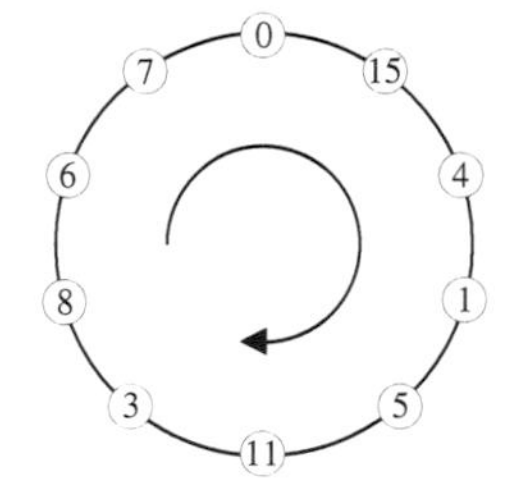

Abb. L64.1: Zustandsgraph für Aufgabe 64

Die Automatentabelle erstellen wir speziell für JK–Flipflops. Aufgrund der Funktionsweise von JK–Flipflops können in der Automatentabelle bei den Belegungen für die JK–Eingänge „don't care“ Symbole eingesetzt werden. Soll zum Beispiel der Ausgang Q_0 vom Zustand 0 in den Zustand 1 übergehen, so geschieht das sowohl mit der Belegung $J_0 = K_0 = 1$ (Kippen des Flipflop) als auch mit der Belegung $J_0 = 1$ und $K_0 = 0$ (Setzen des Flipflop). Daraus folgt, dass die Belegung von K_0 in diesem Fall beliebig ist.
Tabelle L64.1 zeigt alle möglichen Übergänge eines JK–Flipflops mit den ensprechenden JK–Belegungen. Dabei kennzeichnen die Kreuze ($\times$), dass die Belegung des Einganges beliebig ist (oder *don't care*).
Zum Entwurf des Schaltwerks tragen wir zuerst alle möglichen Zählzustände in

Q_n	$\rightarrow Q_{n+1}$	J	K	mögliche Funktionen
0	$\rightarrow$ 0	0	$\times$	Speichern/Rücksetzen
0	$\rightarrow$ 1	1	$\times$	Kippen/Setzen
1	$\rightarrow$ 0	$\times$	1	Kippen/Rücksetzen
1	$\rightarrow$ 1	$\times$	0	Speichern/Setzen

Tabelle L64.1: Übergangstabelle mit entsprechenden JK–Belegungen

die Spalte für den Zeitpunkt t_n ein. Anschließend werden die Folgezustände in die Spalte für den Zeitpunkt t_{n+1} eingetragen. Nun sieht man welche Ausgänge sich wie verändern müssen und kann mit Hilfe der Tabelle L64.1 die J– und K–Eingänge belegen. Wir erhalten für das Schaltwerk die Zustandsfolgetabelle nach Tabelle L64.2.

t_n									t_{n+1}
J_3	K_3	J_2	K_2	J_1	K_1	J_0	K_0	Q_3 bis Q_0	Q_3 bis Q_0
1	$\times$	1	$\times$	1	$\times$	1	$\times$	0000	1111
$\times$	1	$\times$	0	$\times$	1	$\times$	1	1111	0100
0	$\times$	$\times$	1	0	$\times$	1	$\times$	0100	0001
0	$\times$	1	$\times$	0	$\times$	$\times$	0	0001	0101
1	$\times$	$\times$	1	1	$\times$	$\times$	0	0101	1011
$\times$	1	0	$\times$	$\times$	0	$\times$	0	1011	0011
1	$\times$	0	$\times$	$\times$	1	$\times$	1	0011	1000
$\times$	1	1	$\times$	1	$\times$	0	$\times$	1000	0110
0	$\times$	$\times$	0	$\times$	0	1	$\times$	0110	0111
0	$\times$	$\times$	1	$\times$	1	$\times$	1	0111	0000

Tabelle L64.2: Folgezustandstabelle für das synchrone Schaltwerk

Zu Übungszwecken ist die komplette Tabelle abgebildet. Um die gestellte Aufgabe zu lösen benötigen wir aber nur den Teil für Flipflop 1. Im weiteren Verlauf der Lösung beschränken wir uns deshalb nur auf die Eingänge J_1 und K_1, deren Funktionsgleichungen wir nun ermitteln müssen.
Die Funktionsgleichung für den J_1–Eingang wird direkt aus der Tabelle in ein KV–Diagramm übertragen (Abb. L64.2).
Von den 16 möglichen Belegungen an den Ausgängen $Q_3Q_2Q_1Q_0$ sind nur 10 Zustände zulässig. Die restlichen 6 Belegungen treten also nie auf und dürfen daher als *don't care* ($\times$) gekennzeichnet werden, damit man möglichst gut minimieren kann. Man beachte bei der Päckchenbildung, dass nur die mit einer 1 markierten Felder abgedeckt werden müssen. Es ist deshalb überflüssig, große Päckchen mit *don't care* Markierungen zu bilden, die entweder keine 1 abdecken (z.B. Abb. L64.2, rechte Hälfte) oder die eine 1 doppelt abdecken (z.B. Abb. L64.2, untere Hälfte).

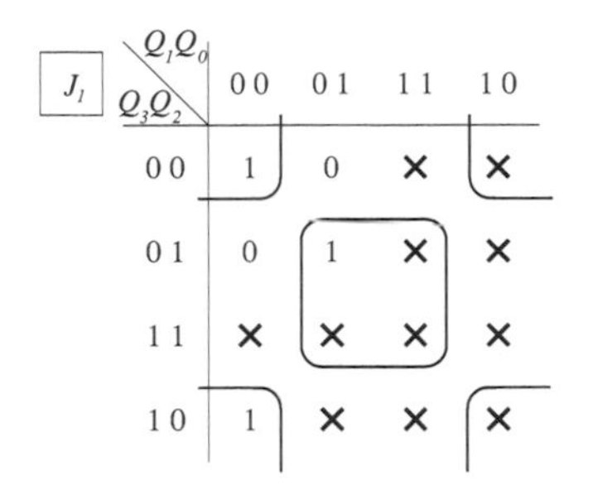

Abb. L64.2: KV–Tafel für den Eingang J_1

Die *don't care* Zustände kann man also zur Vereinfachung benutzen, da sie in diesem Fall zu 1 angenommen werden können ! Wir erhalten als minimale Gleichung:

$$J_1 = Q_0\,Q_2 \vee \overline{Q_0}\,\overline{Q_2} = Q_0\,Q_2 \vee (\overline{Q_0 \vee Q_2})$$

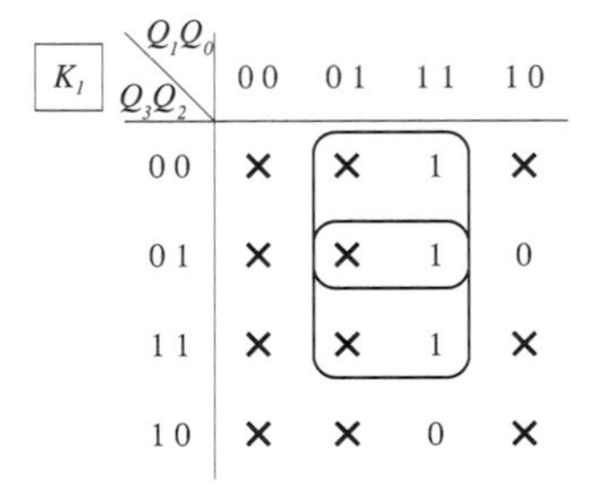

Abb. L64.3: KV–Tafel für den Eingang K_1

Aus der KV–Tafel des K_1–Eingangs (Abb. L64.3) ergibt sich dessen minimale DF:

$$K_1 = Q_0\,Q_2 \vee Q_0\,\overline{Q_3}$$

Abb. L64.4 zeigt das fertige Teilschaltwerk.

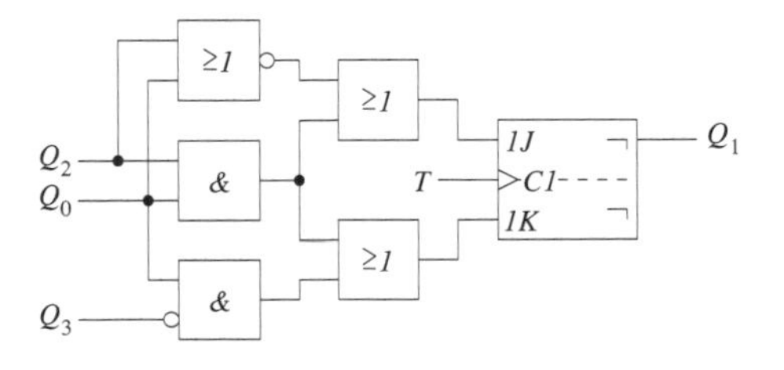

Abb. L64.4: Teilschaltwerk für die Stelle mit der Wertigkeit 2^1

Lösung der Aufgabe 65: Synchronzähler

Den Zustandsgraphen für den Zähler zeigt Abb. L65.1.

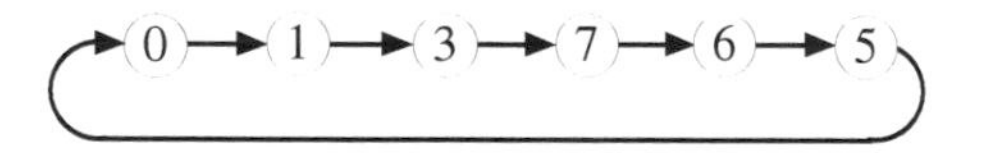

Abb. L65.1: Zustandsgraph für den 3–Bit–Synchronzähler

Da keine Vorgaben gemacht wurden, welche Flipflop–Typen zu verwenden sind, wählen wir D–Flipflops, weil sich damit wesentlich leichter synchrone Zähler aufbauen lassen als mit JK–Flipflops. Auch die Automatentabelle wird sehr einfach. Die Spalten der Ausgänge des Zeitpunktes t_{n+1} sind mit den Spalten der D–Eingänge identisch:

	t_n					t_{n+1}		
Q_2	Q_1	Q_0	D_2	D_1	D_0	Q_2	Q_1	Q_0
0	0	0	0	0	1	0	0	1
0	0	1	0	1	1	0	1	1
0	1	1	1	1	1	1	1	1
1	1	1	1	1	0	1	1	0
1	1	0	1	0	1	1	0	1
1	0	1	0	0	0	0	0	0

Wir minimieren nun die Funktionsgleichungen für die D–Eingänge. Da die Zustände mit dem Wert 2 und 4 nicht auftreten, werden sie als *don't care* (×) gekennzeichnet:

– D_0:

D_0 — Q_2 \ Q_1Q_0	00	01	11	10
0	1	1	1	×
1	×	0	0	1

Abb. L65.2: KV–Tafel für den Eingang D_0

Wir erhalten: $D_0 = \overline{Q_2} \vee \overline{Q_0}$.

– D_1:

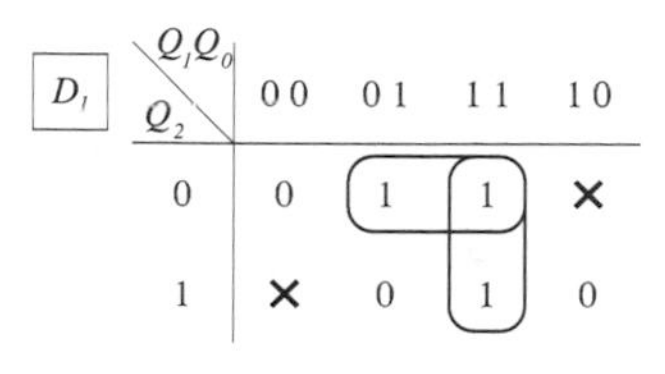

D_1 — Q_2 \ Q_1Q_0	00	01	11	10
0	0	1	1	×
1	×	0	1	0

Abb. L65.3: KV–Tafel für den Eingang D_1

In diesem Fall nützen die *don't care* Terme nichts, da sie weder zur Vergrößerung eines Päckchens noch zum Einbinden einer alleinstehenden 1 dienen können. Die minimale DF lautet: $D_1 = Q_0\, Q_1 \vee Q_0\, \overline{Q_2}$.

D_2 Q_2 \ Q_1Q_0	00	01	11	10
0	0	0	1	×
1	×	0	1	1

Abb. L65.4: KV–Tafel für den Eingang D_2

- D_2:
  Die minimale Gleichung für D_2 lautet: $D_2 = Q_1$.

  Damit können wir die Schaltung angeben (Abb. L65.5).

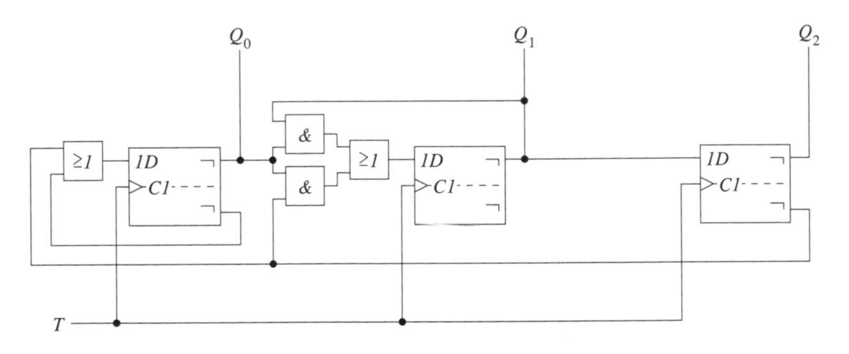

Abb. L65.5: Schaltwerk der Aufgabe 65

Lösung der Aufgabe 66: Modulo–4 Zähler

Ein Modulo–4 Zähler[1] zählt von 0 bis 3. Er soll über einen Eingang X steuerbar sein und wird durch den Zustandsgraphen aus Abb. L66.1 beschrieben.

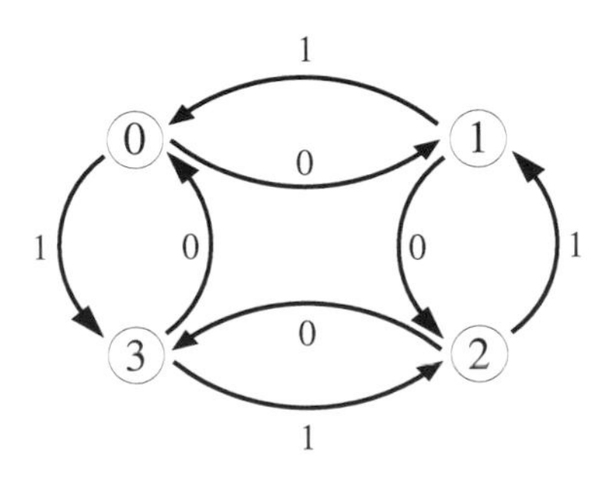

Abb. L66.1: Zustandsgraph eines steuerbaren Modulo–4 Zählers

[1]Modulo–n Zähler sind so definiert, dass sie von 0 bis $n-1$ zählen

Es gibt zwei Möglichkeiten die Gleichungen für die JK–Eingänge zu ermitteln:

1. Koeffizientenvergleich der minimalen Übergangsgleichungen der Ausgänge mit der charakteristischen Gleichung eines JK–Flipflops (*indirekte* Methode)
2. Erstellen der Gleichungen für die JK–Eingänge über KV–Tafeln aus der Automatentabelle (*direkte* Methode, die bisher ausschließlich benutzt wurde)

Für beide Möglichkeiten benötigen wir erst einmal die Automatentabelle aus Tabelle L66.1.

für indirekte Methode					für direkte Methode			
	t_n		t_{n+1}		t_n			
X	Q_1	Q_0	Q_1	Q_0	J_1	K_1	J_0	K_0
0	0	0	0	1	0	×	1	×
0	0	1	1	0	1	×	×	1
0	1	0	1	1	×	0	1	×
0	1	1	0	0	×	1	×	1
1	0	0	1	1	1	×	1	×
1	1	1	1	0	×	0	×	1
1	1	0	0	1	×	1	1	×
1	0	1	0	0	0	×	×	1

Tabelle L66.1: Automatentabelle für einen steuerbaren Modulo–4 Zähler

1. Indirekte Methode

Für einen Koeffizientenvergleich erstellen wir zunächst die KV–Tafeln für die Ausgänge Q_0^{n+1} und Q_1^{n+1}, um zu einer minimalen Form zu gelangen. Anschließend vergleichen wir diese vereinfachten Gleichungen mit der charakteristischen Gleichung

$$Q^{n+1} = \left[J\,\overline{Q} \vee \overline{K}\,Q\right]^n$$

des JK–Flipflops, um jeweils durch einen Koeffizientenvergleich die dem J und $\overline{K}$ entsprechenden Terme zu finden.

– Q_0^{n+1}:

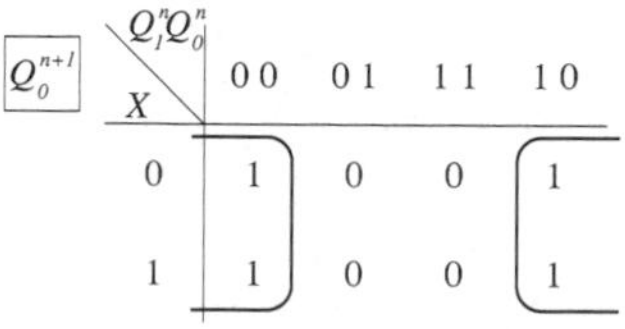

Q_0^{n+1}: X \ $Q_1^nQ_0^n$	00	01	11	10
0	1	0	0	1
1	1	0	0	1

Abb. L66.2: KV–Tafel für den Ausgang Q_0^{n+1}

Wir vereinfachen mit der KV–Tafel aus Abb. L66.2 zu:

$$Q_0^{n+1} = \overline{Q_0^n}$$

Da wir einen Koeffizientenvergleich mit der charakteristischen Gleichung des JK–Flipflop für den Ausgang Q_0 durchführen wollen, muss die obige vereinfachte Gleichung „aufgebläht" werden zu:

$$Q_0^{n+1} = \left[1 \wedge \overline{Q_0} \;\vee\; 0 \wedge Q_0\right]^n$$

Jetzt können wir das Ergebnis für die J– und K–Eingänge ablesen:

$$\begin{aligned} J_0 = 1 \quad &\wedge \quad \overline{K_0} = 0 \\ \Rightarrow J_0 = 1 \quad &\wedge \quad K_0 = 1 \end{aligned}$$

– Q_1^{n+1}:

Q_1^{n+1}: X \ $Q_1^n Q_0^n$	00	01	11	10
0	0	1	0	1
1	1	0	1	0

Abb. L66.3: KV–Tafel für den Ausgang Q_1^{n+1}

Bei Ausgang Q_1^{n+1} ist keine Vereinfachung möglich (Abb. L66.3). Die DNF

$$Q_0^{n+1} = X\, Q_0\, Q_1 \vee \overline{X}\, \overline{Q_0}\, Q_1 \vee \overline{X}\, Q_0\, \overline{Q_1} \vee X\, \overline{Q_0}\, \overline{Q_1}$$

bleibt die minimale Form.
Auch diese Gleichung muss nun in die Form der charakteristischen Gleichung gebracht werden. Dazu klammern wir $\overline{Q_1}$ und Q_1 aus:

$$Q_1^{n+1} = Q_1\, (X\, Q_0 \vee \overline{X}\, \overline{Q_0}) \vee \overline{Q_1}\, (\overline{X}\, Q_0 \vee X\, \overline{Q_0})$$

Ausgedrückt durch Äquivalenz bzw. Antivalenz, können wir nun die J– und K–Terme einfach bestimmen:

$$\begin{aligned} Q_1^{n+1} &= \left[Q_1\, (X \equiv Q_0) \vee \overline{Q_1}\, (X \not\equiv Q_0)\right]^n \\ &\Rightarrow J_1 = (X \not\equiv Q_0) \;\; ; \;\; \overline{K_1} = (X \equiv Q_0) \\ &\Rightarrow J_1 = (X \not\equiv Q_0) \;\; ; \;\; K_1 = (X \not\equiv Q_0) \\ &\Rightarrow J_1 = K_1 = (X \not\equiv Q_0) \end{aligned}$$

2. Direkte Methode

Hier erstellen wir aus dem 2. Teil der Tabelle direkt KV–Tafeln für die Eingänge J_0, K_0, J_1 und K_1. Aus den Tafeln können wir dann die Schaltfunktion des entsprechenden Einganges entnehmen.

Nachteil dieser Methode ist der Mehraufwand beim Erstellen der KV–Tafeln, da doppelt soviele benötigt werden wie beim Koeffizientenvergleich.

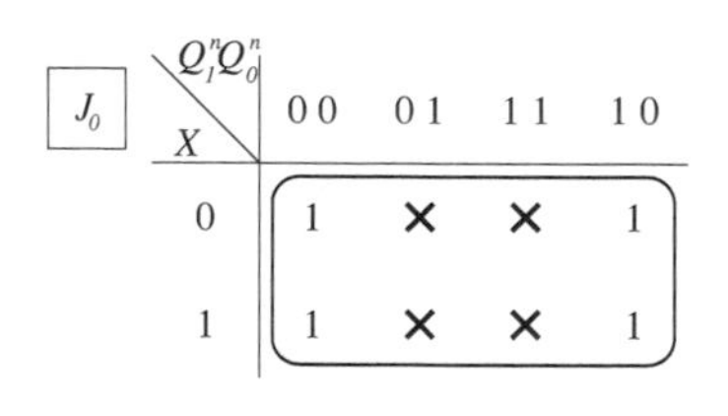

Abb. L66.4: KV–Tafel für J_0

- J_0:
  Hier können wir alle Tabellenplätze zur Vereinfachung benutzen. Wir erhalten mit Abb. L66.4 die vereinfachte Form:

$$J_0 = 1$$

- K_0:

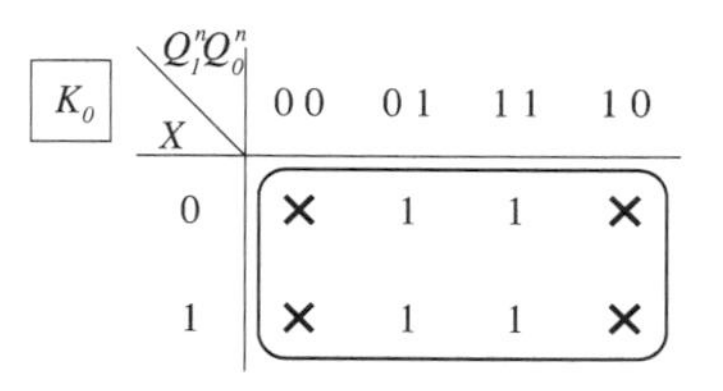

Abb. L66.5: KV–Tafel für K_0

Auch hier können wir alle Einträge zur Vereinfachung benutzen. Für die vereinfachte Form von K_0 ergibt sich:

$$K_0 = 1$$

Man hätte sich die Erstellung der KV–Tafeln in diesem Fall auch ersparen können, da man aus der Tabelle L66.1 leicht ersehen kann, dass J_0 und K_0 entweder 1 sind oder beliebig.

- J_1:

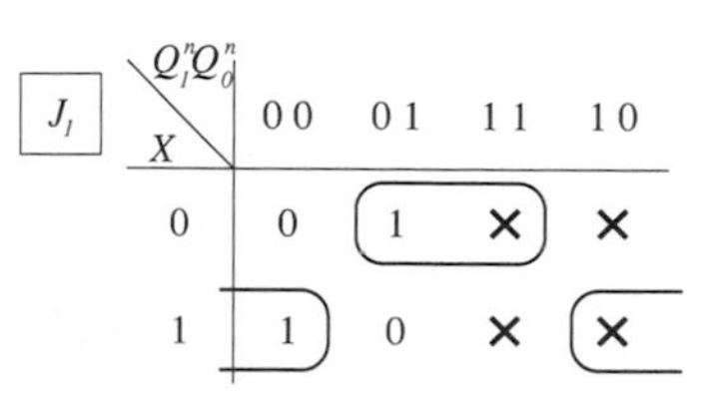

Abb. L66.6: KV–Tafel für J_1

Die Vereinfachung mit Abb. L66.6 ergibt:

$$J_1 = \overline{X}\, Q_0 \vee X\, \overline{Q_0} = (X \not\equiv Q_0)$$

– K_1:

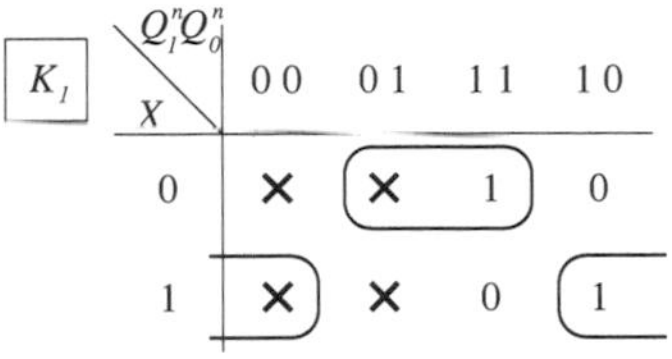

K_1 — X \ $Q_1^n Q_0^n$	00	01	11	10
0	×	×	1	0
1	×	×	0	1

Abb. L66.7: KV–Tafel für K_1

Analog zu J_1 ergibt sich nach der Vereinfachung mit der KV–Tafel aus Abbildung L66.7 für K_1:

$$K_1 = \overline{X}\, Q_0 \vee X\, \overline{Q_0} = (X \not\equiv Q_0)$$

Auch hier hätte man schon aus der Tabelle L66.1 ableiten können, dass $J_1 = K_1$ gilt, da bei jeder konkreten Belegung eines Einganges die Belegung des anderen beliebig ist.

Schaltbild

Mit beiden Möglichkeiten kommt man zum Schaltbild aus Abb. L66.8 (mit Antivalenzglied).

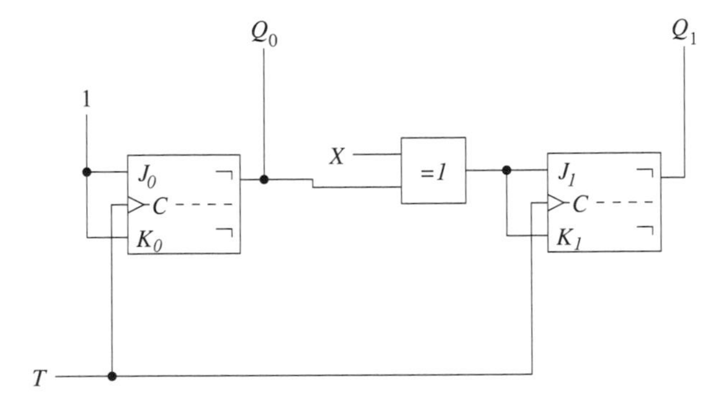

Abb. L66.8: Schaltwerk des steuerbaren Modulo–4 Zählers

Lösung der Aufgabe 67: Zustandsautomaten

L.67.1: Die Wertetabelle für die Steuersignale der Flipflops zeigt Tabelle L67.1. Dabei wurde für die Bestimmung der optimalen JK–Belegungen die Tabelle L64.1 zu Hilfe genommen.

	t_n				t_{n+1}									
Z_i	z_2	z_1	z_0	X	z_2	z_1	z_0	Y	J_2	K_2	J_1	K_1	J_0	K_0
0	0	0	0	0	0	1	1	1	0	×	1	×	1	×
0	0	0	0	1	0	0	1	0	0	×	0	×	1	×
1	0	0	1	0	0	1	1	1	0	×	1	×	×	0
1	0	0	1	1	0	0	1	0	0	×	0	×	×	0
2	0	1	0	0	0	0	0	1	0	×	×	1	0	×
2	0	1	0	1	0	1	1	1	0	×	×	0	1	×
3	0	1	1	0	1	1	0	1	1	×	×	0	×	1
3	0	1	1	1	0	1	0	0	0	×	×	0	×	1
6	1	1	0	0	1	1	1	1	×	0	×	0	1	×
6	1	1	0	1	1	1	1	1	×	0	×	0	1	×
7	1	1	1	0	0	1	1	0	×	1	×	0	×	0
7	1	1	1	1	0	0	0	0	×	1	×	1	×	1

Tabelle L67.1: Wertetabelle zur Lösung der Aufgabe 67

L.67.2: Wir erstellen für alle Steuereingänge und den Ausgang KV–Diagramme und vereinfachen dann zur kürzesten DF.
Die KV–Diagramme für die Vorbereitungseingänge zeigen die Abb. L67.1 bis Abb. L67.3.

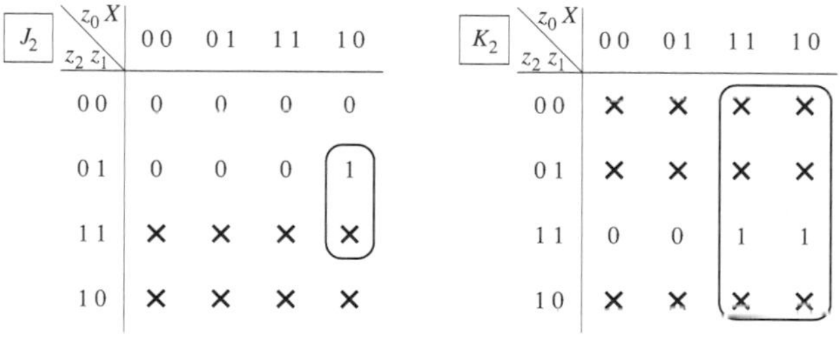

J_2: $z_2 z_1$ \ $z_0 X$	00	01	11	10
00	0	0	0	0
01	0	0	0	1
11	×	×	×	×
10	×	×	×	×

K_2: $z_2 z_1$ \ $z_0 X$	00	01	11	10
00	×	×	×	×
01	×	×	×	×
11	0	0	1	1
10	×	×	×	×

Abb. L67.1: KV–Diagramme für J_2 und K_2

Es ergeben sich folgende minimale DF:

$$
\begin{aligned}
J_2 &= z_1\, z_0\, \overline{X} \\
K_2 &= z_0 \\
J_1 &= \overline{X} \\
K_1 &= \overline{z_2}\,\overline{z_0}\,\overline{X} \vee z_2\, z_0\, X \\
J_0 &= \overline{z_1} \vee X \vee z_2 \\
K_0 &= \overline{z_2}\, z_1 \vee z_1\, X
\end{aligned}
$$

J_1: $z_2 z_1$ \ $z_0 X$	00	01	11	10
00	1	0	0	1
01	×	×	×	×
11	×	×	×	×
10	×	×	×	×

K_1: $z_2 z_1$ \ $z_0 X$	00	01	11	10
00	×	×	×	×
01	1	0	0	0
11	0	0	1	0
10	×	×	×	×

Abb. L67.2: KV–Diagramme für J_1 und K_1

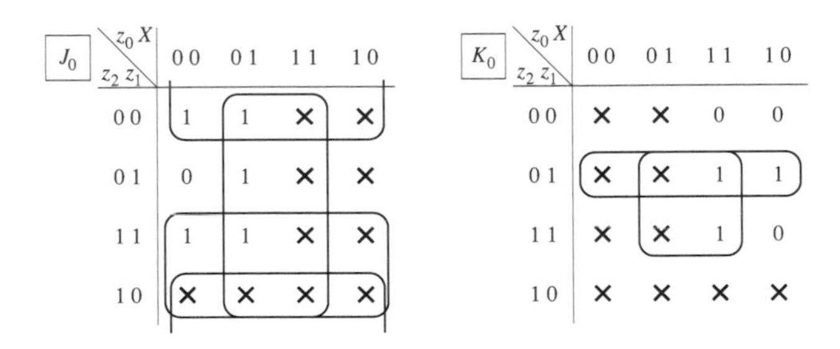

Abb. L67.3: KV–Diagramme für J_0 und K_0

Für die Ausgangsfunktion ermitteln wir die Minimierung mit dem KV–Diagramm aus Abb. L67.4.

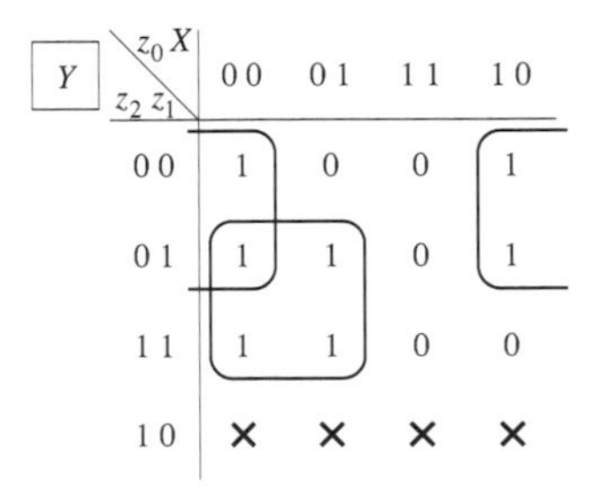

Abb. L67.4: KV–Diagramm für Y

Es ergibt sich:

$$Y = \overline{z_2}\,\overline{X} \vee z_1\,\overline{z_0}$$

Lösung der Aufgabe 68: Schieberegister

L.68.1: Ein 4:1 Multiplexer (siehe Lehrbuch) hat 2 Steuereingänge $s_1 s_0$, 4 Dateneingänge $E_3 E_2 E_1 E_0$ und einen Ausgang A. Tabelle L68.1 zeigt die Funktionstabelle eines solchen Schaltnetzes.

s_1	s_0	A
0	0	E_0
0	1	E_1
1	0	E_2
1	1	E_3

Tabelle L68.1: Funktionstabelle eines 4:1 Multiplexers

Das heißt, dass je nach Belegung der Steuereingänge der Wert des entsprechenden Dateneinganges auf den Ausgang geschaltet wird. Dies lässt sich mit UND–Gliedern und einem ODER–Glied realisieren, wie Abb. L68.1 zeigt.

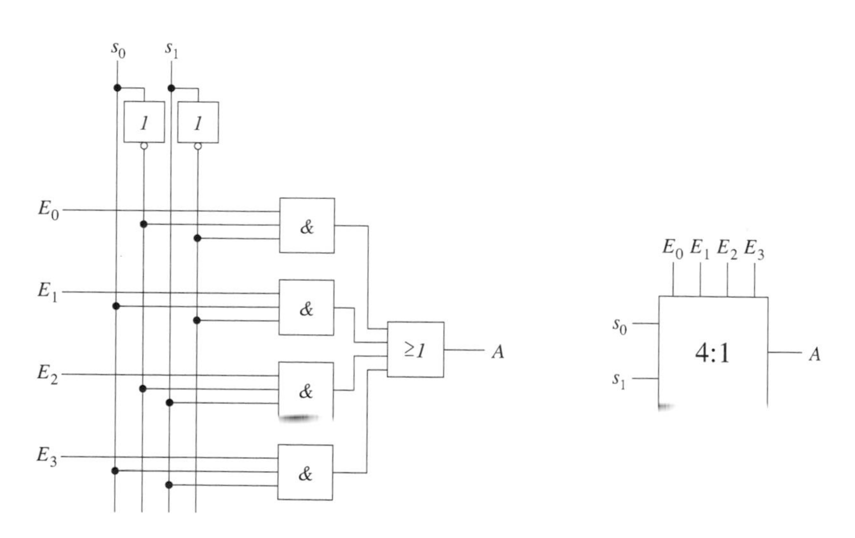

Abb. L68.1: Schaltbild eines 4:1 Multiplexers

L.68.2: Die Steuereingänge haben die in Tabelle L68.2 dargestellte Belegung.

Wir ordnen nun jedem Ausgang einen D–Eingang zu. Damit haben wir das parallele Einschreiben und das Löschen bereits realisiert.

Funktion	Steuereingänge S_1	S_0
Rechtsschieben	0	0
Löschen	0	1
Einschreiben	1	0
Linksschieben	1	1

Tabelle L68.2: Belegung der Steuereingänge der Multiplexer

Jetzt müssen wir nur noch für das Verschieben die Ausgänge mit den MUX–Eingängen verschalten. Wir interpretieren das Rechtsschieben so, dass nach dem Takt Q_0 den Wert des „Rechtseinganges" R, Q_1 den alten Wert von Q_0, und Q_2 den alten Wert von Q_1 annimmt. Für das Linksschieben gelten analoge Überlegungen.

Damit ergibt sich das Schaltbild des Schieberegisters nach Abbildung L68.2.

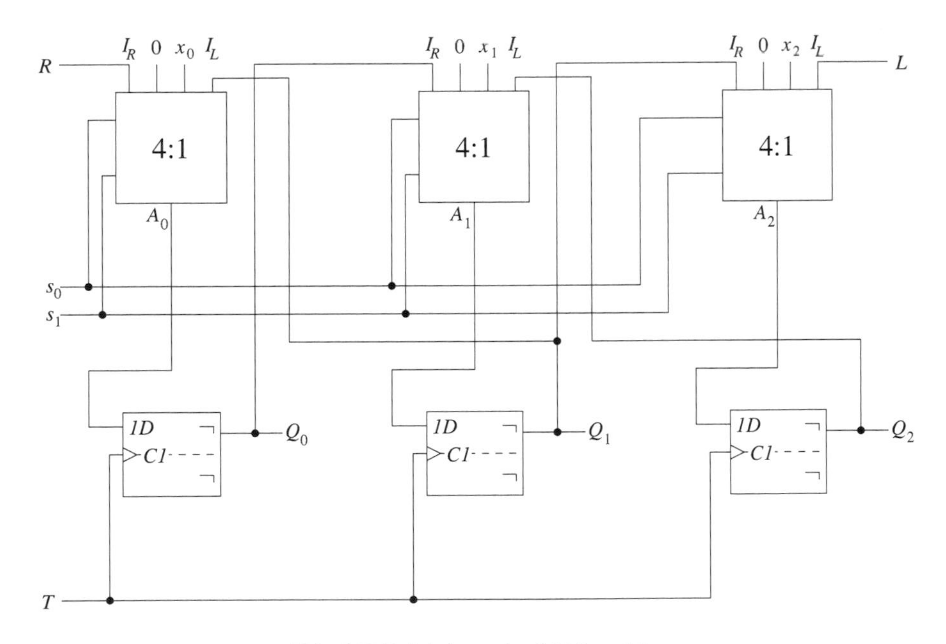

Abb. L68.2: Schaltung des Schieberegisters

Lösung der Aufgabe 69: Mikroprogrammsteuerwerk

Die Programmierung des Steuerwerkes geschieht durch einfaches Festlegen des zu einem Zustand gehörenden Nachfolgezustandes. Dies wird dadurch erleichtert, dass als Speicherglieder D–Flipflops Verwendung finden. Somit muss nur jeweils die für die Ausgänge korrekte Belegung des Folgezustandes an die D–Eingänge angelegt werden. Damit ergibt sich die Automatentabelle gemäß Tabelle L69.1.

	t_n				t_{n+1}	
X	Q_1	Q_0	D_1	D_0	Q_1	Q_0
0	0	0	0	1	0	1
0	0	1	1	0	1	0
0	1	0	1	1	1	1
0	1	1	0	0	0	0
1	0	0	1	1	1	1
1	1	1	1	0	1	0
1	1	0	0	1	0	1
1	0	1	0	0	0	0

Tabelle L69.1: Automatentabelle für den steuerbaren Modulo–4 Zähler

Dadurch ergibt sich die Anordnung der Koppelelemente nach Abb. L69.1. Es handelt sich um einen Moore–Automaten.

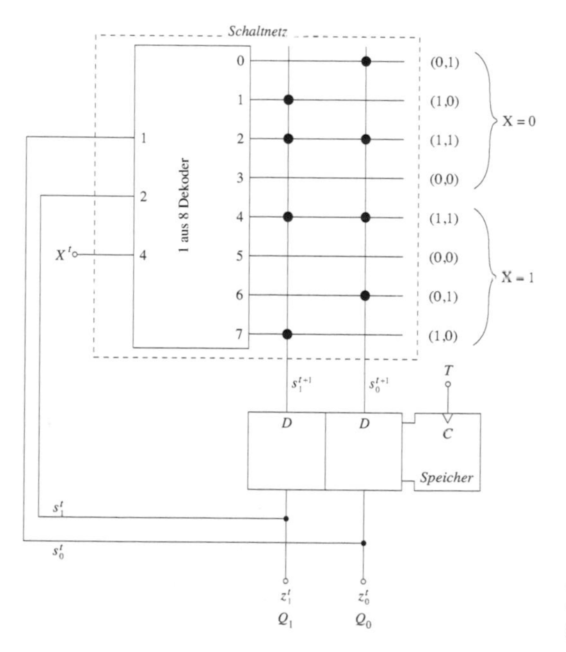

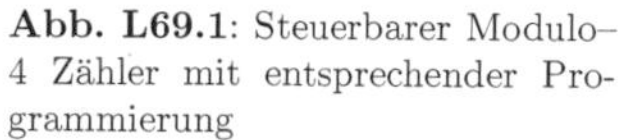

Abb. L69.1: Steuerbarer Modulo–4 Zähler mit entsprechender Programmierung

Lösung der Aufgabe 70: 4–Bit Synchronzähler

Den 4–Bit–Festwertspeicher (EPROM) verwenden wir zur Speicherung der um eins inkrementierten Adressen (Folgeadressen). Das heißt, wenn die D–Flipflops zum Beispiel die Adresse 4 ansprechen steht in dieser der Wert 5, der nun an den Eingängen der Flipflops anliegt und beim nächsten Takt übernommen wird. Wir können aufgrund der einfachen Speicherung (Wert = Adresse+1, Ausnahme ist hier nur die Adresse 15 in der eine 0 stehen muss), direkt die Schaltung (Abb. L70.1) und den Hexcode angeben (Tabelle L70.1).

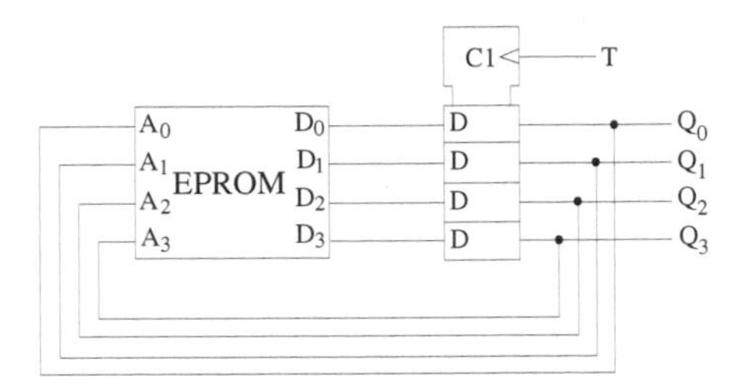

Abb. L70.1: Schaltung des 4–Bit–Synchronzählers mit Festwertspeicher

Adresse	Wert	Adresse	Wert
0	1	8	9
1	2	9	A
2	3	10	B
3	4	11	C
4	5	12	D
5	6	13	E
6	7	14	F
7	8	15	0

Tabelle L70.1: Hexcode–Programmierung des EPROMs

Lösung der Aufgabe 71: Umschaltbarer 3–Bit–Synchronzähler

Der Unterschied zur Aufgabe 70 liegt hier nur darin, dass die D–Flipflops nun nicht mehr den Zählausgang darstellen, sondern nur noch Folgeadressen speichern. Der Zählerstand ist fest im EPROM gespeichert und wird über die Datenausgänge D_0 bis D_2 ausgegeben:

Die Programmierung in Hexcode erfolgt mit den Daten aus Tabelle L71.1.

Hierbei setzt sich ein Hexcode aus den entsprechenden Bits der Datenausgänge D_0 bis D_5 zusammen (ohne den Eingang X!). Da ein zweistelliger Hexcode aus 8–Bit besteht, wir aber nur 6–Bit benötigen, werden die beiden obersten Bits des Hexcodes nicht berücksichtigt und zu Null angenommen.

Bei diesem Schaltwerk handelt es sich um einen MEALY–Automaten. Die Ausgangsfunktion ist hier nicht nur vom Zustand, sondern auch direkt vom Eingang abhängig.

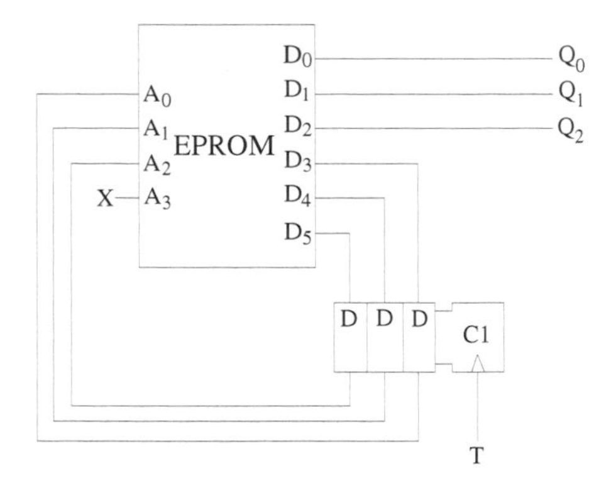

Abb. L71.1: Schaltung des 3–Bit–Synchronzählers

Eingang X	Adresse des EPROMs Dezimal	Folgeadresse bezüglich des X–Einganges Dez.	Binär $D_5 \ldots D_3$	Zählerstand Dez.	Binär $D_2 \ldots D_0$	Wert Binär $D_5 \ldots D_0$	Hexcode
0	0	1	001	2	010	001010	0A
0	1	2	010	4	100	010100	14
0	2	3	011	3	011	011011	1B
0	3	4	100	6	110	100110	26
0	4	5	101	6	110	101110	2E
0	5	6	110	0	000	110000	30
0	6	7	111	0	000	111000	38
0	7	0	000	0	000	000000	00
1	8	1	001	1	001	001001	09
1	9	2	010	2	010	010010	12
1	10	3	011	3	011	011011	1B
1	11	4	100	4	100	100100	24
1	12	5	101	1	001	101001	29
1	13	6	110	0	000	110000	30
1	14	7	111	4	100	111100	3C
1	15	0	000	0	000	000000	00

Tabelle L71.1: Programmierung des EPROMs

Der Ausgang Q reagiert also auf eine Änderung des Einganges X sofort (ohne auf das nachfolgende Taktereignis zu „warten").

Lösung der Aufgabe 72: PLA–Baustein

Um die UND– und ODER–Matrix programmieren zu können, müssen zuerst die Ansteuergleichungen für die D–Flipflops vorliegen. Diese Gleichungen werden aus einer Zustandsfolgetabelle hergeleitet.

– Tabelle L72.1 zeigt die Zustandsfolgetabelle für den Modulo–12 Zähler.

Z_3	Z_2	Z_1	Z_0	Z_3^+	Z_2^+	Z_1^+	Z_0^+
0	0	0	0	0	0	0	1
0	0	0	1	0	0	1	0
0	0	1	0	0	0	1	1
0	0	1	1	0	1	0	0
0	1	0	0	0	1	0	1
0	1	0	1	0	1	1	0
0	1	1	0	0	1	1	1
0	1	1	1	1	0	0	0
1	0	0	0	1	0	0	1
1	0	0	1	1	0	1	0
1	0	1	0	1	0	1	1
1	0	1	1	0	0	0	0

Tabelle L72.1: Zustandsfolgetabelle für einen Modulo–12 Zähler

– Herleitung und Minimierung der Übergangsgleichungen mit KV–Tafeln:
Für $D_0 = Z_0^+$ ergibt sich die KV–Tafel aus Abb. L72.1.

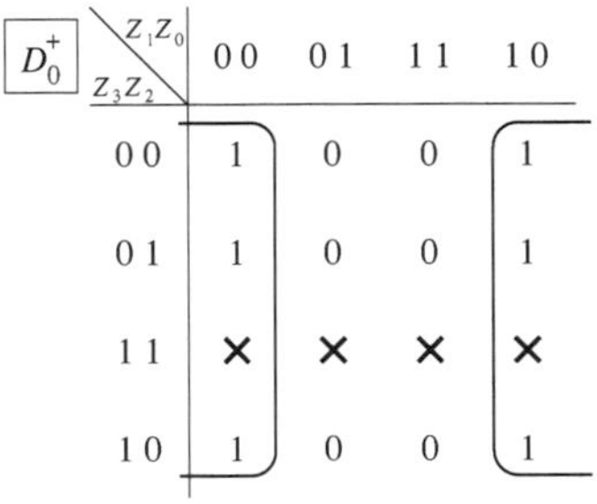

D_0^+ Z_3Z_2 \ Z_1Z_0	00	01	11	10
00	1	0	0	1
01	1	0	0	1
11	×	×	×	×
10	1	0	0	1

Abb. L72.1: KV–Tafel für Z_0^+

Wir erhalten als minimale Form:

$$D_0 = \overline{Z_0}$$

Für $D_1 = Z_1^+$ ergibt sich die KV–Tafel aus Abb. L72.2.

D_1^+ Z_3Z_2 \ Z_1Z_0	00	01	11	10
00	0	1	0	1
01	0	1	0	1
11	×	×	×	×
10	0	1	0	1

Abb. L72.2: KV–Tafel für Z_1^+

Wir erhalten als minimale Form:

$$D_1 = \overline{Z_1}\, Z_0 \vee Z_1\, \overline{Z_0}$$

Für $D_2 = Z_2^+$ ergibt sich die KV–Tafel aus Abb. L72.3.

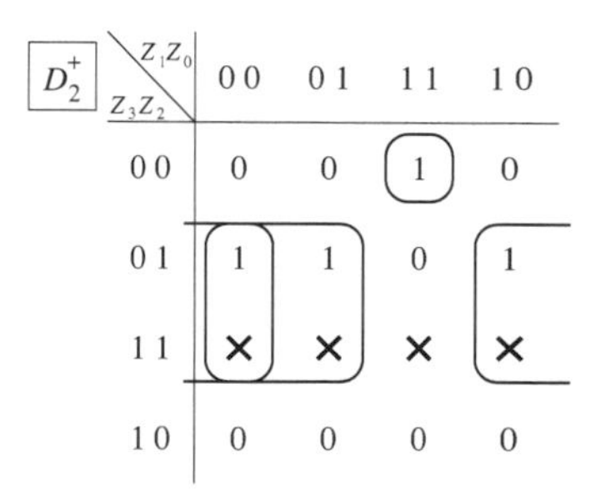

D_2^+ Z_3Z_2 \ Z_1Z_0	00	01	11	10
00	0	0	1	0
01	1	1	0	1
11	×	×	×	×
10	0	0	0	0

Abb. L72.3: KV–Tafel für Z_2^+

Wir erhalten als minimale Form:

$$D_2 = Z_2\, \overline{Z_0} \vee Z_2\, \overline{Z_1} \vee \overline{Z_3}\, \overline{Z_2}\, Z_1\, Z_0$$

Für $D_3 = Z_3^+$ ergibt sich die KV–Tafel aus Abb. L72.4.

D_3^+ Z_3Z_2 \ Z_1Z_0	00	01	11	10
00	0	0	0	0
01	0	0	1	0
11	×	×	×	×
10	1	1	0	1

Abb. L72.4: KV–Tafel für Z_3^+

Wir erhalten als minimale Form:

$$D_3 = Z_2\, Z_1\, Z_0 \vee Z_3\, \overline{Z_0} \vee Z_3\, \overline{Z_1}$$

– Eintragung der Koppelelemente in die Matrizen und Einzeichnen der Rückkopplungsleitungen:
Die Rückkopplungsleitungen sorgen dafür, dass aus dem aktuellen Zustand der Folgezustand gebildet werden kann. Dazu müssen nur die Ausgänge der D–Flipflops zu den entsprechenden Eingängen zurückgeführt werden. Abbildung L72.5 zeigt die komplette Schaltung.

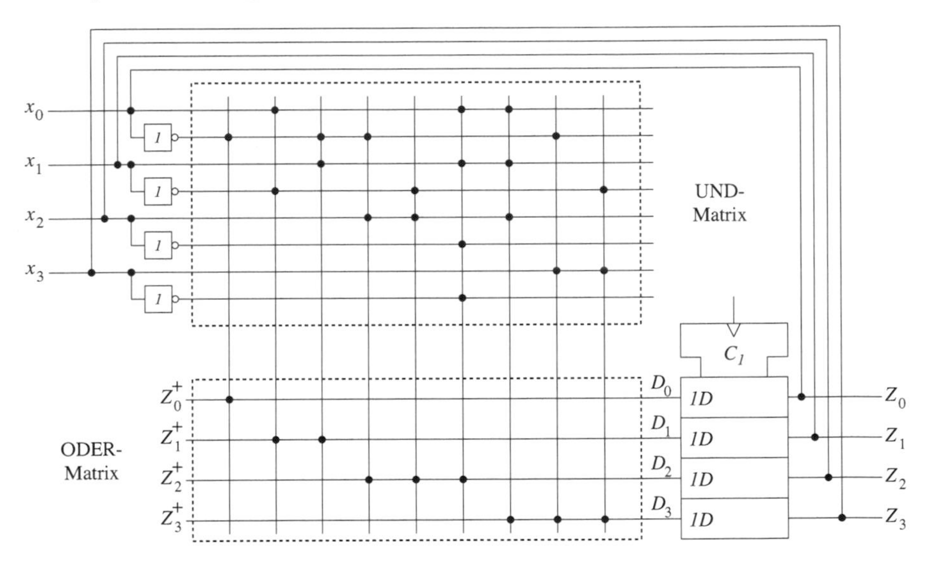

Abb. L72.5: PLA–Struktur eines Modulo–12 Zählers

Lösung der Aufgabe 73: 8421–BCD–Code Tester

Die Lösung erfolgt nach den Schritten, wie sie im Lehrbuch (Band 1) angegeben sind.

– Definition der Eingangs– und Ausgangsvariablen:
Eingangsvariable ist das seriell einzugebende 4–stellige Binärwort, es wird mit X bezeichnet. *Ausgangsvariable* ist die Anzeige für die erkannte BCD–Zahl.
– Festlegen des Anfangszustandes:
Zu Beginn ist noch kein Bit des einzugebenden Binärwortes, erfaßt. Das Schaltwerk soll sich im Zustand 0 befinden.
– Festlegen der Zustandsmenge, der Anzahl der Zustandsvariablen und Anzahl der erforderlichen Speicherglieder in Verbindung mit der Erstellung des Zustandsgraphen:
Dazu führen wir in Gedanken dieselben Schritte durch, die das Schaltwerk real bei jedem Taktschritt ausführen soll. Wir beginnen mit dem Anfangszustand, Zustand 0. Am X–Eingang liegt das Bit der höchstwertigen Stelle. Je nach Wert des Bits müssen wir nun in einen von zwei Zuständen verzweigen, denn bei einem Wert von 0 ist bereits klar das es sich um eine gültige BCD–Zahl handelt, während ein Wert von 1 zu einer ungültigen BCD–Zahl (größer 9 bzw. größer 1001) führen *kann*.

Wir legen fest: Ist das Bit 0, geht das Schaltwerk nach dem ersten Takt in den Zustand 1. Ist das Bit 1, geht das Schaltwerk nach dem ersten Takt in den Zustand 2. An die Übergangskante schreiben wir den Wert der Eingangsvariablen X und in die Zustandsknoten den Wert der Ausgangsvariablen Y (Moore–Zustandsgraph), der zunächst 0 bleiben soll. Nach dem ersten Takt enthält die Eingabe das zweite Bit des Binärwortes, die Stelle 2^2. Befindet sich das Schaltwerk im Zustand 1, dann geht es jetzt über in den Zustand 3, sowohl für $X = 1$ als auch für $X = 0$. Befindet sich das Schaltwerk im Zustand 2, dann geht es bei $X = 0$ in den Zustand 4 über (vorerst eine mögliche korrekte BCD–Zahl) und bei $X = 1$ in den Zustand 5 (mit Sicherheit keine BCD–Zahl mehr, da bereits größer als 9). Auch hier annotieren wir die Kanten mit der entsprechenden Werten von X, während der Ausgangswert Y in den Knoten weiterhin 0 bleibt.
Den übrigen Teil des Zustandsgraphen erstellen wir in der analogen Weise. Nach drei Takten ist bereits klar, ob die Eingabe eine BCD–Zahl ist oder nicht. Wir entscheiden uns deshalb, schon dann den Erkennungswert auszugeben und mit dem vierten Takt wieder in den Ausgangszustand zurückzukehren.
Es ergibt sich der Graph aus Abb. L73.1. In der Abbildung sind die Zustände dezimal und dual angegeben.

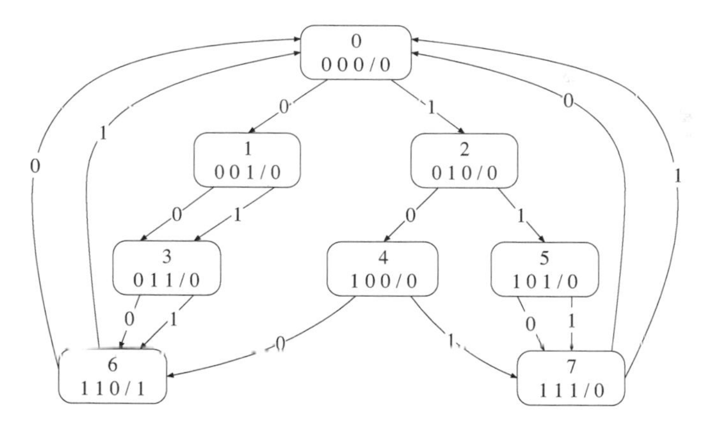

Abb. L73.1: Zustandsgraph des Schaltwerkes zur Erkennung von BCD–Zahlen

Aus dem Zustandsgraphen folgt: Das Schaltwerk nimmt acht Zustände an, es ist also eine 3–stellige Zustandsvariable erforderlich und damit auch drei Speicherglieder. Ferner ersehen wir, dass das Ergebnis von dem Wert des letzten Bits unabhängig ist.

Hinweis: Würden wir den BCD–Erkennungswert erst nach dem vierten Takt ausgeben, so würde ein spezieller Ausgabe–Zustand benötigt, der dann auch nach dem fünften Takt direkt wieder in die Zustände 1 bzw. 2 verzweigen müsste (Abb. L73.2). Die Synthese des Schaltwerkes mit dann vier Speichergliedern würde mit der Minimierung der Übergangs– und Ausgangsfunktion sehr umfangreich werden.

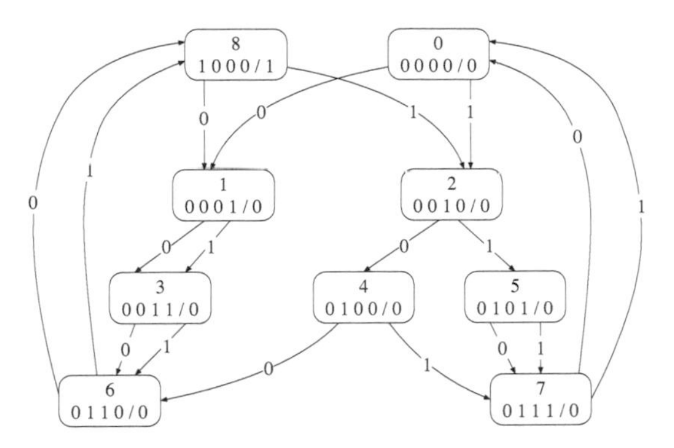

Abb. L73.2: Erweiterter Zustandsgraph des Schaltwerkes zur Erkennung von BCD–Zahlen nach vier Takten

– Zustandsfolgetabelle:
Übertragen wir den Zustandsgraphen aus Abb. L73.1 in eine vollständige Zustandsfolgetabelle, so erhalten wir Tabelle L73.1.

X	Q_2^n	Q_1^n	Q_0^n	Q_2^{n+1}	Q_1^{n+1}	Q_0^{n+1}	Y
0	0	0	0	0	0	1	0
1	0	0	0	0	1	0	0
0	0	0	1	0	1	1	0
1	0	0	1	0	1	1	0
0	0	1	0	1	0	0	0
1	0	1	0	1	0	1	0
0	0	1	1	1	1	0	0
1	0	1	1	1	1	0	0
0	1	0	0	1	1	0	0
1	1	0	0	1	1	1	0
0	1	0	1	1	1	1	0
1	1	0	1	1	1	1	0
0	1	1	0	0	0	0	1
1	1	1	0	0	0	0	1
0	1	1	1	0	0	0	0
1	1	1	1	0	0	0	0

Tabelle L73.1: Zustandsfolgetabelle des BCD–Code Testers

– Aufstellen der Ausgangs– und Übergangsfunktion und Minimierung mit KV–Diagramm:
Wir wählen für die Speicherglieder D–Flipflops, weil hier einfach der Eingangsvektor für die Speicherglieder mit dem Folgezustandsvektor gleich ist.
Die Übergangsfunktion setzt sich somit aus den Übergangsfunktionen der einzelnen D–Flipflops zusammen.

Das KV–Diagramm für $D_0 = Q_0^{n+1}$ zeigt Abb. L73.3.

D_0 — XQ_2 \ Q_1Q_0	00	01	11	10
00	1	1	0	0
01	0	1	0	0
11	1	1	0	0
10	0	1	0	1

Abb. L73.3: KV–Diagramm für D_0

Es ergibt sich:

$$Q_0^{n+1} = D_0 = Q_0 \overline{Q_1} \vee X \overline{Q_1} Q_2 \vee \overline{X} \overline{Q_1} \overline{Q_2} \vee X \overline{Q_0} Q_1 \overline{Q_2}$$

Das KV–Diagramm für $D_1 = Q_1^{n+1}$ zeigt Abb. L73.4.

D_1 — XQ_2 \ Q_1Q_0	00	01	11	10
00	0	1	1	0
01	1	1	0	0
11	1	1	0	0
10	1	1	1	0

Abb. L73.4: KV–Diagramm für D_1

Es ergibt sich:

$$Q_1^{n+1} = D_1 = \overline{Q_1} Q_2 \vee Q_0 \overline{Q_2} \vee X \overline{Q_1}$$

Das KV–Diagramm für $D_2 = Q_2^{n+1}$ zeigt Abb. L73.5.

D_2 — XQ_2 \ Q_1Q_0	00	01	11	10
00	0	0	1	1
01	1	1	0	0
11	1	1	0	0
10	0	0	1	1

Abb. L73.5: KV–Diagramm für D_2

Es ergibt sich:

$$Q_2^{n+1} = D_2 = \overline{Q_1} Q_2 \vee Q_1 \overline{Q_2} = Q_1 \not\equiv Q_2$$

Die Ausgangsfunktion besteht nur aus der Funktion für den Ausgang Y.
Das KV–Diagramm für Y zeigt Abb. L73.6.

Y: XQ_2 \ Q_1Q_0	00	01	11	10
00	0	0	0	0
01	0	0	0	1
11	0	0	0	1
10	0	0	0	0

Abb. L73.6: KV–Diagramm für Y

Es ergibt sich:

$$Y = \overline{Q_0}\, Q_1\, Q_2$$

– Schaltbild:
Mit den erstellten minimalen Gleichungen können wir nun das Schaltbild erstellen (Abb. L73.7).

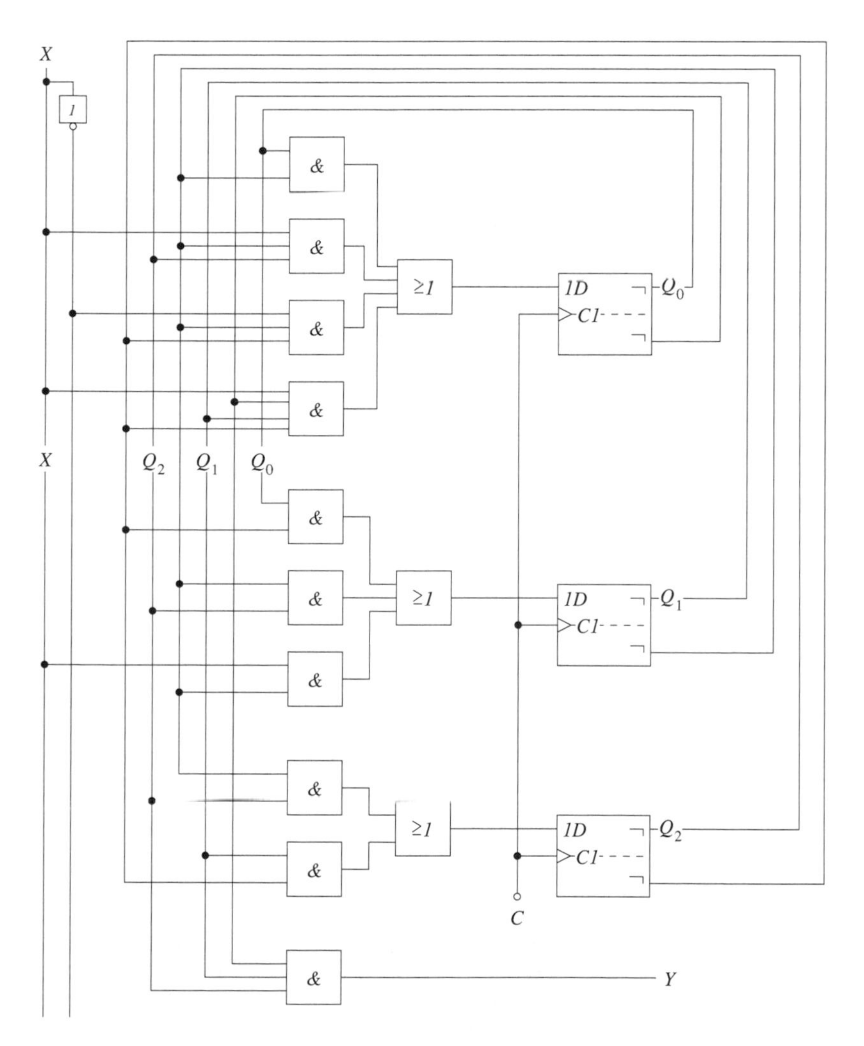

Abb. L73.7: Schaltbild des BCD–Code Testers

7 Computertechnik

Lösung der Aufgabe 74: Maximale Taktfrequenz

Die minimale Periodendauer für das Taktsignal ergibt sich zu

$$T = T_W + T_K + 2T_{Rg} + 2T_{gR} + T_{gt} + T_g = 8,1 \text{ ns}$$

Die maximale Taktfrequenz entspricht dem Kehrwert der minimalen Periodendauer

$$f_{max} = \frac{1}{8,1 \cdot 10^{-9} s} = 123,456 \text{ MHz}$$

Lösung der Aufgabe 75: Operationswerk

Der Aufbau des Operationswerks ist in Abb. L75.1 dargestellt. Da das Register R_2 bei $S = 1$ nicht verändert werden darf, muss der Takt durch ein UND–Schaltglied „maskiert" werden. Der Takt wird nur für $S = 0$ weitergeleitet. In diesem Fall übernimmt das Register R_2 den Inhalt von Register R_1. Gleichzeitig wird über den Multiplexer vor R_1 das Register R_2 zum Einspeichern in R_1 ausgewählt. Für $S = 1$ wird die Summe von R_1 und R_2 ausgewählt und von R_1 übernommen.

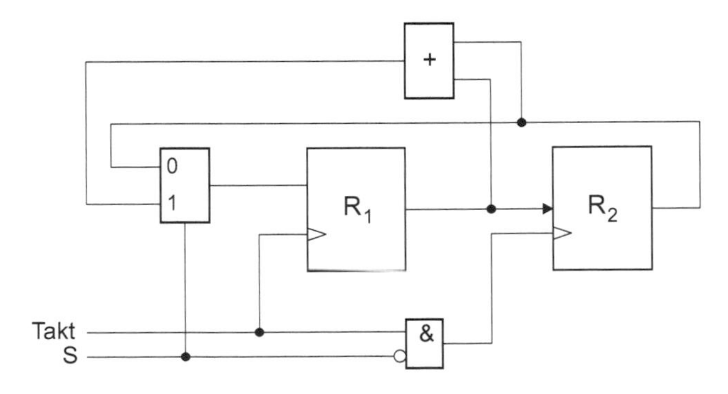

Abb. L75.1: Aufbau des Operationswerks

Lösung der Aufgabe 76: Dualzahlen

Den dezimalen Wert einer Dualzahl ermitteln wir durch Addition der Produkte aller Dualstellen mit den entsprechenden Potenzen zur Basis 2. Dabei sind den Nachkommastellen die negativen Potenzen zugeordnet.

L.76.1: Die Dualzahl `1001,100101` hat den dezimalen Wert:

$$\begin{aligned} W &= 1 \cdot 2^3 + 0 \cdot 2^2 + 0 \cdot 2^1 + 1 \cdot 2^0 + \\ &\quad 1 \cdot 2^{-1} + 0 \cdot 2^{-2} + 0 \cdot 2^{-3} + 1 \cdot 2^{-4} + 0 \cdot 2^{-5} + 1 \cdot 2^{-6} \\ &= 2^3 + 2^0 + 2^{-1} + 2^{-4} + 2^{-6} \\ &= 8 + 1 + \frac{1}{2} + \frac{1}{16} + \frac{1}{64} \\ &= 9,578125 \end{aligned}$$

L.76.2: Die Dualzahl `10110,10111` hat den dezimalen Wert:

$$\begin{aligned} W &= 1 \cdot 2^4 + 0 \cdot 2^3 + 1 \cdot 2^2 + 1 \cdot 2^1 + 0 \cdot 2^0 \\ &\quad 1 \cdot 2^{-1} + 0 \cdot 2^{-2} + 1 \cdot 2^{-3} + 1 \cdot 2^{-4} + 1 \cdot 2^{-5} \\ &= 2^4 + 2^2 + 2^1 + 2^{-1} + 2^{-3} + 2^{-4} + 2^{-5} \\ &= 16 + 4 + 2 + \frac{1}{2} + \frac{1}{8} + \frac{1}{16} + \frac{1}{32} \\ &= 22,71875 \end{aligned}$$

Lösung der Aufgabe 77: Hexadezimalzahlen

Den dezimalen Wert einer Hexadezimalzahl ermitteln wir durch Addition der Produkte aller Hexadezimalstellen mit den entsprechenden Potenzen zur Basis 16.

Dabei entsprechen den Hexadezimalkoeffizienten `A` bis `F` die dezimalen Koeffizienten 10 bis 15.

L.77.1: Die Hexadezimalzahl `A5C8` hat den dezimalen Wert:

$$\begin{aligned} W &= 10 \cdot 16^3 + 5 \cdot 16^2 + 12 \cdot 16^1 + 8 \cdot 16^0 \\ &= 10 \cdot 4096 + 5 \cdot 256 + 12 \cdot 16 + 8 \cdot 1 \\ &= 40960 + 1280 + 192 + 8 \\ &= 42.440 \end{aligned}$$

L.77.2: Die Hexadezimalzahl `9B15` hat den dezimalen Wert:

$$\begin{aligned} W &= 9 \cdot 16^3 + 11 \cdot 16^2 + 1 \cdot 16^1 + 5 \cdot 16^0 \\ &= 9 \cdot 4096 + 11 \cdot 256 + 1 \cdot 16 + 5 \cdot 1 \\ &= 36864 + 2816 + 16 + 5 \\ &= 39.701 \end{aligned}$$

Lösung der Aufgabe 78: Umwandlung natürlicher Zahlen

L.78.1: Wir wenden einfach die beschriebene *Divisionsmethode* an:

$$\begin{aligned}
130.956 &: 2 = 65.478 & \text{Rest } 0 = b_0\\
65.478 &: 2 = 32.739 & \text{Rest } 0 = b_1\\
32.739 &: 2 = 16.369 & \text{Rest } 1 = b_2\\
16.369 &: 2 = 8.184 & \text{Rest } 1 = b_3\\
8.184 &: 2 = 4.092 & \text{Rest } 0 = b_4\\
4.092 &: 2 = 2.046 & \text{Rest } 0 = b_5\\
2.046 &: 2 = 1.023 & \text{Rest } 0 = b_6\\
1.023 &: 2 = 511 & \text{Rest } 1 = b_7\\
511 &: 2 = 255 & \text{Rest } 1 = b_8\\
255 &: 2 = 127 & \text{Rest } 1 = b_9\\
127 &: 2 = 63 & \text{Rest } 1 = b_{10}\\
63 &: 2 = 31 & \text{Rest } 1 = b_{11}\\
31 &: 2 = 15 & \text{Rest } 1 = b_{12}\\
15 &: 2 = 7 & \text{Rest } 1 = b_{13}\\
7 &: 2 = 3 & \text{Rest } 1 = b_{14}\\
3 &: 2 = 1 & \text{Rest } 1 = b_{15}\\
1 &: 2 = 0 & \text{Rest } 1 = b_{16}
\end{aligned}$$

Die duale Zahl lautet also:

$$W_2 = \texttt{1.1111.1111.1000.1100}$$

Diese Darstellung kann auch sehr leicht in hexadezimaler Form angegeben werden, da diese beiden Zahlensysteme eine gemeinsame Potenzbasis ($2^4 = 16^1$) haben, und somit jeweils 4 Dualziffern eine hexadezimale Ziffer darstellen können.
Wir erhalten:

$$W_{16} = \texttt{1FF8C}$$

L.78.2: Der Rechenaufwand kann verringert werden, indem man umgekehrt vorgeht und zunächst die hexadezimale Darstellung ermittelt:

$$\begin{aligned}
240.159 &: 16 = 15.009 & \text{Rest } 15 \mathrel{\hat{=}} \texttt{F} = h_0\\
15.009 &: 16 = 938 & \text{Rest } 1 \mathrel{\hat{=}} \texttt{1} = h_1\\
938 &: 16 = 58 & \text{Rest } 10 \mathrel{\hat{=}} \texttt{A} = h_2\\
58 &: 16 = 3 & \text{Rest } 10 \mathrel{\hat{=}} \texttt{A} = h_3\\
3 &: 16 = 0 & \text{Rest } 3 \mathrel{\hat{=}} \texttt{3} = h_4
\end{aligned}$$

Wir erhalten:

$$W_{16} = \texttt{3AA1F}$$

Übertragen jeder Ziffer in ihre duale Darstellung liefert:

$$W_2 = \texttt{11.1010.1010.0001.1111}$$

Lösung der Aufgabe 79: Umwandlung gebrochener Zahlen

L.79.1: Wir drücken w_{10} durch das Hornerschema aus[1]:

$$w_{10} \stackrel{!}{=} w_2 = \sum_{i=0}^{m} b_{-i} \cdot 2^{-i}$$

$$w_{10} = ((\ldots(((b_{-m} \cdot 2^{-1} + b_{-(m-1)})\, 2^{-1} + b_{-(m-2)})\, 2^{-1} + b_{-(m-3)})\, 2^{-1} + \ldots b_{-1})\, 2^{-1} + b_0$$

Analog zur Aufgabe 78 kann eine *Multiplikationsmethode* angegeben werden. Wir multiplizieren beide Seiten mit 2 und können aus dem Ergebnis den Wert von b_{-1} ermitteln. Wenn das Ergebnis kleiner als 1 ist, muss der ganzzahlige Anteil b_{-1} des oben angegebenen Hornerschemas null sein. Falls das Ergebnis der Multiplikation größer als 1 ist, wird $b_{-1} = 1$ gesetzt und die Rechnung mit dem um 1 verminderten Wert fortgesetzt. Im nächsten Schritt wird wieder mit 2 multipliziert, der Wert von b_{-2} wird in der gleichen Weise ermittelt, usw.

L.79.2: Die Anwendung der Multiplikationsmethode führt zu folgendem Schema:

$$\begin{array}{lcl}
0{,}18069 \cdot 2 &=& 0{,}36138 \rightarrow b_{-1} = 0 \\
0{,}36138 \cdot 2 &=& 0{,}72276 \rightarrow b_{-2} = 0 \\
0{,}72276 \cdot 2 &=& 1{,}44552 \rightarrow b_{-3} = 1 \\
0{,}44552 \cdot 2 &=& 0{,}89104 \rightarrow b_{-4} = 0 \\
0{,}89104 \cdot 2 &=& 1{,}78208 \rightarrow b_{-5} = 1 \\
0{,}78208 \cdot 2 &=& 1{,}56416 \rightarrow b_{-6} = 1 \\
0{,}56416 \cdot 2 &=& 1{,}12832 \rightarrow b_{-7} = 1 \\
0{,}12832 \cdot 2 &=& 0{,}25664 \rightarrow b_{-8} = 0 \\
0{,}25664 \cdot 2 &=& 0{,}51328 \rightarrow b_{-9} = 0 \\
0{,}51328 \cdot 2 &=& 1{,}02656 \rightarrow b_{-10} = 1 \\
0{,}02656 \cdot 2 &=& 0{,}053212 \rightarrow b_{-11} = 0 \\
0{,}053212 \cdot 2 &=& 0{,}10624 \rightarrow b_{-12} = 0 \\
0{,}10624 \cdot 2 &=& 0{,}21248 \rightarrow b_{-13} = 0 \\
0{,}21248 \cdot 2 &=& 0{,}42496 \rightarrow b_{-14} = 0 \\
0{,}42496 \cdot 2 &=& 0{,}84992 \rightarrow b_{-15} = 0 \\
0{,}84992 \cdot 2 &=& 1{,}69984 \rightarrow b_{-16} = 1 \\
0{,}69984 \cdot 2 &=& 1{,}39968 \rightarrow b_{-17} = 1 \\
0{,}39968 \cdot 2 &=& 0{,}799936 \rightarrow b_{-18} = 0 \\
0{,}799936 \cdot 2 &=& 1{,}599872 \rightarrow b_{-19} = 1 \\
0{,}599872 \cdot 2 &=& 1{,}197440 \rightarrow b_{-20} = 1
\end{array}$$

Zur Probe verwenden wir das Hornerschema bis b_{-10}:

w_2	b_{-10}	b_{-9}	b_{-8}	b_{-7}	b_{-6}	b_{-5}	b_{-4}
	1	0	0	1	1	1	0
0, 5		0, 5	0, 25	0, 125	0, 5625	0, 78125	0, 890625
	1	0, 5	0, 25	1, 125	1, 5625	1, 78125	0, 890625

[1] Man beachte, dass b_0 stets null ist

b_{-3}	b_{-2}	b_{-1}	b_0
1	0	0	0
0,4453125	0,72265	0,36132	0,18066
1,4453125	0,72265	0,36132	0,18066

Wir erkennen, dass die angegebene Zahl mit 10 Nachkommastellen im Dualsystem nur mit einem Fehler von 0,000026 dargestellt werden kann. Selbst bei 20 Nachkommastellen beträgt der darstellungsbedingte Fehler noch etwa 0,0000002.

L.79.3: Wir benutzen für den Wert von π folgende Näherung:

$$\pi = 3,1415927$$

Der nicht gebrochene Anteil kann sofort angegeben werden zu `11,...`
Bei größeren Vorkommazahlen kann die Divisionsmethode nach Aufgabe 78 angewandt werden. Den gebrochenen Anteil (bzw. die Näherung) formen wir nach der Multiplikationsmethode um. Um den Schreibaufwand zu verringern, benutzen wir die hexadezimale Darstellung, die problemlos in die duale Darstellung überführt werden kann:

$$\begin{array}{rcll} 0{,}1415927 \cdot 16 & = & 0{,}2654832 & \rightarrow h_{-1} = \mathtt{2} \\ 0{,}2654832 \cdot 16 & = & 0{,}2477312 & \rightarrow h_{-2} = \mathtt{4} \\ 0{,}2477312 \cdot 16 & = & 0{,}9636992 & \rightarrow h_{-3} = \mathtt{3} \\ 0{,}9636992 \cdot 16 & = & 0{,}419187 & \rightarrow h_{-4} = \mathtt{F} \\ 0{,}419187 \cdot 16 & = & 0{,}709952 & \rightarrow h_{-5} = \mathtt{6} \\ \vdots & & \vdots & \quad \vdots \end{array}$$

Somit lautet die hexadezimale Darstellung:

$$\pi_{16} = \mathtt{3,243F6}$$

bzw. die duale Darstellung:

$$\pi_2 = \mathtt{11,00100100001111110110}$$

Lösung der Aufgabe 80: Subtraktion von Dualzahlen

Die Differenz D zweier Zahlen mit n Stellen in dualer Darstellung lässt sich wie folgt schreiben:

$$\begin{aligned} \text{Differenz} &= \text{Minuend} - \text{Subtrahend} \\ D &= M - S \\ &= \sum_{i=0}^{n-1} m_i \cdot 2^i - \sum_{i=0}^{n-1} s_i \cdot 2^i \end{aligned}$$

Wir erweitern die rechte Seite durch Addition von $2^n - 2^n = 0$:

$$D = 2^n - 2^n + \sum_{i=0}^{n-1} m_i \cdot 2^i - \sum_{i=0}^{n-1} s_i \cdot 2^i$$

$$= \sum_{i=0}^{n-1} m_i \cdot 2^i - \underbrace{2^n - \sum_{i=0}^{n-1} s_i \cdot 2^i}_{\text{Zweierkomplement von } s} - 2^n$$

Wenn wir die Subtraktion auf die Addition zurückführen wollen, müssen wir das Zweierkomplement des Subtrahenden bilden und zum Minuenden addieren. Vom Ergebnis dieser Addition muss 2^n abgezogen werden. Dies erreicht man bei positivem Ergebnis einfach durch Weglassen des Übertrages.

Lösung der Aufgabe 81: Zweierkomplement

Wir werden hier eine anschauliche und eine mathematische Lösung besprechen.

Anschauliche Lösung

Im Dualsystem gibt es nur die zwei Ziffern 1 und 0. Wenn wir uns nun die beiden Subtraktionen „1 minus 1“ und „1 minus 0“ anschauen (wobei die 1 bzw. 0 nicht als Zahl sondern als Bit zu verstehen ist) so stellen wir fest, dass das Ergebnis genau das „Gegenteil“ des Subtrahenden ist:

$$1 - \underbrace{1 = 0}_{1 \Rightarrow 0} \qquad 1 - \underbrace{0 = 1}_{0 \Rightarrow 1}$$

Wir können sagen, dass der Subtrahend invertiert wurde. Bei einer mehrstelligen Subtraktion vom höchsten darstellbaren Wert des Systemes werden folglich alle Bits invertiert (Überträge treten ja nicht auf, da der Subtrahend stets kleiner oder gleich der höchsten Zahl ist). Beispiele von achtstelligen Dualzahlen:

$$\begin{array}{r} 11111111 \\ -00101101 \\ \hline 11010010 \end{array} \qquad \begin{array}{r} 11111111 \\ -11010110 \\ \hline 00101001 \end{array}$$

Betrachten wir nun die Komplementbildung im Dualsystem mit der Stellenzahl 3 einmal genauer.

$$\text{Zweierkomplement} = (2^3 - 1) - z + 1 = (8 - 1) - z + 1 = \underbrace{7 - z}_{*} + 1$$

Wir stellen fest, dass sie aus einer Subtraktion (*) der Zahl z von der höchsten Zahl des Systemes und der anschließenden Addition von 1 besteht. Die Subtraktion (*) ist aber, wie oben ermittelt, nichts anderes als ein bitweises invertieren der Zahl z. Somit haben wir gezeigt:

Das Zweierkomplement einer Dualzahl z erhält man durch bitweises invertieren und anschließendes inkrementieren (Addieren einer 1).

Mathematische Lösung

Das Zweierkomplement einer Zahl $X[n] = \sum_{i=0}^{n-1} x_i \cdot 2^i$ mit n Stellen, ist wie folgt definiert:

$$X'[n] = 2^n - X[n]$$

bzw.

$$X'[n] = 2^n - \sum_{i=0}^{n-1} x_i \cdot 2^i$$

Ersetzen von 2^n ergibt:

$$X'[n] = \sum_{i=0}^{n-1} 2^i + 1 - \sum_{i=0}^{n-1} x_i \cdot 2^i$$

Wir schreiben die erste Summe nun etwas um:

$$X'[n] = \sum_{i=0}^{n-1} 1 \cdot 2^i + 1 - \sum_{i=0}^{n-1} x_i \cdot 2^i$$

Dies hat den Sinn, dass wir die 1 nun mit dem Term $(x_i + \overline{x_i}) = 1$ (Addition der invertierten mit den nicht invertierten Koeffizienten) erweitern können:

$$X'[n] = \sum_{i=0}^{n-1} (x_i + \overline{x_i}) \cdot 2^i + 1 - \sum_{i=0}^{n-1} x_i \cdot 2^i$$

Durch Ausklammern ergibt sich:

$$X'[n] = \sum_{i=0}^{n-1} \overline{x_i} \cdot 2^i + \sum_{i=0}^{n-1} x_i \cdot 2^i + 1 - \sum_{i=0}^{n-1} x_i \cdot 2^i$$

Da sich die beiden letzten Summen in dieser Gleichung aufheben, können wir wie folgt vereinfachen:

$$X'[n] = \sum_{i=0}^{n-1} \overline{x_i} \cdot 2^i + 1 = \overline{X}[n] + 1$$

Damit ist bewiesen, dass man das Zweierkomplement durch das Invertieren und anschließendem Addieren einer 1 bilden kann.

Lösung der Aufgabe 82: Subtraktionsprogramm

Wie wir aus Aufgabe 80 wissen, können wir zwei Zahlen voneinander subtrahieren, indem wir zu dem Minuend das Zweierkomplement des Subtrahenden addieren. Um das Zweierkomplement zu bilden, müssen wir die Zahl invertieren und um eins erhöhen (Aufgabe 81).

Folgendes Listing stellt einen solchen Steuerablauf für die Operationswerk–Simulation dar:

```
; Subtraktion mit dem Operationswerk a=x-y
        s=      0101xxxxxxx     ; x und y setzen
        clock
        s=      xxxx0010x11     ; b=not y
        clock
        s=      xxxx0111x10     ; b=b+1 -> b=-y
        clock
        s=      xxxx10111x0     ; a=x+b -> a=x-y
        clock
        quit
```

Lösung der Aufgabe 83: Multiplikation und Division in dualer Darstellung

L.83.1: Die duale Multiplikation läuft analog zur dezimalen Multiplikation ab. Zuerst müssen wir die Zahlen ins Dualsystem umformen:

$$135_{10} = \mathtt{10000111}_2 \qquad 21_{10} = \mathtt{10101}_2$$

Die Zahl mit der geringsten Zahl an Einsen sollte als Multiplikator verwandt werden, da sich dadurch die Zahl der (stellenverschobenen) Summanden verringert. Wir wählen die 21 als Multiplikator und führen die Rechnung durch:

$$\begin{array}{cccccccccccccccl}
1 & 0 & 0 & 0 & 0 & 1 & 1 & 1 & \cdot & 1 & 0 & 1 & 0 & 1 & \\
\hline
 & & 1 & 0 & 0 & 0 & 0 & 1 & 1 & 1 & & & & & \\
 & & & & 1 & 0 & 0 & 0 & 0 & 1 & 1 & 1 & & & \\
 & & & & & & 1 & 0 & 0 & 0 & 0 & 1 & 1 & 1 & \\
\hline
 & & 0 & 0 & 0 & 1 & 1 & 1 & 1 & 1 & 1 & 0 & 0 & 0 & \text{Überträge} \\
\hline
 & & 1 & 0 & 1 & 1 & 0 & 0 & 0 & 1 & 0 & 0 & 1 & 1 & = 2835_{10} \\
\hline\hline
\end{array}$$

L.83.2: Zunächst ermitteln wir die Dualdarstellungen der beiden Zahlen:

$$1150_{10} = \mathtt{10001111110}_2 \qquad 46_{10} = \mathtt{101110}_2$$

Nun berechnen wir die Zweierkomplementdarstellung des Divisors. Hierzu wird zum Einerkomplement 1 addiert (vgl. Aufgabe 81):

$$\begin{aligned} 46_{10} &= \mathtt{101110}_2 \\ & \mathtt{010001} + \mathtt{000001} = \mathtt{010010} \end{aligned}$$

Um die Division auszuführen bestimmen wir nacheinander die einzelnen Stellen des Ergebnisses. Wir beginnen mit der höchstwertigen Stelle. Um festzustellen, ob diese Stelle 0 oder 1 ist, subtrahieren wir den Divisor, indem wir sein Zweierkomplement linksbündig an den Dividenden anlegen und addieren. Wenn sich eine negative Summe ergibt, muss die entsprechende Stelle des Ergebnisses 0 sein und wir führen die Subtraktion mit dem alten und um eine Stelle erweiterten Teildividenden durch. Bei positiver Summe ergibt sich eine 1 für die zugehörige Ergebnisstelle und wir erweitern mit der nächsten Stelle des Dividenden. So verfahren wir mit allen Stellen bis sich als Summe Null ergibt oder die gewünschte Genauigkeit (Nachkommastellen) erreicht ist. In unserem Beispiel geht die Division genau auf:

$$
\begin{array}{cccccccccccccl}
 & 1 & 0 & 0 & 0 & 1 & 1 & 1 & 1 & 1 & 1 & 0 & : & 101110 = \mathit{011001} \\
 & 0 & 1 & 0 & 0 & 1 & 0 & & & & & & & \\
\cline{2-7}
\mathit{0} & 1 & 1 & 0 & 1 & 0 & 1 & & & & & & & \\
\cline{1-7}
 & 1 & 0 & 0 & 0 & 1 & 1 & 1 & & & & & & \\
 & & 0 & 1 & 0 & 0 & 1 & 0 & & & & & & \\
\cline{2-8}
 & \mathit{1} & 0 & 1 & 1 & 0 & 0 & 1 & 1 & & & & & \\
 & & & 0 & 1 & 0 & 0 & 1 & 0 & & & & & \\
\cline{3-9}
 & & \mathit{1} & 0 & 0 & 0 & 1 & 0 & 1 & 1 & & & & \\
 & & & & 0 & 1 & 0 & 0 & 1 & 0 & & & & \\
\cline{4-10}
 & & & \mathit{0} & 0 & 1 & 1 & 1 & 0 & 1 & & & & \\
\cline{4-10}
 & & & & 0 & 0 & 1 & 0 & 1 & 1 & 1 & & & \\
 & & & & & 0 & 1 & 0 & 0 & 1 & 0 & & & \\
\cline{5-11}
 & & & & \mathit{0} & 1 & 0 & 1 & 0 & 0 & 1 & & & \\
\cline{5-11}
 & & & & & 0 & 1 & 0 & 1 & 1 & 1 & 0 & & \\
 & & & & & & 0 & 1 & 0 & 0 & 1 & 0 & & \\
\cline{6-12}
 & & & & & \mathit{1} & 0 & 0 & 0 & 0 & 0 & 0 & & \\
\cline{6-12}
\end{array}
$$

Wir erhalten als Ergebnis:

$$\mathtt{11001}_2 = 25_{10}$$

Lösung der Aufgabe 84: Multiplikationsprogramm

Wir lösen das Problem durch fortgesetzte Addition. Da dabei ein Faktor schrittweise heruntergezählt wird, benötigen wir noch das Zweierkomplement von 1, welches wir im Register B ablegen. Ein Sonderfall ist gegeben, wenn einer der Faktoren null ist. Dies ermitteln wir durch Abfragen, bevor wir in die eigentliche Multiplikation (Additionsschleife) verzweigen.

Somit stellt das folgende Listing einen korrekten Steuerablauf zur Multiplikation dar:

```
; OPW-Programm: mul.opw
; Multiplikation von x und y, Ergebnis in y
        s=      01010001011     ; x und y setzen und b=not 1
        clock
        s=      xxxx0111010     ; b=b+1 -> b=-1
        clock
```

```
        s=      xxxx1000000    ; x=0 ?
        neq?    ytest
>zero   s=      xx110000000    ; y=0
        clock
        quit

>ytest  s=      xxxx0010000    ; y=0 ?
        eq?     zero
        s=      xxxx0010100    ; a=y
        clock
        s=      11xx1011000    ; x=x+b -> x=x-1
        clock
        s=      xxxx1000000    ; x=0 ?
        eq?     end
>mloop  s=      xx111110000    ; y=y+a
        clock
        s=      11xx1011000    ; x=x+b -> x=x-1
        clock
        s=      xxxx1000000    ; x=0 ?
        neq?    mloop
>end    quit
```

Lösung der Aufgabe 85: Bereichsüberschreitung beim Zweierkomplement

L.85.1: Den Zahlenkreis für die Zweierkomplementdarstellung zeigt Abb. L85.1.

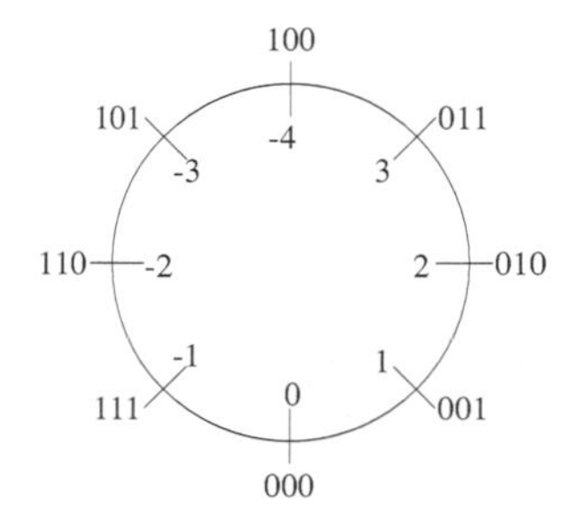

Abb. L85.1: Zahlenkreis für die Zweierkomplementdarstellung einer 3–Bit Zahl

L.85.2: Bei den folgenden Rechnungen sind x und y die Summanden, c die Überträge und s die Summe:

a) Negatives Ergebnis:

x		0	1	1	(3)
y		1	0	0	(−4)
c	0	0	0	0	
s	0	1	1	1	(−1)

Da die Antivalenz der beiden höchsten Überträge *nicht* erfüllt ist, ist das Ergebnis ein gültiger 3–Bit Wert. Es ist negativ, weil das höchste Bit der Summe null ist.

b) Positives Ergebnis:

x		0	1	1	(3)
y		1	1	0	(−2)
c	1	1	0	0	
s	1	0	0	1	(1)

Da die Antivalenz der beiden höchsten Überträge *nicht* erfüllt ist, ist das Ergebnis ein gültiger 3–Bit Wert. Es ist positiv, weil das höchste Bit der Summe eins ist.

c) Underflow:

x		1	0	0	(−4)
y		1	1	1	(−1)
c	1	0	0	0	
s	1	0	1	1	(Underflow)

Da die Antivalenz der beiden höchsten Überträge erfüllt ist, ist das Ergebnis *kein* gültiger 3–Bit Wert. Der Zahlenbereich wurde nach „unten" überschritten, es handelt sich um einen *Underflow*.

d) Overflow:

x		0	1	1	(3)
y		0	0	1	(1)
c	0	1	1	0	
s	0	1	0	0	(Overflow)

Da die Antivalenz der beiden höchsten Überträge erfüllt ist, ist das Ergebnis *kein* gültiger 3–Bit Wert. Der Zahlenbereich wurde nach „oben" überschritten, es handelt sich um einen *Overflow*.

Lösung der Aufgabe 86: 8–Bit Subtraktionen im Dualsystem

L.86.1: Die Zahlen können Wert von −128 bis +127 annehmen !

L.86.2: Zuerst bestimmen wir die dualen Darstellungen beider Zahlen und das Zweierkomplement von 68_{10}:

$$\begin{aligned} 115_{10} &= \texttt{0111.0011}_2 \\ 68_{10} &= \texttt{0100.0100}_2 \\ & \quad \texttt{1011.1011} + \texttt{0000.0001} = \texttt{1011.1100} = -68_{10} \end{aligned}$$

Nun führen wir die Subtraktion (Addition des Zweierkomplements) durch:

115_{10}	x		0	1	1	1	0	0	1	1	
$+(-68_{10})$	y		1	0	1	1	1	1	0	0	
	c	1	1	1	1	0	0	0	0	0	
	s		0	0	1	0	1	1	1	1	$= 47_{10}$

Das Ergbnis ist positiv und stimmt mit der Rechnung im Dezimalsystem überein. Der Übertrag in der Bitposition 2^8 ist 1 und entspricht dem Wert zu dem das Komplement gebildet wird. Er darf bei der Umwandlung in die dezimale Darstellung nicht berücksichtigt werden ! Aus $c_8 = c_7 = 1$ folgt, dass keine Zahlenbereichsüberschreitung vorliegt.

L.86.3: Zuerst bestimmen wir die dualen Darstellungen beider Zahlen und das Zweierkomplement von 87_{10}:

$$70_{10} = \texttt{0100.0110}_2$$
$$87_{10} = \texttt{0101.0111}_2$$
$$\texttt{1010.1000} + \texttt{0000.0001} = \texttt{1010.1001} = -87_{10}$$

Nun führen wir die Subtraktion (Addition des Zweierkomplements) durch:

70_{10}	x		0	1	0	0	0	1	1	0	
$+(-87_{10})$	y		1	0	1	0	1	0	0	1	
	c	0	0	0	0	0	0	0	0	0	
	s		1	1	1	0	1	1	1	1	
			0	0	0	1	0	0	0	0	Einerkomplement
			0	0	0	0	0	0	0	1	+1
			0	0	0	1	0	0	0	1	$= 17_{10}$

Da bei der Addition des Komplements das höchstwertige Bit (mit der Wertigkeit 2^7) den Wert 1 hat, ist das Ergebnis negativ. Den Betrag erhalten wir, indem das Ergebnis erneut ins Zweierkomplement umgewandelt wird. Ein weiteres Indiz für einen negativen Ergebniswert ist, dass *kein* Übertrag in der Bitposition 2^8 auftrat. Aus $c_8 = c_7 = 0$ folgt, dass keine Zahlenbereichsüberschreitung vorliegt. Das Ergebnis -17 ist also gültig und stimmt mit der dezimalen Rechnung überein.

L.86.4: Hier müssen wir beide Zahlen in das Zweierkomplement überführen:

$$54_{10} = \texttt{0011.0110}_2$$
$$\texttt{1100.1001} + \texttt{0000.0001} = \texttt{1100.1010} = -54_{10}$$
$$76_{10} = \texttt{0100.1100}_2$$
$$\texttt{1011.0011} + \texttt{0000.0001} = \texttt{1011.0100} = -76_{10}$$

Nun führen wir die Addition der Zweierkomplemente durch:

-54_{10}	x		1	1	0	0	1	0	1	0	
$+(-76_{10})$	y		1	0	1	1	0	1	0	0	
	c	1	0	0	0	0	0	0	0	0	
	s		0	1	1	1	1	1	1	0	$= 126_{10}$

Aus $c_8 \not\equiv c_7$ folgt, dass eine Zahlenbereichsüberschreitung (*Underflow*) stattgefunden hat. Das Ergebnis ist also ungültig und stimmt folglich auch nicht mit der dezimalen Rechnung überein. Es kann als falsch erkannt werden, indem vom Prozessor z.B. ein interner Interrupt (Exception, Over/Underflow) erzeugt wird.

Lösung der Aufgabe 87: Umrechnung von m/s in km/h

Zunächst müssen wir den Umrechnungsfaktor ermitteln. Es gilt

$$0,25X\frac{m}{s} = 0,1Y\frac{km}{h} = 0,1Y\frac{1000m}{3600s} = Y\frac{0,1m}{3,6s}$$

$$\Rightarrow Y = \frac{3,6}{0,1} \cdot 0,25X = 9X$$

Um Y mit der gewünschten Auflösung zu berechnen, muss also der Eingangsvektor X mit 9 multipliziert werden. Bei der Anzeige des Ergebnisses muss die letzte Stelle durch ein Komma abgetrennt werden. Man bezeichnet diese Art der Rechnerarithmetik als Festkommadarstellung.

L.87.1: Eine Multiplikation mit 8 erreicht man durch 3–faches Linksschieben. Dabei wird von rechts eine 0 nachgeschoben. Um die erforderliche Multiplikation mit 9 zu erreichen, muss zu diesem Teilergebnis dann nocheinmal X addiert werden. Abb. L87.1 zeigt das entsprechende ASM–Diagramm.

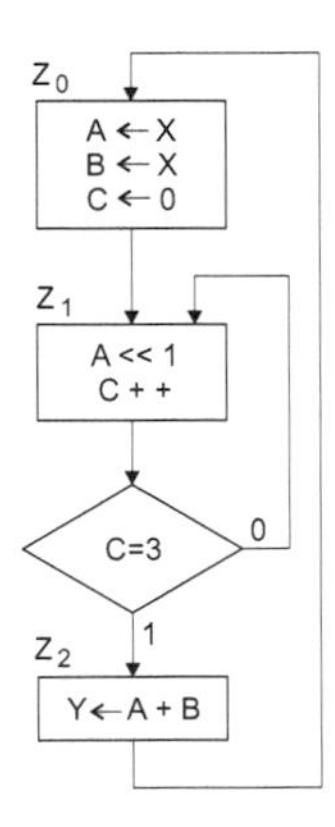

Abb. L87.1: ASM–Diagramm zur Umrechnung von m/s in km/h

L.87.2: Das Operationswerk ist in Abb. L87.2 dargestellt.

L.87.3: Das Steuerwerk erfordert 3 D–Flipflops, die den einzelnen Zuständen zugeordnet werden. Das Rückkopplungsschaltnetz wird durch folgende Funktionen implementiert:

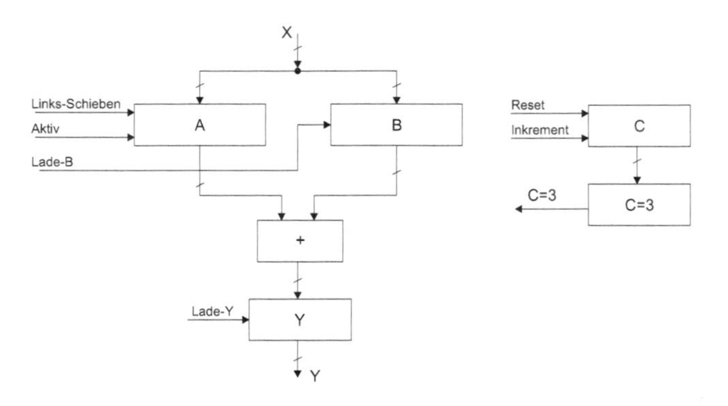

Abb. L87.2: Aufbau des Operationswerks zur Umrechnung von m/s in km/h

$$\begin{aligned} D_0 &= Q_2 \vee \overline{Q_2}\,\overline{Q_1}\,\overline{Q_0} \\ D_1 &= Q_0 \vee Q_1\,\overline{C=3} \\ D_2 &= Q_1\,(C=3) \end{aligned}$$

Das Ausgangsschaltnetz des Steuerwerks muss folgende Schaltfunktionen bestimmen:

$$\begin{aligned} Links\_Schieben &= Q_1 \\ Aktiv &= Q_0 \vee Q_1 \\ Lade\_B &= Q_0 \\ Reset &= Q_0 \\ Inkrement &= Q_1 \\ Lade\_Y &= Q_2 \end{aligned}$$

Lösung der Aufgabe 88: Bestimmung des Logarithmus zur Basis 2

L.88.1: Das ASM–Diagramm ist in Abb. L88.1 dargestellt. Man beachte, dass die Variable B mit FF_{16} initialisiert wird, d.h. wir setzen einen ladbaren 8–Bit Zähler zur Speicherung von B voraus.

L.88.2: Das Operationswerk ist in Abb. L88.2 dargestellt.

L.88.3: Schaltfunktionen des Rückkopplungsschaltnetzes:

$$
\begin{aligned}
D_0 &= z_0\overline{(Start = 1)} \vee z_3 \\
&= Q_0\overline{(Start = 1)} \vee Q_3 \\
D_1 &= z_0(Start = 1) = Q_0(Start = 1) \\
D_2 &= z_1\overline{(A = 0)} \vee z_2\overline{(A = 0)} \\
&= (z_1 \vee z_2)\overline{(A = 0)} \\
&= (Q_1 \vee Q_2)\overline{(A = 0)} \\
D_3 &= z_1(A = 0) \vee z_2(A = 0) \\
&= (z_1 \vee z_2)(A = 0) \\
&= (Q_1 \vee Q_2)(A = 0)
\end{aligned}
$$

Schaltfunktionen des Ausgangsschaltnetzes:

$$
\begin{aligned}
Rechts\_Schieben &= Q_2 \\
Aktiv = Lade\_B &= Q_0(Start = 1) \vee Q_2 \\
Inkrement &= Q_2 \\
Lade\_Y &= Q_3
\end{aligned}
$$

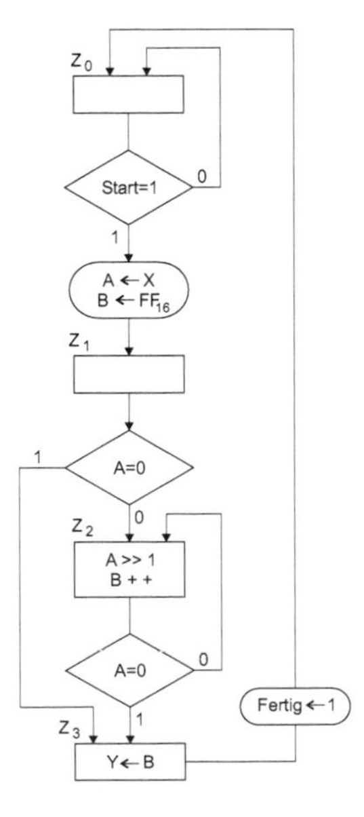

Abb. L88.1: ASM–Diagramm für ein MEALY–Schaltwerk zur Berechnung von $\log_2$

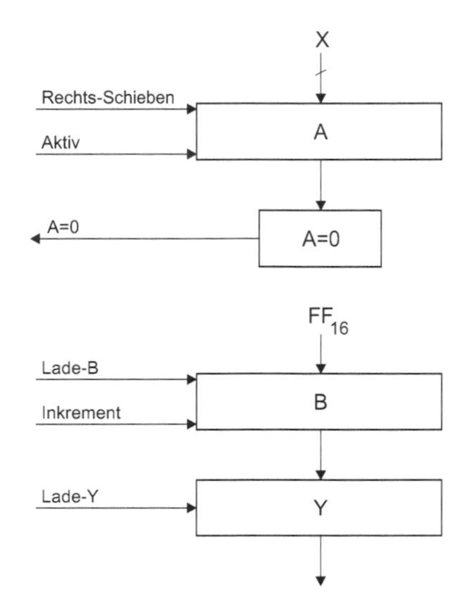

Abb. L88.2: Operationswerk zur Berechnung von $\log_2$

Lösung der Aufgabe 89: Befehlssatz eines Prozessors

L.89.1: Die Befehle `lda` und `sta` sind trivial:

```
; lda - load akkumulator
; Interpretiere Register 15 als Akku und
; lade ihn mit dem Wert aus Register 0
        control $1f00f ; R[15] = R[0]
        clock
        quit

; sta - store akkumulator
; Interpretiere Register 15 als Akku und
; schreibe den Wert ins Register 0
        control $1fff0 ; R[0] = R[15]
        clock
        quit
```

Beim `cmp`–Befehl müssen wir beachten, dass der Akku nicht verändert werden darf. Deshalb transferieren wir ihn zuerst in das Register 10. Dann führen wir eine Subtraktion mit dem Register 0 durch, um die Status–Flags zu setzen. Gleichheit wird dann mit einem gesetzten Zero–Flag angezeigt. Ist der Akku größer als der Wert in Register 0, so sind das Zero und das Negative–Flag gelöscht. Ist schließlich das Negative–Flag gesetzt, so ist der Akku kleiner als der Wert in Register 0.

Den Steuerablauf dazu, zeigen die folgenden Zeilen:

```
; cmp - compare with akku
        control $1fffa  ; akku nach R[10]
        clock
        carry   1
        control $06a0a  ; R[10] = R[10] - R[0]
        clock
        quit
```

Es folgen die Additions– und Subtraktionsbefehle:

```
; adc - add to akkumalator with carry
        control $090ff  ; R[15] = R[0] + R[15] + carry
        clock
        quit

; sbc - subtract from akku with carry
        control $06f0f  ; R[15] = R[15] - R[0] - 1 + carry
        clock
        quit
```

L.89.2: Es folgen die Befehle zum Verändern und speichern der Index–Register:

```
; ldx - load x-register
; Interpretiere Register 14 als X-Register und
; lade es mit dem Wert aus Register 0
        control $1f00e ; R[14] = R[0]
        clock
        quit

; ldy - load y-register
; Interpretiere Register 13 als Y-Register und
; lade es mit dem Wert aus Register 0
        control $1f00d ; R[13] = R[0]
        clock
        quit

; stx - store x-register
; schreibe den Wert von Register 14 ins Register 0
        control $1fee0 ; R[0] = R[14]
        clock
        quit

; sty - store y-register
; schreibe den Wert von Register 13 ins Register 0
        control $1fdd0 ; R[0] = R[13]
        clock
        quit
```

```
; dex - decrement x register
        carry   0
        control $0feee  ; R[14] = R[14] - 1
        clock
        quit

; dey - decrement y register
        carry   0
        control $0fddd  ; R[13] = R[13] - 1
        clock
        quit

; inx - increment x register
        carry   1
        control $00eee  ; R[14] = R[14] + 1
        clock
        quit

; iny - increment y register
        carry   1
        control $00ddd  ; R[13] = R[13] + 1
        clock
        quit
```

Die Vergleichsbefehle laufen analog zum `cmp`–Befehl ab:

```
; cpx - compare with x
        control $1feea  ; x nach R[10]
        clock
        carry   1
        control $06a0a  ; R[10] = R[10] - R[0]
        clock
        quit

; cpy - compare with y
        control $1fdda  ; y nach R[10]
        clock
        carry   1
        control $06a0a  ; R[10] = R[10] - R[0]
        clock
        quit
```

L.89.3: Es folgen die Transfer–Befehle:

```
; txa - transfer x to akku
        control $1feef ; R[15] = R[14]
```

```
        clock
        quit

; tya - transfer y to akku
        control $1fddf ; R[15] = R[13]
        clock
        quit

; tax - transfer akku to x
        control $1fffe ; R[14] = R[15]
        clock
        quit

; tay - transfer akku to y
        control $1fffd ; R[13] = R[15]
        clock
        quit
```

L.89.4: Bei der Multiplikation mit Mikrobefehlen, machen wir uns die Mühe die nötigen Additionen dadurch zu reduzieren, dass wir den kleineren Faktor als Zähler verwenden. Den Sonderfall, dass einer oder beide Faktoren null sind, müssen wir natürlich auch „abfangen“:

```
; mul - multiply akku and R[0] to akku -> a = a * R[0]
        cmp                     ; where is the maximum ?
        jc      $80     amin
        ldx
        sta
        txa
>amin   tax                     ; first factor to x
        jc      $20     zero    ; first factor zero ?
        lda
        jnc     $20     mloop   ; second factor zero ?
>zero   set 0   0
        lda
        quit

>mloop  dex
        jc      $20     end

        cy      0
        adc
        jnc     $00     mloop   ; jump directly

>end    quit
```

Bei der Division haben wir es mit zwei unterschiedlichen Sonderfällen zu tun. Einerseits kann der Nenner null sein ($\Rightarrow$ Ergebnis undefiniert, entspricht einer *Divide-by-zero Exception*), andererseits kann der Zähler null sein ($\Rightarrow$ Ergebnis null). Den Nenner müssen wir vor dem Zähler prüfen, weil „Null durch Null" nicht definiert ist:

```
; div - divide akku with R[0] to akku -> a = a / R[0]
        tax                         ; numerator to x
        lda
        jnc     $20     div         ; denominator zero ?
        set 0   #-1                 ; infinity result
        lda
        quit

>zero   set 0   0
        lda
        quit

>div    txa                         ; numerator to akku
        jc      $20     zero        ; numerator zero ?
        set 14  #-1                 ; set result to default
>dloop  inx
        cy      1
        sbc
        jnc     $80     dloop

>end    txa
        quit
```

Lösung der Aufgabe 90: Fahrenheit nach Celsius

Da wir keine gebrochenen Zahlen direkt mit der RALU verarbeiten können, müssen wir die Formel etwas umformen:

$$\begin{aligned} {}^\circ C &= \frac{{}^\circ F - 32}{1,8} \\ &= \frac{({}^\circ F - 32) \cdot 10}{18} \end{aligned}$$

Diese Formel können wir mit den uns zur Verfügung stehenden Mikro– und Makrobefehlen berechnen. Um den Betrag des Ergebnisses vom Vorzeichen zu trennen, müssen wir das Subtraktionsergebnis bereits auf das Vorzeichen testen, und gegebenenfalls das Zweierkomplement davon bilden:

```
; Programm zur Umwandlung von Grad Fahrenheit in Grad Celsius
; nach der Formel C = (F-32)/1.8
```

```
        lda            ; Grad Fahrenheit in akku
        set 0   0      ; Vorzeichen des Ergebnisses
        ldy            ; null = positiv
        set 0   #32
        cy      1
        sbc            ; 32 abziehen
        jnc $80 plus   ; Groesser Null ?
        set 0   $ffff  ; Betrag ermitteln
        ldx
        sta
        txa
        cy      1
        sbc            ; 65535-SubErgebnis
        tax
        inx            ; +1 -> Zweierkomplement
        txa
        iny            ; Vorzeichen als negativ kennzeichnen

>plus   set 0   #10
        mul            ; akku * 10
        set 0   #18
        div            ; akku / 18
                       ; -> (akku-32)/1.8
        sta            ; Ergebnis nach R[0]
        quit
```

Lösung der Aufgabe 91: Briggscher Logarithmus

Wir wandeln das Logarithmus–Programm aus dem Lehrbuch so um, dass nur noch Register oberhalb Register 10 benutzt werden. Wir löschen außerdem die Eingabe des Argumentes innerhalb des Programmes. Damit erhalten wir:

```
;
; Berechnung des Logarithmus zur Basis 2 fuer die RALU-Simulation
; Mikroprogramm--Version
;
                set     10      $ffff   ; Ergebnis (vorlaeufig 'unendlich')
                set     11      #1      ; Anzahl der Rotationen nach rechts
;
; Solange wie moeglich, wird durch 2 geteilt
;
>loop           control $1f000          ; mit Reg[0] den Status setzen
                clock
                jmpcond $20     end     ; Wenn A gleich null, dann ende
;
; Division durch 2 durch Verschiebung um eine Position nach rechts
;
                control $0c0b0          ; Reg[0]=Reg[0]>>Reg[11]
                carry   1
```

```
              clock
;
              carry   1
              control $00a0a          ; Reg[10]=Reg[10]+1
              clock
              jpncond $00     loop    ; unbedingter Sprung nach loop
;
; Ende der Berechnung, Ergebnis in Reg[10], nach Reg[0]
;
>end          control $1fa00          ; Reg[10] nach Reg[0]
              clock
              quit
```

Nun können wir den Briggschen Logarithmus sehr leicht errechnen:

```
; Logarithmus zur Basis 10
; auf der Grundlage des Logarithmus zur Basis 2
; nach der Formel: log x = ld x/ld 10
        log2   ; Logarithmus zur Basis 2 von x berechnen
        lda    ; Ergebnis in den Akku
        set 0 10
        log2   ; Logarithmus zur Basis 2 von 10 berechnen
        div    ; akku/Reg[0] berechnen
        quit
```

Lösung der Aufgabe 92: Exponent für Gleitkommaformat nach IEEE–754

L.92.1: Ermittlung des Exponenten *exp* bei Gleitkommadarstellung nach IEEE–754: Da der Wert des *Signifikand* im Intervall $[1, 2)$ liegen muss, muss der Exponent folgende Ungleichung erfüllen:

$$\frac{|x|}{2} < 2^{exp} \leq |x|$$

Durch Anwendung des Logarithmus Dualis erhalten wir:

$$\mathrm{ld}\,\frac{|x|}{2} < exp \leq \mathrm{ld}\,|x|$$

Mit

$$\mathrm{ld}\,u = \frac{\log u}{\log 2} \approx 3,322 \cdot \log u$$

folgt für die Ungleichung:

$$3,322 \cdot \log\frac{|x|}{2} < exp \leq 3,322 \cdot \log|x|$$

Für *exp* muss nun die größtmögliche ganze Zahl gewählt werden !

L.92.2: $x = 4096$:

$$11 < exp \leq 12 \quad \Rightarrow \text{wähle } exp = 12$$

L.92.3: $x = \pi$:

$$0,65 < exp \leq 1,65 \quad \Rightarrow \text{wähle } exp = 1$$

L.92.4: $x = -280492$:

$$17,08 < exp \leq 18,08 \quad \Rightarrow \text{wähle } exp = 18$$

Lösung der Aufgabe 93: Gleitkomma–Multiplikation

L.93.1: Man kann im wesentlichen zwei Schritte unterscheiden, von denen sich der erste Schritt noch weiter unterteilt:

1. Multiplikation der Mantissen:
   - Ermittlung des Vorzeichens des Produktes
   - stellenverschobene Multiplikation
   - Addition der Zwischenergebnisse
2. Addition der Exponenten der beiden Operanden und des Exponenten des (normalisierten) Produktes der Mantissen.

Bei der Addition der Zwischenergebnisse im ersten Schritt werden jeweils zwei Summanden (Produkte von Multiplikant und den einzelnen Stellen des Multiplikators) addiert. Dabei paßt der zweite Summand seinen Exponenten an den Exponenten der bisherigen (normalisierten) Teilsumme an (vgl. hierzu auch Lehrbuch Band 2).

L.93.2: Berechung von $0,8365 \cdot 10^3 * 0,103 \cdot 10^{-2}$:

1. Schritt: Multiplikation der Mantissen:
   - Ermittlung des Vorzeichens des Produktes:
     Das Vorzeichen des Produktes ist positiv, da beide Operanden positiv sind.
   - stellenverschobene Multiplikation:

$$\begin{aligned} 0,8365 * 0,123 &= 0,8365 * 0,1 + 0,8365 * 0,02 + 0,8365 * 0,003 \\ &= \underbrace{\underbrace{0,08365 + 0,01673}_{\text{1. Addition}} + 0,0025095}_{\text{2. Addition}} \end{aligned}$$

   - Addition der Zwischenergebnisse:

   1. Addition: Nun wird das Produkt der ersten Nachkommastelle normalisiert:

$$0,08365 = 0,8365 \cdot 10^{-1}$$

   Angleichung des zweiten Summanden:

$$0,01673 = 0,1673 \cdot 10^{-1}$$

   Addition:

$$(0,8365 + 0,1673) \cdot 10^{-1} = 1,0038 \cdot 10^{-1}$$

Normalisierung liefert die Teilsumme:

$$0,10038 \cdot 10^0$$

2. Addition: Die Angleichung des zweiten Summanden entfällt:

$$(0,10038 + 0,0025095) \cdot 10^0 = 0,1028895 \cdot 10^0$$

2. Schritt: Addition der Exponenten der beiden Operanden und des Exponenten des (normalisierten) Produktes der Mantissen:

$$(3) + (-2) + (0) = 1$$

Das normalisierte Produkt hat folglich den Wert:

$$0,1028895 \cdot 10^1$$

Lösung der Aufgabe 94: Branch Target Cache

L.94.1: Das Programm umfasst vier Befehle, also acht 16–Bit Wörter. Hinzu kommt der Schreibzugriff auf das externe RAM in Zeile 3. Insgesamt wird also neun mal auf das externe RAM zugegriffen.

L.94.2: Der Branch-Target-Cache speichert neben der Zieladresse eines Sprungs noch einen oder mehrere Befehle ab der Zieladresse des Sprungs. In dieser Aufgabe wird genau ein Befehl des Ziels gespeichert (Befehl Nr.1). Daher sind nur noch sieben Zugriffe auf das externe RAM erforderlich.

Lösung der Aufgabe 95: Analyse von CISC–Assembler

Der Unterschied einer `do`– zu einer `while`–Schleife liegt in der Reihenfolge der Erhöhung der Schleifenvariablen und des Vergleiches auf den Schleifenendwert.

Zur Lösung der Aufgabe müssen wir also nicht den ganzen Code der Assemblerprogramme verstehen, sondern nur auf das Vorkommen von Additions– und Vergleichsbefehlen achten.

Betrachten wir uns das erste Assemblerprogramm, so stellen wir fest, dass der Additionsbefehl `addql #1,d0` *vor* dem Vergleichsbefehl `compl d0,d1` ausgeführt wird. Dies entspricht eindeutig der `do`–Schleife. Umgekehrt kommt beim zweiten Assemblerprogramm erst der Vergleichsbefehl `compl d0,d1` zur Ausführung und dann der Additionsbefehl `addql #1,d0`. Dies entspricht eindeutig der `while`–Schleife.

Wir halten somit fest: Das Assembler–Programm 1 entspricht der Übersetzung der `do`–Schleife und das Assembler–Programm 2 der Übersetzung der `while`–Schleife.

Lösung der Aufgabe 96: CISC versus RISC

Merkmale der RISC–Architektur sind u.a. (vgl. Lehrbuch Band 2):
- Wenige Adressierungsarten
- Speicherzugriffe nur über LOAD/STORE–Befehle
- Viele Prozessorregister

Mit diesem Wissen können wir die Aufgabe lösen.

Das Assemblerprogramm 1 weist eine Vielzahl von LOAD/STORE–Befehlen mit stets drei Parametern auf (`ld/st`). Ferner verfügt der Prozessor offensichtlich über viele Register (`r0...r30`). Dies deutet auf einen RISC–Prozessor hin. Beim Assemblerprogramm 2 werden `move`–Befehle mit unterschiedlichen Adressierungsarten verwandt, dies ist ein Merkmal für CISC–Prozessoren.

Assemblerprogramm 1 ist also für einen RISC–Prozessor (hier 88100), Assemblerprogramm 2 für einen CISC–Prozessor (hier 68040) übersetzt worden.

Lösung der Aufgabe 97: Scheduling und Renaming

L.97.1: Bei sequentieller Ausführung würden 12 Taktzyklen benötigt.

L.97.2: Es ergibt sich folgende Tabelle für die Zuordnung der Maschinenbefehle zu den Ausführungseinheiten:

	IU1	IU2	LS1	LS2
1			LOAD R1,[A]	LOAD R2,[B]
2	MUL R3,R1,R2			
3	MUL R3,R1,R2			
4			LOAD R1,[C]	LOAD R2,[D]
5	MUL R4,R1,R2			
6	MUL R4,R1,R2			
7	ADD R1,R3,R4	SUB R2,R3,R4		
8			STORE [E],R1	STORE [F],R2

Die Befehle 1 und 2 können parallel ausgeführt werden. Der Befehl 3 belegt die IU1 für zwei Taktzyklen. Die beiden LOAD-Befehle 4 und 5 können wegen der WAR-Abhängigkeit zu R1 bzw. R2 erst im 4. Taktzyklus ausgeführt werden. Wegen der RAW-Abhängigkeit bzgl. Register R4 zwischen dem Befehl 6 zu den Befehlen 7 und 9 können die beiden letztgenannten Befehle erst im 7. Taktzyklus ausgeführt werden. Die Befehle 8 und 9 können vertauscht werden. Daher werden im 7. Taktzyklus beide IUs ausgelastet. Wegen der RAW-Abhängigkeiten bzgl. der Register R1 und R2 werden die beiden STORE-Befehle 8 und 10 erst im 8. Taktzyklus ausgeführt.

L.97.3: Um den WAR-Konflikt zwischen dem Befehl 3 und den LOAD-Befehlen 4 und 5 aufzulösen, kann man die betroffenen Register R1 und R2 in R11 und R22 umbenennen. Damit erhalten wir folgende Zuordnungstabelle:

	IU1	IU2	LS1	LS2
1			LOAD R1,[A]	LOAD R2,[B]
2	MUL R3,R1,R2		LOAD R11,[C]	LOAD R22,[D]
3	MUL R3,R1,R2	MUL R4,R11,R22		
4		MUL R4,R11,R22		
5	ADD R1,R3,R4	SUB R2,R3,R4		
6			STORE [E],R1	STORE [F],R2

Wir erkennen, dass durch die Registerumbenennung zwei weitere Taktzyklen eingespart werden können und dass damit die Auslastung der Ausführungseinheiten erhöht wird. Gegenüber der sequenziellen Lösung wird die Ausführungszeit halbiert, d.h. wir erhalten einen Speedup von 2. Dieser ist jedoch nur halb so groß wie der theoretische Maximalwert von 4 entsprechend der vier Ausführungseinheiten, die jedoch wegen der Datenabhängigkeiten nicht ständig parallel arbeiten können.

Lösung der Aufgabe 98: Magnetisierungsmuster

L.98.1: $58_H = 01011000$

L.98.2: Bei der FM–Codierung geht jedem Datenbit ein Flusswechsel voraus. Falls das Datenbit 0 ist, bleibt die Magnetisierung bis zum Ende der Bitzelle gleich. Falls das Datenbit 1 ist, muss nach dem Takt–Flusswechsel ein Daten–Flusswechsel erfolgen.

0	FK
1	FF

Damit erhalten wir folgendes Magnetisierungsmuster: FKFFFKFFFFFKFKFK

L.98.3: Bei der MFM–Codierung werden nur dann Takt–Flusswechsel eingefügt, wenn auf eine 0–Bitzelle ein weiteres 0-Bit folgt. Mit folgender Tabelle

0 nach 0	FK
0 nach 1	KK
1 nach 1	KF
1 nach 0	KF

erhalten wir das Magnetisierungsmuster: FKKFKKKFKFKKFKFK.

L.98.4: Mit der Tabelle zur RLL–Codierung aus dem Lehrbuch Band 2, Kapitel 9, erhalten wir folgendes Magnetisierungsmuster:

$$\underbrace{FKKFKK}_{0\,1\,0}\quad\underbrace{FKKK}_{1\,1}\quad\underbrace{KKKFKK}_{0\,0\,0}$$

L.98.5: Der kleinste gleichmässig magnetisierbare Bereich auf der Speicherschicht wird Spurelement genannt. Der kleinste Abstand zwischen zwei aufeinanderfolgenden Flusswechseln muss auf ein Spurelement abgebildet werden!

Bei FM–Codierungen ist der kleinste Abstand zwischen zwei Flusswechseln Null, d.h. jedem Flusswechsel (F) oder Nicht–Flusswechsel (K) muss ein Spurelement zugeordnet werden (Abb. L98.1a).
Bei der MFM-Codierung ist der kleinste Abstand zwischen zwei Flusswechseln Eins. Das bedeutet, dass pro Spurelement ein FK-Paar abgebildet werden kann. Bei gleichen technologischen Grenzen kann damit die Speicherkapazität verdoppelt werden (Abb. L98.1b).
Das kürzeste Magnetisierungsmuster der RLL(2.7)–Codierung ist FKK. Daraus folgt, dass wir gegenüber der FM-Codierung nur ein Drittel der Flusswechsel benötigen (Abb. L98.1c).

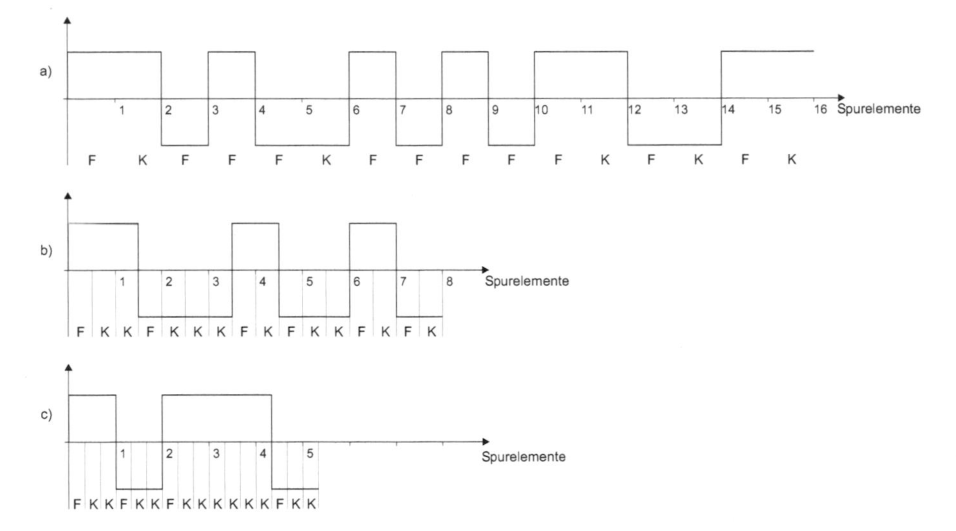

Abb. L98.1: Magnetisierungsmuster bei a) FM–, b) MFM– und c) RLL(2.7)–Codierung

Lösung der Aufgabe 99: Cyclic Redundancy Check

Berechnung der Polynom–Division (Modulo-2-Arithmetik):

```
11100110100000 : 101011 = 110110110
-----------------------
101011
------
 100101
 101011
 ------
   111001
   101011
   ------
    100100
    101011
    ------
      111100
      101011
      ------
       101110
       101011
       ------
         01010   <-- Rest der Division!
```

$S(x) = 111001101\ 01010$

Lösung der Aufgabe 100: Virtueller Speicher mit Paging–Technik

L.100.1: Die virtuelle Adresse besteht aus einer 20 Bit großen Seitenadresse und einem 12 Bit großen Offset (Abb. L100.1).

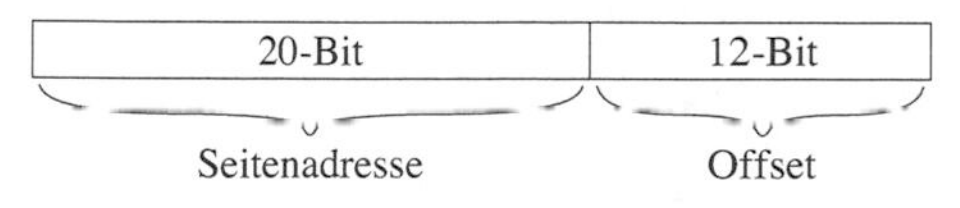

Abb. L100.1: Virtuelle Adresse

L.100.2: Die Seitentabelle enthält $2^{20} = 1.048.576$ Einträge, die über die virtuelle Seitenadresse als Index angesprochen werden. Jeder Eintrag beschreibt den *Ort* und den *Zustand* der entsprechenden Seite. Die Ortsangabe in diesem Seitendeskriptor bezieht sich auf den physikalischen Adreßraum von 4 M–Worten und muss entsprechend 10 Bit (22 Bit - 12 Bit) umfassen. Als Zustandsinformation werden pro Seite z.B. noch folgende Bits gespeichert (vgl. Lehrbuch Band 2):

P Present–Bit. für $P = 0$ ist die Seite nicht im Hauptspeicher vorhanden. Man spricht von einem *Seitenfehler*, da die Seite erst vom Hintergrundspeicher eingelagert werden muss. Danach wird $P = 1$ gesetzt. Die physikalische Adresse des Seitendeskriptors bezeichnet im Falle eines Seitenfehlers die Spur bzw. den Sektor auf einen Plattenspeicher.

W Writeable–Bit. Für $W = 0$ darf der Inhalt der Seite nur gelesen werden. Die Seite ist also schreibgeschützt.

S Supervisor–Bit. Aus Seiten mit gesetztem Supervisor–Bit darf nur zugegriffen werden, wenn der Prozessor sich im Supervisor–Mode befindet. Hierdurch können Teile des Betriebssystems vor unberechtigtem Zugriff geschützt werden. Benutzerprogramme dürfen nur auf Seiten zugreifen bei denen $S = 0$ ist.

M Modified–Bit. Gibt Auskunft, ob die Seite im Hauptspeicher verändert wurde ($M = 1$) oder nicht ($M = 0$). Wenn $M = 1$ ist, muss die Seite *vor* der Auslagerung im Hintergrundspeicher aktualisiert werden.

R Reference–Bit. Beim Zugriff auf eine Seite wird das zugehörige Reference–Bit gesetzt ($R = 1$). Da das Betriebssystem die R–Bits in regelmäßigen Abständen zurücksetzt, gibt ein gesetztes R–Bit an, dass eine Seite „kürzlich" noch benutzt wurde. Diese Information kann von Ersetzungsalgorithmen ausgewertet werden.

L.100.3: Die Umsetzung der virtuellen Adresse zur physikalischen Adresse ist in Abbildung L100.2 dargestellt.

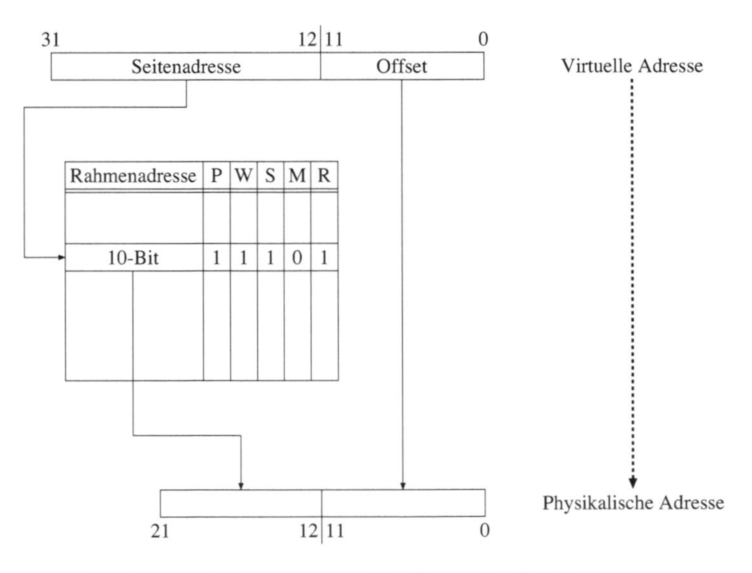

Abb. L100.2: Umsetzung von virtueller zu physikalischer Adresse

L.100.4: Die maximale Größe sämtlicher Programme (inklusive Daten) darf die Kapazität des Hintergrundspeichers nicht überschreiten, da dort für jedes Programm ein entsprechendes Speicherabbild existieren muss.

Lösung der Aufgabe 101: Tastenfeld

L.101.1: Das Schaltwerk muss nacheinander jeweils ein 1–Signal auf alle Zeilenleitungen geben (Abb. L101.1). Während eine Taste gedrückt ist, liefert das ODER–Schaltglied ein 1–Signal, das die Übernahme des Scancodes in das Register steuert und gleichzeitig das Ausgangssignal *Key_pressed* liefert.

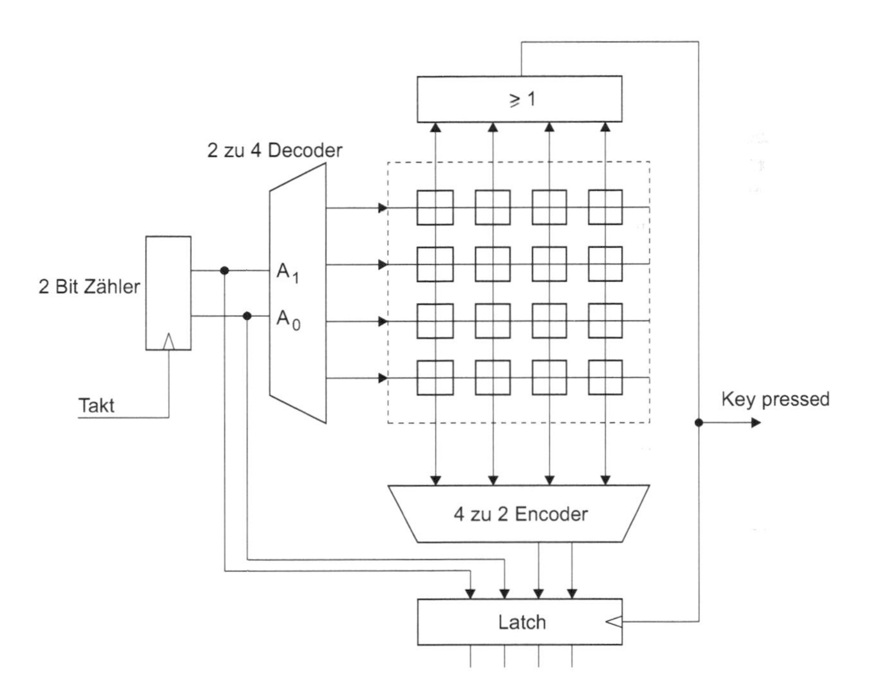

Abb. L101.1: Schaltwerk des Tastaturcontrollers

L.101.2: Die Abfrage eines Tastendrucks muss innerhalb von vier Taktzyklen erfolgen. Damit eine Impulsbreite von 5 ms garantiert wird, müssen drei Zeilen in 45 ms abgefragt werden. Daraus ergibt sich eine Zykluszeit von 15 ms. Das entspricht einer Taktfrequenz von $\frac{1}{0{,}015s} = 66,67$ Hz.

L.101.3: Die Schaltung der ersten Teilaufgabe kann durch eine Taktausblendung über ein UND–Schaltglied mit zwei Eingängen erweitert werden. Der Taktgenerator wird hierzu an den einen Eingang angeschlossen und dem Schaltwerk über den Ausgang des UND–Gliedes zugeführt. Sobald der zweite Eingang des UND–Gliedes den Wert 0 annimmt, wird das Schaltwerk angehalten. Wir müssen daher an diesen Eingang nur das Signal $\overline{Key\_pressed}$ anlegen.

Lösung der Aufgabe 102: Parallele Schnittstelle

L.102.1: Es werden zwei Adresseingänge A_1 A_0 benötigt. Diese Eingänge werden direkt vom Adressbus übernommen. Sie werden **nicht** zur Adressdecodierung benutzt.

L.102.2: Der Baustein darf nur dann am Datenbus angekoppelt sein, wenn eine der drei Adressen am Adressbus anliegt. Die Steuerung der Übertragungsrichtung erfolgt mit den Steuersignalen für Schreiben und Lesen.

L.102.3: Die Basisadresse des Bausteins in hexadezimaler Darstellung lautet 00000378. Der Baustein muss daher immer dann aktiviert werden, wenn

$$\begin{aligned} A_3A_2A_1A_0 &= 10XX \\ A_7A_6A_5A_4 &= 0111 \\ A_{11}A_{10}A_9A_8 &= 0011 \\ A_{31}\cdots A_{12} &= 0\cdots 0 \end{aligned}$$

Die Adressleitungen A_1 und A_0 werden nicht ausgewertet.

$$\overline{CS} = \overline{\overline{A_{31}}\;\overline{A_{30}}\cdots\overline{A_{12}}\;\overline{A_{11}}\;\overline{A_{10}}A_9A_8\overline{A_7}A_6A_5A_4A_3\overline{A_2}}$$

Lösung der Aufgabe 103: Asynchrone Übertragung

L.103.1: Das Programm sollte zu Beginn eine zufällige Anzahl von Nullen senden, denn der Empfänger kann ja nicht erwarten sofort sein Startbit zu erhalten. Dieser Sendebeginn erfolgt im unten abgedruckten Programm im Hauptprogramm `main`. Danach wird einfach nur eine Schleife aufgerufen, die, solange noch Zeichen auf der Standard–Eingabe anliegen, diese bitweise auf die Standardausgabe sendet. Das Senden erledigt dabei das Unterprogramm `SendByte`, dass zuerst ein Eins–Startbit, dann alle einzelnen Bits des Bytes in abnehmender Wertigkeit, ein (ungerades) Paritätsbit und schließlich die beiden Null–Stop–Bits sendet.
Ungerade Parität bedeudet, dass die Anzahl der Einsen im zu sendenden Wort (acht Datenbits plus Paritätsbit) ungerade sein muss.
Eine mögliche Lösung des Problems stellt das folgende Listing dar:

```
/**************************************************************************

                             *** SEND.c ***

                             Programm zu
 W.Schiffmann/R.Schmitz/J.Weiland: "Uebungsbuch Technische Informatik",
                        Springer-Verlag, 1994.

          (c)1994 von W.Schiffmann, J.Weiland   (w)1994 von J.Weiland


**************************************************************************/
```

```
/*-------------------------------------------------------------------
    Benutzte Bibliotheken
-------------------------------------------------------------------*/

#include <stdio.h>
#include <stdlib.h>
#include <time.h>


/*-------------------------------------------------------------------
    Makros, zur Erzeugung einer beliebigen Anzahl Anfangsbits
-------------------------------------------------------------------*/

#define random(num)        (rand() % (num))
#define randomize()        srand((unsigned)time(NULL))



/*********************************************************************
*
*   Noetige Funktionsprototypen (ANSI)
*
*********************************************************************/

void SendByte(unsigned char);



/*********************************************************************
*
*   Unterprogramme
*
*********************************************************************/

/* -----------------------------------------------------------------
    SendByte

    Sendet das Byte im Uebertragungsrahmen von 1 Start-, 2 Stop-Bits
    bei ungerader Paritaet
-----------------------------------------------------------------*/
void SendByte(unsigned char cByte)
{
    unsigned int nByte, nPower, nParity;

    /* START-Bit */
    fputc('1', stdout);

    nByte = (int)cByte; /* Zu sendendes Byte */
    nPower = 0x80; /* Zaehler fuer die bits */
```

```
    nParity = 0; /* Zaehler fuer die Paritaet */
    while (nPower > 0)
    {
        if ( (nPower&nByte) != 0 )
        {
            fputc('1', stdout);
            nParity++;
        }
        else fputc('0', stdout);

        nPower = nPower >> 1;
    }

    /* Erzeugung des PARITAETS-Bit (ungerade) */
    if (nParity & 0x01) fputc('0', stdout);
    else fputc('1', stdout);

    /* Erzeugung der STOP-Bits */
    fputc('0', stdout);
    fputc('0', stdout);

}



/************************************************************************
*
*   Hauptprogramm
*
*   Empfaengt Zeichen ueber die Standard-Eingabe und sendet sie auf die
*   Standard-Ausgabe
*
************************************************************************/

void main(void)
{
    int i;

    /* Erzeugung einer zufaelligen Anzahl von Anfangsbits */
    randomize();
    for(i=0; i<random(10)+5; i++) fputc('0', stdout);

    /* Solange Zeichen gelesen werden, senden */
    while (!feof(stdin))
    {
        SendByte(fgetc(stdin));
    }
}
```

L.103.2: Das Empfangsprogramm läuft in nur einer Schleife ab. Zuerst wird solange von der Standard–Eingabe gelesen, bis ein Startbit vorkommt. Dann versucht das Programm in der Unterroutine `ReceiveByte` die acht Datenbits gefolgt von Paritäts– und Stopbits zu lesen. Eventuelle Fehler werden mit einer Ausgabe von `<parity error>` oder `<frame error>` auf der Standard–Ausgabe quittiert. *Eine* mögliche Lösung des Problems stellt das folgende Listing dar:

```
/***********************************************************************

                             *** RECEIVE.c ***

                                Programm zu
  W.Schiffmann/R.Schmitz/J.Weiland: "Uebungsbuch Technische Informatik",
                           Springer-Verlag, 1994.

        (c)1994 von W.Schiffmann, J.Weiland   (w)1994 von J.Weiland


***********************************************************************/


/*-------------------------------------------------------------------
    Benutzte Bibliotheken
-------------------------------------------------------------------*/

#include <stdio.h>


/***********************************************************************
*
*   Noetige Funktionsprototypen (ANSI)
*
***********************************************************************/

int ReceiveByte(unsigned char*),


/***********************************************************************
*
*   Unterprogramme
*
***********************************************************************/


/* -----------------------------------------------------------------
    ReceiveByte
```

```
    Empfaengt ein Zeichen innerhalb des Rahmens von 1 Start-,
    2 Stop-Bits bei ungerader Paritaet.
------------------------------------------------------------------*/
int ReceiveByte(unsigned char* pcByte)
{
    unsigned int nByte, nPower, nParity, nBit;
    int error = 0;

    nByte = 0; /* das empfangene Zeichen */
    nPower = 0; /* empfangene Bits */
    nParity = 0; /* Zaehler fuer den Paritaetstest */
    while (nPower != 8)
    {
        nBit = ((fgetc(stdin) == 49) ? 1 : 0); /* hol das naechste bit */
        nByte = (nByte << 1) | nBit;
        if (nBit) nParity++;
        nPower++;
    }

    /* Holen und Testen des Paritaetsbits (ungerade) */
    nBit = ((fgetc(stdin) == 49) ? 1 : 0);
    if ((nParity&0x01) == nBit) error = 2;

    /* Holen und Testen der Stopbits */
    nBit = ((fgetc(stdin) == 49) ? 1 : 0);
    if (nBit != 0) error = 1;
    nBit = ((fgetc(stdin) == 49) ? 1 : 0);
    if (nBit != 0) error = 1;

    *pcByte = (unsigned char)nByte;
    return error;
}


/*********************************************************************
*
*   Hauptprogramm
*
*   Empfaengt Zeichen ueber die Standard-Eingabe und gibt sie auf die
*   Standard-Ausgabe
*
*********************************************************************/

void main(void)
{
    char cByte; /* empfangenes Zeichen */
    unsigned int nBit; /* empfangenes Bit */
    int error; /* Wert eines Fehlers */

    while (!feof(stdin))
    {
        /* Warte auf das Startbit */
        nBit = ((fgetc(stdin) == 49) ? 1 : 0);
        if (nBit == 1)
```

```
            {
                error = ReceiveByte(&cByte);
                switch (error)
                {
                    case 1: fprintf(stderr, "<frame error>");
                            break;

                    case 2: fprintf(stderr, "<parity error>");
                            break;

                    default: fputc(cByte, stdout); /* Zeichen ausgeben */
                             break;
                }
            }
        }
    }
```

Teil III

Anhang

A Wissenschaftliche Gleichungen

A.1 Größengleichungen

Größengleichungen drücken in der Physik Beziehungen zwischen physikalischen Größen aus. Größengleichungen sind das, was der Volksmund allgemein als Formel bezeichnet, d.h. in der Gleichung kommen nur Variablen bzw. Platzhalter für physikalische Sachverhalte vor.

Die Größengleichung zum Ohmschen Gesetz lautet z.B.

$$R = \frac{U}{I}$$

In Größengleichungen tauchen also keine Einheiten auf. Es können aber auch Zahlen vorkommen, wie z.B. im Coulombschen Gesetz:

$$F = \frac{Q_1 \cdot Q_2}{4\pi\, \varepsilon_0 \cdot r^2}$$

Die Zahlen in Größengleichungen sind allerdings ausschließlich Naturkonstanten bzw. Korrekturfaktoren für das jeweils zugrundeliegende Einheitensystem.

A.2 Einheitengleichungen

Die Einheit einer physikalischen Größe ist entweder im Einheitensystem definiert (Basisgröße), oder sie leitet sich aus bereits definierten und/oder abgeleiteten Größen ab. Sowohl die Definition als auch die Ableitung einer Größe wird in einer Einheitengleichung angegeben. Dabei werden physikalische Größen innerhalb einer Einheitengleichung in eckige Klammern gesetzt, während die Einheit selbst ohne Klammern angegeben wird.

So lautet beispielsweise die Definition der Basisgröße Strom:

$$[I] = 1\,\mathrm{A}$$

während der Widerstand R eine abgeleitete Größe aus dem Quotienten von Spannung und Strom ist:

$$[R] = \frac{[U]}{[I]} = \frac{\mathrm{V}}{\mathrm{A}} = \Omega$$

Man sieht, dass auch abgeleitete Einheiten zu einer neuen Einheit zusammengefaßt werden können. Man muss aber beachten, dass hier keine neue Basisgröße definiert wird, sondern nur eine abgeleitete Einheit einen eigenen Namen erhält.

A.3 Zugeschnittene Größengleichungen

Zugeschnittene Größengleichungen finden z.B. bei Messungen Verwendung. Oftmals ermittelt man in Versuchen Werte für physikalische Größen, die nicht in der Basiseinheit der entsprechenden Größe sind. Als Beispiel diene hier die Messbereichswahl bei Strom– und Spannungsmessgeräten. Man liest hier z.B. $U = 10\,\mathrm{mV}$ und $I = 200\,\mathrm{nA}$ ab. Möchte man nun eine Tabelle aufstellen in der der Widerstand in $\mathrm{k\Omega}$ angegeben ist, so sind zeitraubende Umrechnungen nötig.

In einem solchen Fall kann man sich eine zugeschnittene Größengleichung erstellen, in die man nur die reinen Zahlenwerte einsetzen muss und das Ergebnis in der gewünschten Einheit erhält.

Dazu erweitert man in der entsprechenden Größengleichung jede vorkommende Größe mit einem Bruch der gewünschten Einheit. Nun zieht man die Zähler dieser Quotienten auf der rechten Seite zusammen, und führt sie auf die Basiseinheiten zurück. Abschließend fassen wir die Faktoren zusammen und kürzen die Einheiten in der Zusammenfassung heraus. Nun sieht man in welchen Einheiten die Größen in der Gleichung vertreten sind, und kennt auch den nötigen Korrekturfaktor.

Wollen wir z.B. eine Tabelle für den Widerstand in $\mathrm{k\Omega}$ angeben, wobei wir die Spannungs– und Stromwerte in mV und nA ablesen, so erhalten wir folgende zugeschnittene Größengleichung:

$$R = \frac{U}{I} \qquad \text{Größengleichung}$$

$$\Leftrightarrow R \cdot \frac{\mathrm{k\Omega}}{\mathrm{k\Omega}} = \frac{U \cdot \frac{\mathrm{mV}}{\mathrm{mV}}}{A \cdot \frac{\mathrm{nA}}{\mathrm{nA}}} \qquad \text{Erweitern mit gewünschten Einheiten}$$

$$\Leftrightarrow \frac{R}{\mathrm{k\Omega}} = \frac{1}{\mathrm{k\Omega}} \cdot \frac{\mathrm{mV}}{\mathrm{nA}} \cdot \frac{U/\,\mathrm{mV}}{I/\,\mathrm{nA}} \qquad \text{Zusammenfassung aller Zähler}$$

$$\Leftrightarrow \frac{R}{\mathrm{k\Omega}} = \frac{1}{10^3\,\Omega} \cdot \frac{10^{-3}\,\mathrm{V}}{10^{-9}\,\mathrm{A}} \cdot \frac{U/\,\mathrm{mV}}{I/\,\mathrm{nA}} \qquad \text{Zurückführen der Zähler auf\dots}$$

$$\Leftrightarrow \frac{R}{\mathrm{k\Omega}} = \frac{10^9}{10^6} \cdot \frac{\mathrm{A}}{\mathrm{V}} \cdot \frac{\mathrm{V}}{\mathrm{A}} \cdot \frac{U/\,\mathrm{mV}}{I/\,\mathrm{nA}} \qquad \text{Basiseinheiten und Kürzen}$$

$$\Leftrightarrow \frac{R}{\mathrm{k\Omega}} = 10^3 \cdot \frac{U/\,\mathrm{mV}}{I/\,\mathrm{nA}} \qquad \text{Zugeschnittene Größengleichung}$$

B Anwendungen des Ohmschen Gesetzes

B.1 Spannungsteilerregel

Für die Schaltung aus Abb. B.1.1 seien die Widerstandswerte sowie die Gesamtspannung U_0 gegeben. Wir suchen U_1 und/oder U_2.

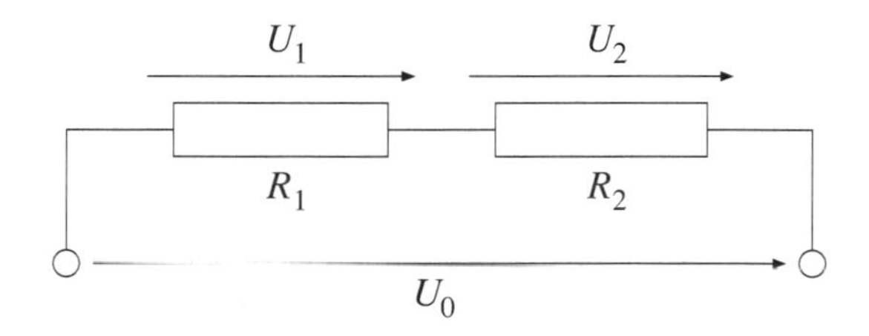

Abb. B.1.1: Serienschaltung zweier Widerstände

Da der Strom durch die Widerstände derselbe ist, gilt die Beziehung

$$\frac{U_1}{R_1} = \frac{U_0}{R_1 + R_2}$$

Umformen nach U_1 ergibt

$$U_1 = U_0 \cdot \frac{R_1}{R_1 + R_2}$$

Dies ist die Spannungsteilerregel für U_1. Analog lautet sie für U_2

$$\frac{U_2}{R_2} = \frac{U_0}{R_1 + R_2} \quad \Leftrightarrow \quad U_2 = U_0 \cdot \frac{R_2}{R_1 + R_2}$$

Allgemein ist die gesuchte Spannung das Produkt aus der Gesamtspannung mit dem Quotienten aus dem Widerstand an dem die gesuchte Spannung abfällt und der Summe der Widerstände.

Die Spannungsteilerregel kann also immer dann angewendet werden, wenn wir Teilspannungen über einer Serienschaltung von Widerständen ermitteln wollen. Ihre Anwendung ist sinnvoll, wenn der Strom der durch die Serienschaltung fließt, nicht bekannt sein muss.

B.2 Stromteilerregel

Für die Schaltung aus Abb. B.2.1 seien die Widerstandswerte sowie der Gesamtstrom I_0 gegeben. Wir suchen I_1 und/oder I_2.

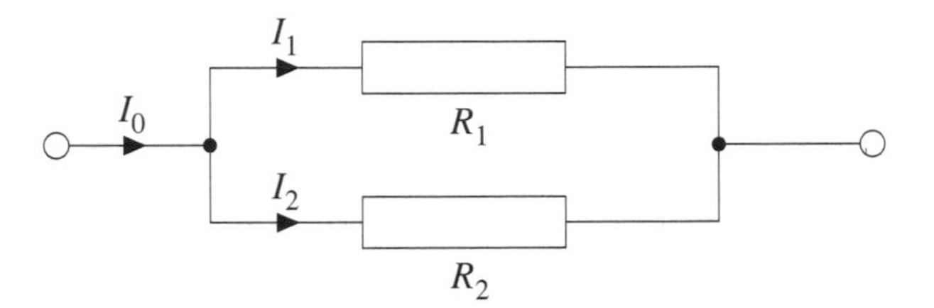

Abb. B.2.1: Parallelschaltung zweier Widerstände

Da die Spannung über den Widerständen dieselbe ist, gilt die Beziehung

$$I_1 \cdot R_1 = I_0 \cdot \frac{1}{\frac{1}{R_1} + \frac{1}{R_2}} = I_0 \cdot \frac{R_1 \cdot R_2}{R_1 + R_2}$$

Umformen nach I_1 ergibt

$$I_1 = I_0 \cdot \frac{R_2}{R_1 + R_2}$$

Dies ist die Stromteilerregel für I_1. Analog lautet sie für I_2

$$I_2 \cdot R_2 = I_0 \cdot \frac{R_1 \cdot R_2}{R_1 + R_2} \quad \Leftrightarrow \quad I_2 = I_0 \cdot \frac{R_1}{R_1 + R_2}$$

Allgemein ist der gesuchte Strom das Produkt aus dem Gesamtstrom mit dem Quotienten aus dem Widerstand durch den der gesuchte Strom *nicht* fließt und der Summe der Widerstände.

Das im Zähler der Widerstand steht durch den der gesuchte Strom *nicht* fließt, liegt an dem umgekehrten Verhältnis von Strom und Widerstand. Denn je höher ein Widerstand ist, desto kleiner ist der Strom durch ihn. Hier gilt also: Je höher der „gegenüberliegende“ Widerstand ist, desto höher muss der gesuchte Strom sein, da der „gegenüberliegende“ Strom ja kleiner wird.

Die Stromteilerregel kann also immer dann angewendet werden, wenn wir Teilströme durch eine Parallelschaltung von Widerständen ermitteln wollen. Ihre Anwendung ist sinnvoll, wenn die Spannung an den Widerständen nicht bekannt sein muss.

C Anwendungen der Kirchhoffschen Sätze

C.1 Maschenstromverfahren

Eine Schaltung die mehr als eine Masche enthält wird *Netz* oder *Netzwerk* genannt. Komplizierte Netze werden vielfach mit dem *Maschenstromverfahren* und dem *Knotenpotentialverfahren* berechnet. Beiden Verfahren liegen die Kirchhoffschen Sätze und das Ohmsche Gesetz zugrunde.

Das Maschenstromverfahren (MSV) soll hier an einigen linearen Netzwerken demonstriert werden.

In linearen Netzwerken sind die Gleichungen, die Ströme und Spannungen miteinander verknüpfen, linear. In einem Netzwerk mit Z Zweigen sind also Z Zweigspannungen und Z Zweigströme, also $2 \cdot Z$ Größen unbekannt. Zur Berechnung der Zweigströme sind somit Z unabhängige Gleichungen erforderlich. Diese Gleichungen werden nach der Knotenregel und der Maschenregel aufgestellt.

Nach dem Maschenstromverfahren werden nicht die Zweigströme sondern so genannte *Kreisströme* oder *Maschenströme* berechnet. Darunter versteht man Ströme, die in geschlossenen Bahnen fließen. Aus den berechneten Kreisströmen werden nach dem Überlagerungsgesetz die gesuchten Zweigströme bestimmt. Vorraussetzung bei diesem Verfahren ist die Gültigkeit des Überlagerungsgesetzes (Superpositionsgesetz). Es sagt aus, dass man die Ströme in den Zweigen eines Netzwerkes mit beliebig vielen Quellen, durch algebraische Addition der nur von jeweils einer Quelle verursachten Teilströme erhält.

Durch Einführung der Maschenströme kann die Berechnung umfangreicher linearer Netzwerke vereinfacht werden. Für jeden unabhängigen Zweig werden Maschengleichungen für die Maschenströme aufgestellt. Unabhängige Zweige sind die Zweige eines Netzwerkes die übrig bleiben, wenn man alle Knoten miteinander verbindet, ohne dass geschlossene Maschen entstehen. Die verbundenen Knoten werden *Baum* genannt. Für jede so erhaltene Masche gilt die Maschengleichung $\sum U = 0$.

Das Verfahren soll nun anhand von Lösungen der Aufgabe 5 und Aufgabe 12 erläutert werden:

Lösung der Aufgabe 5 mit dem MSV

Zuerst werden innerhalb des Netzwerkes die Maschenströme eingetragen (Abb. C.1.1).

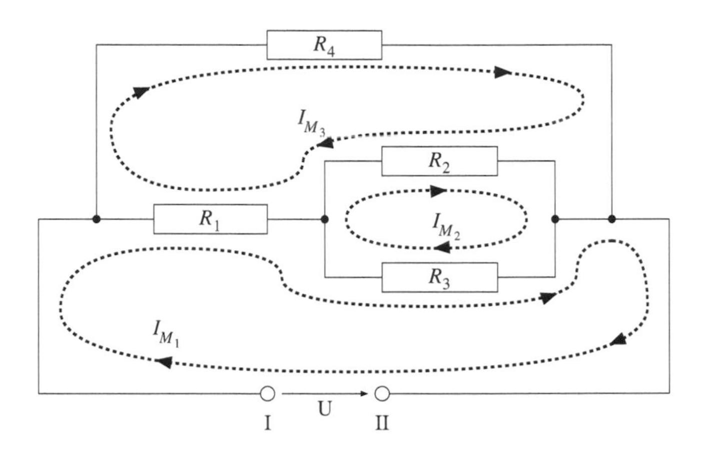

Abb. C.1.1: Netzwerk der Aufgabe 5 mit Maschenströmen

Nun verbindet man alle Knoten so, dass keine geschlossene Masche entsteht. Diesen (hier trivialen) Baum zeigt Abb. C.1.2.

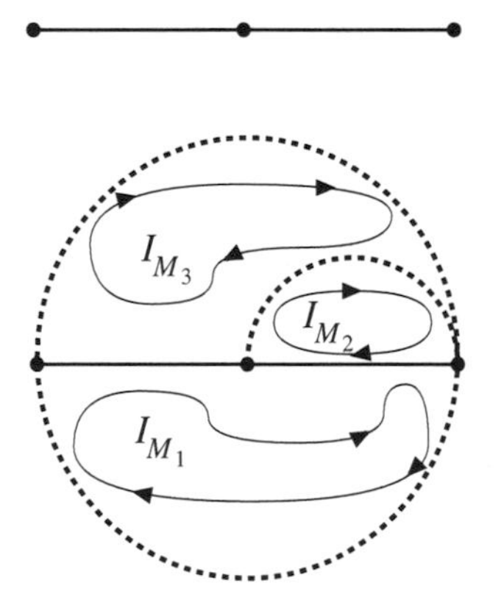

Abb. C.1.2: Baum des Netzwerkes

Jetzt kann man die Maschengleichungen erstellen:

$$\begin{aligned}
M_1 &: (R_1 + R_3)I_{M_1} - R_3 I_{M_2} - R_1 I_{M_3} = U_0 \\
M_2 &: -R_3 I_{M_1} + (R_2 + R_3)I_{M_2} - R_2 I_{M_3} = 0 \\
M_3 &: -R_1 I_{M_1} - R_2 I_{M_2} + (R_1 + R_2 + R_4)I_{M_3} = 0
\end{aligned}$$

Nun kann man eine Matrix aufstellen und die Koeffizienten schließlich über die Kramersche Regel berechnen:

$$\begin{pmatrix} (R_1 + R_3) & -R_3 & -R_1 \\ -R_3 & (R_2 + R_3) & -R_2 \\ -R_1 & -R_2 & (R_1 + R_2 + R_4) \end{pmatrix} \begin{pmatrix} I_{M_1} \\ I_{M_2} \\ I_{M_3} \end{pmatrix} = \begin{pmatrix} U_0 \\ 0 \\ 0 \end{pmatrix}$$

Damit ergeben sich die Determinanten zu:

$$D = \begin{vmatrix} (R_1 + R_3) & -R_3 & -R_1 \\ -R_3 & (R_2 + R_3) & -R_2 \\ -R_1 & -R_2 & (R_1 + R_2 + R_4) \end{vmatrix}$$

$$D_1 = \begin{vmatrix} U_0 & -R_3 & -R_1 \\ 0 & (R_2 + R_3) & -R_2 \\ 0 & -R_2 & (R_1 + R_2 + R_4) \end{vmatrix}$$

$$D_2 = \begin{vmatrix} (R_1 + R_3) & U_0 & -R_1 \\ -R_3 & 0 & -R_2 \\ -R_1 & 0 & (R_1 + R_2 + R_4) \end{vmatrix}$$

$$D_3 = \begin{vmatrix} (R_1 + R_3) & -R_3 & U_0 \\ -R_3 & (R_2 + R_3) & 0 \\ -R_1 & -R_2 & 0 \end{vmatrix}$$

Nun können wir mit den Werten der Aufgabe 5 die Maschenströme berechnen:

$$\begin{aligned} I_{M_1} &= \frac{D_1}{D} = \frac{5300\,\mathrm{V}}{2300\,\mathrm{k\Omega}} = 2,3\,\mathrm{mA} \\ I_{M_2} &= \frac{D_2}{D} = \frac{4300\,\mathrm{V}}{2300\,\mathrm{k\Omega}} = 1,87\,\mathrm{mA} \\ I_{M_3} &= \frac{D_3}{D} = \frac{2300\,\mathrm{V}}{2300\,\mathrm{k\Omega}} = 1\,\mathrm{mA} \end{aligned}$$

Zum Schluß müssen wir noch aus den Maschenströmen die Zweigströme und Zweigspannungen ermitteln:

$$\begin{aligned} &I_1 = I_{M_1} - I_{M_3} = 1,3\,\mathrm{mA} && U_1 = I_1 \cdot R_1 = 1,3\,\mathrm{V} \\ &I_2 = I_{M_2} - I_{M_3} = 0,87\,\mathrm{mA} && U_2 = I_2 \cdot R_2 = 8,7\,\mathrm{V} \\ &I_3 = I_{M_1} - I_{M_2} = 0,43\,\mathrm{mA} && U_3 = I_3 \cdot R_3 = 8,7\,\mathrm{V} \\ &I_4 = I_{M_3} = 1\,\mathrm{mA} && U_4 = I_4 \cdot R_4 = 10\,\mathrm{V} \end{aligned}$$

Lösung der Aufgabe 12 mit dem MSV

Auch hier teilen wir zuerst die Maschen ein (Abb. C.1.3).

Den entsprechenden Baum zeigt Abb. C.1.4.

Wir erstellen direkt die Matrix und die entsprechenden Determinanten:

$$\begin{pmatrix} (R_1 + R_2) & -R_2 & -R_1 \\ -R_2 & (R_2 + R_5 + R_3) & -R_5 \\ -R_1 & -R_5 & (R_1 + R_4 + R_5) \end{pmatrix} \begin{pmatrix} I_{M_1} \\ I_{M_2} \\ I_{M_3} \end{pmatrix} = \begin{pmatrix} U_0 \\ 0 \\ 0 \end{pmatrix}$$

$$D = \begin{vmatrix} (R_1 + R_2) & -R_2 & -R_1 \\ -R_2 & (R_2 + R_5 + R_3) & -R_5 \\ -R_1 & -R_5 & (R_1 + R_4 + R_5) \end{vmatrix}$$

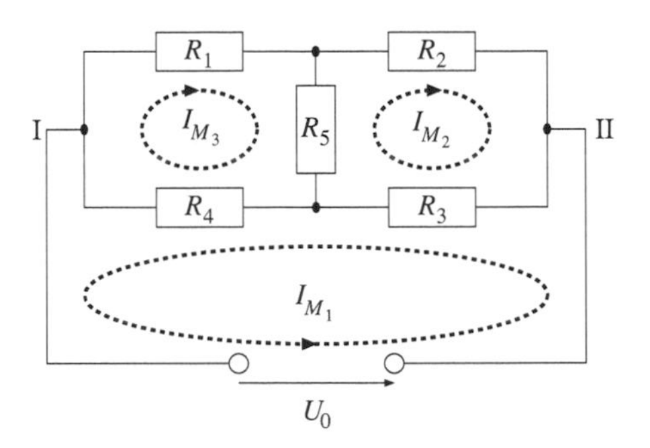

Abb. C.1.3: Maschenströme bei der Wheatstone Brücke

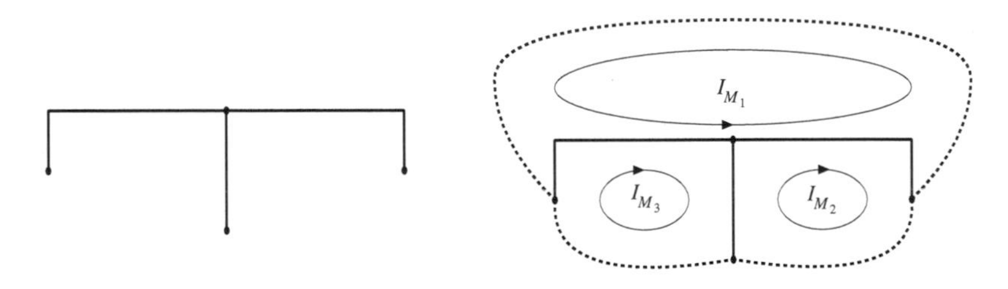

Abb. C.1.4: Knotenbaum der Wheatstone Brücke

$$D_1 = \begin{vmatrix} U_0 & -R_2 & -R_1 \\ 0 & (R_2 + R_5 + R_3) & -R_5 \\ 0 & -R_5 & (R_1 + R_4 + R_5) \end{vmatrix}$$

$$D_2 = \begin{vmatrix} (R_1 + R_2) & U_0 & -R_1 \\ -R_2 & 0 & -R_5 \\ -R_1 & 0 & (R_1 + R_4 + R_5) \end{vmatrix}$$

$$D_3 = \begin{vmatrix} (R_1 + R_2) & -R_2 & U_0 \\ -R_2 & (R_2 + R_5 + R_3) & 0 \\ -R_1 & -R_5 & 0 \end{vmatrix}$$

Berechnung der Spannung U_5:

$$U_5 = I_5 \cdot R_5 = (I_{M_2} - I_{M_3}) \cdot R_5 = \left(\frac{D_3}{D} - \frac{D_2}{D}\right) \cdot R_5$$

Mit

$$D_3 = U_0(R_2 \cdot R_5 + R_1(R_2 + R_3 + R_5))$$

und

$$D_2 = U_0(R_5 \cdot R_1 + R_2(R_1 + R_4 + R_5))$$

erhalten wir:

$$U_5 = \frac{U_0 \cdot R_5}{D} (R_1 \cdot R_3 - R_2 \cdot R_4)$$

Die Berechnung der Determinante D wollen wir hier nicht durchführen. Wichtig ist nur, dass sich R_5 im Zähler mit D nicht wegkürzen lässt. Damit gilt: Ist $R_5 = 0$, so ist U_5 trivialerweise null. Interessanter ist der zweite Fall. Für

$$\begin{aligned} R_1 \cdot R_3 - R_2 \cdot R_4 = 0 \\ \Leftrightarrow R_1 \cdot R_3 &= R_2 \cdot R_4 \\ \Leftrightarrow \frac{R_1}{R_2} &= \frac{R_4}{R_3} \end{aligned}$$

ist $U_5 = 0$. Mit der letzten Gleichung erhalten wir wieder die Abgleichbedingung der Wheatstonebrücke.

D Schaltnetzentwurf

Normalerweise bildet man aus der Funktionstabelle eines Schaltnetzes eine Funktionsgleichung für jede Ausgangsvariable in Disjunktiver– oder Konjunktiver–Normal–Form. Dabei gilt:

- Wir wählen die DNF, wenn die Ausgangsvariable den Wert 1 seltener annimmt, als den Wert 0.
- Wir wählen die KNF, wenn die Ausgangsvariable den Wert 0 seltener annimmt, als den Wert 1.

Damit wird erreicht, dass die Normalform mit der man umzugehen hat (Minimierung, Schaltbilderstellung), eine minimale Anzahl von Termen hat.

Soll jedoch nach Aufgabenstellung das Schaltnetz mit bestimmten Verknüpfungsgliedern realisiert werden, so geht man bei der Verwendung von DNF bzw. KNF–Gleichungen anders vor.

Die beiden folgenden Abschnitte beschreiben dies für NAND– und NOR–Glieder.

Zusätzlich wird in Anhang D.3 auf die beiden in den Lehrbüchern und im Übungsband hautpsächlich angewendeten Minimierungsverfahren vergleichend eingegangen.

D.1 Schaltnetzentwurf mit NAND–Gliedern

Beim Schaltnetzentwurf mit NAND–Gliedern bilden wir die Funktionsgleichungen der Ausgangsvariablen grundsätzlich in der DNF. Um diese Gleichungen in eine „NAND–Schreibweise" umzuformen, genügt es, das DeMorgansche Gesetz anzuwenden. Dies ist in der Regel einfacher (und fehlerunanfälliger) als eine minimale KF für NAND–Glieder anzupassen.

Beispiel: Schaltnetz mit 3 Eingangsvariablen
Gegeben sei die Tabelle D.1.1.

Normalerweise würde man die KNF bilden, weil X nur dreimal 0 wird. Sie lautet:

$$X = (\overline{A} \vee B \vee \overline{C}) \wedge (\overline{A} \vee \overline{B} \vee C) \wedge (\overline{A} \vee \overline{B} \vee \overline{C})$$

A	B	C	X
0	0	0	1
0	0	1	1
0	1	0	1
0	1	1	1
1	0	0	1
1	0	1	0
1	1	0	0
1	1	1	0

Tabelle D.1.1: Beispiel einer Funktionstabelle mit 3 Eingangsvariablen

Die Schwierigkeit hierbei ist nun, dass es sich bei den inneren Verknüpfungen um OR–Verknüpfungen handelt. Um NAND–Glieder anwenden zu können, bedarf es einer Reihe von Umformungen, die leicht zu Fehlern führen.

Wesentlich einfacher ist es, mit der DNF zu beginnen. Sie lautet:

$$X = \overline{A}\,\overline{B}\,\overline{C} \vee \overline{A}\,\overline{B}\,C \vee \overline{A}\,B\,\overline{C} \vee \overline{A}\,B\,C \vee A\,\overline{B}\,\overline{C}$$

Wenden wir das DeMorgansche Gesetz an, so erhalten wir:

$$\begin{aligned} X &= \overline{\overline{\overline{A}\,\overline{B}\,\overline{C} \vee \overline{A}\,\overline{B}\,C \vee \overline{A}\,B\,\overline{C} \vee \overline{A}\,B\,C \vee A\,\overline{B}\,\overline{C}}} \\ &= \overline{\overline{\overline{A}\,\overline{B}\,\overline{C}} \wedge \overline{\overline{A}\,\overline{B}\,C} \wedge \overline{\overline{A}\,B\,\overline{C}} \wedge \overline{\overline{A}\,B\,C} \wedge \overline{A\,\overline{B}\,\overline{C}}} \end{aligned}$$

Diese Gleichung erlaubt es uns direkt, das Schaltnetz mit NAND–Gliedern zu realisieren. Man benötigt, abgesehen von den Negierungen, 5 NAND–Glieder mit 3 Eingängen und 1 NAND–Glied mit 5 Eingängen.

D.2 Schaltnetzentwurf mit NOR–Gliedern

Beim Schaltnetzentwurf mit NOR–Gliedern bilden wir die Funktionsgleichungen der Ausgangsvariablen immer in der KNF. Um diese Gleichungen in „NOR–Schreibweise“ zu erhalten, genügt es, wie beim Schaltnetzentwurf mit NAND–Gliedern, das DeMorgansche Gesetz auf die doppelt negierte KNF anzuwenden.

Der Grund dafür liegt auch hier an der Tatsache, dass bei der Verwendung der KNF die inneren Verknüpfungen bereits in der gewünschten Form vorliegen.

D.3 Minimierungsverfahren im Vergleich: Quine–McCluskey und Karnaugh–Veitch

Sowohl das Verfahren nach Quine–McCluskey als auch das nach Karnaugh–Veitch erlauben die Minimierung einer Schaltfunktion. Während das KV–Verfahren mit seinen

Diagrammen ein rein *grafisches* Verfahren ist und sich nur bis maximal sechs Eingangsvariablen eignet, ist das *tabellen-orientierte* Verfahren nach Quine–McCluskey für beliebig viele Eingangsvariablen ausgelegt. Auf der Grundlage der Erklärungen im Lehrbuch (Band 1), sollen für den Vergleich hier zunächst die wesentlichen Aspekte beider Verfahren aufgeführt werden.

Das Verfahren nach Karnaugh–Veitch

Beim KV–Verfahren wird zunächst aus der Funktionstabelle für jeden Ausgang das so genannte KV–Diagramm erstellt. Besonders erwähnenswert ist, dass das KV–Diagramm lediglich eine andere Darstellung der Wahrheitstabelle für den entsprechenden Ausgang ist und nicht abhängig von der Form der zu bildenden Minimalform. Letzteres wird erst bei der Päckchenbildung berücksichtigt für die formal gilt:

1. Je nach DF– oder KF–Minimierung, werden die 1–Belegungen oder die 0–Belegungen des Ausgangswertes in Päckchen zusammengefasst. Jedes Päckchen entspricht einem Term der späteren Gleichung.
2. Die Anzahl der Felder eines Päckchens muss immer einer 2er–Potenz entsprechen.
3. Die Päckchen müssen rechteckig sein und dürfen nicht nur diagonale Felder zusammenfassen.

Um die „beste“ Minimalform zu erhalten – also die mit möglichst wenig Termen die wiederum möglichst wenig Variablen enthalten – muss man in der Regel bestimmte Heuristiken anwenden, die gegeneinander „abzuwägen“ sind. Hierunter fallen:

1. Möglichst wenig Päckchen (entspricht der Forderung nach möglichst wenig Termen)
2. Möglichst große Päckchen (damit enthalten die Terme wenig Variablen)
3. Möglichst keine Überschneidungen von Päckchen, um keine Min–/Maxterme doppelt in der Minimalform zu haben. Überschneidungen sind nur sinnvoll, wenn dadurch ein Min–/Maxterm mit eingeschlossen wird, der sonst isoliert wäre – denn dann kann der sowieso nötige Term zumindest in seiner Größe reduziert werden – oder um durch den zusätzlichen Term Hazards zu vermeiden (siehe Lehrbuch).
4. Enthält das Diagramm *don't care*–Werte, so können diese zur Päckchenvergrößerung herangezogen werden. Es macht jedoch keinen Sinn Päckchen zu bilden, die nur aus *don't care*–Werten bestehen.

Das Verfahren nach Quine–McCluskey

Das Verfahren basiert auf folgenden Voraussetzungen:

- Man verwendet immer die Minterme, deren Belegung als Dualzahl interpretiert und als Index verwendet wird. Eventuelle *don't care*–Terme sind als Minterme zu betrachten. Das Verfahren funktioniert auch mit Maxtermen, es wird aber kaum so angewendet (wohl wegen der später nötigen Negation der Variablen, die man leicht vergessen oder falsch machen kann).

- Die Minterme werden mit Hilfe von Binäräquivalenten dargestellt, wobei folgende Zuordnung getroffen wird:

  1 steht für eine nicht negierte Variable
  0 steht für eine negierte Variable
  – steht für eine nicht auftretende Variable

Das Vorgehen kann man dann wie folgt zusammenfassen:

1. Primimplikanten ermitteln:
   1.1. Einteilung der Binäräquivalente in Gruppen, je nach Anzahl der enthaltenen Einsen. Benachbarte Gruppen sind dann diejenigen bei denen sich die Anzahl der Einsen nur um eins unterscheidet.
   1.2. Nun wird *jedes* Binäräquivalent einer Gruppe mit *allen* Binäräquivalenten der benachbarten Gruppe verglichen und in einer neuen Gruppen-Tabelle zusammengefasst, wenn sie sich nur an einer Stelle unterscheiden. Diese Stelle wird im Binäräquivalent der Zusammenfassung mit einem '–' gekennzeichnet.
   1.3. An den Zusammenfassungen beteiligte Binäräquivalente werden abgehakt, gleiche Binäräquivalente in der neuen Gruppe bis auf eine gestrichen.
   1.4. Die Punkte 1.2. und 1.3. so lange anwenden, bis keine Zusammenfassungen mehr möglich sind.
   1.5. Alle nicht abgehakten Binäräquivalente sind die Primimplikanten.
2. Minimale Anzahl Primimplikanten bestimmen (Kernimplikanten und minimale Restüberdeckung), so dass alle Minterme abgedeckt sind:
   2.1. Primimplikantentafel aus allen Primimplikanten und allen Mintermen aufstellen. Die Primimplikanten bilden (z.B.) die Zeilen und die Minterme die Spalten.
   2.2. Alle Kreuzungspunkte markieren, an denen sich ein Minterm mit einem Primimplikant schneidet, der den Minterm enthält/abdeckt.
   2.3. Alle Primimplikanten markieren, die als einzige nur bei einem Minterm ein Kreuz haben. Dies sind die wesentlichen Primimplikanten bzw. die so genannten Kernimplikanten.
   2.4. Alle Minterme die in den Kernimplikanten enthalten sind abhaken. Diese Minterme sind nun bereits abgedeckt.
   2.5. Sind noch Minterme übrig, so muss man aus den verbleibenden Primimplikanten eine minimale Anzahl suchen, so dass alle Minterme abgedeckt sind. Dabei sind Primimplikanten vorzuziehen, die erstens aus mehreren Mintermen bestehen – weil dann mehr Variablen herausfallen – und dabei am besten aus Mintermen, die noch nicht abgehakt sind – um eine wirklich minimale und möglichst überschneidungsfreie Restüberdeckung zu erhalten.

Vergleichende Gegenüberstellung

Anhand der Aufgabe 39 und der Aufgabe 47 kann man zum Beispiel feststellen, dass die beim Quine–McCluskey Verfahren im ersten Schritt ermittelten Primimplikanten identisch sind mit allen theoretisch möglichen Päckchen des KV–Diagramms.

Der zweite Schritt des Quine–McCluskey Verfahrens entspricht dann der Suche beim KV–Verfahren nach den geeignesten Päckchen.

Die Gemeinsamkeiten bzw. Analogien beider Verfahren sind demnach:

Quine/McCluskey	**KV**
Alle Primimplikanten ermitteln.	Die Primimplikanten sind identisch mit allen theoretisch möglichen Päckchen. Das KV-Diagramm entspricht einer mehrdimensionalen Gruppentafel.
Minimale Anzahl Primimplikanten bestimmen, die aus möglichst vielen Mintermen bestehen, so daß jeder Minterm mindestens einmal vorkommt (Dies sind dann die Kernimplikanten und die minimale Restüberdeckung).	Mit Hilfe der o.g. Heuristiken für die Päckchenbildung eine geeignete Auswahl an Päckchen treffen.

E Simulationsprogramme

Bei den Simulationsprogrammen zum Buch, handelt es sich um überarbeitete Versionen der Programme, die man schon zu den Lehrbücher beziehen konnte. Die Software kann kostenlos über die Webseite „`Technische-Informatik-Online.de`“ heruntergeladen werden.

Die beiden Programme `opw` und `ralu` wurden nun mit einer fensterorientierten Oberfläche ausgestattet, sowie mit umfangreichen Hilfsfunktionen. Dadurch wird dem Benutzer zu jeder Zeit der gesamte Zustand der Simulationen angezeigt.

Wir haben uns entschlossen, die Beschreibungen aus dem Lehrbuch (Band 2) an dieser Stelle in überarbeiteter Form nochmal aufzunehmen, damit die Programme auch ohne das Lehrbuch eingesetzt werden können.

E.1 Simulationsprogramm eines Operationswerks

Im folgenden wird das Programm **opw** beschrieben, das ein Operationswerk simuliert. Dieses Programm wurde in der Programmiersprache „C“ geschrieben.

E.1.1 Aufbau des Operationswerks

Das simulierte Operationswerk besteht im wesentlichen aus 4 Registern, einem Addierer und einem Vergleicher, die über verschiedene Multiplexer miteinander verbunden sind (Abb. E.1.1). Sämtliche Datenpfade haben eine Wortbreite von 16–Bit. Der Addierer verfügt über einen invertierten und einen nicht invertierten Ausgang. Der Vergleicher zeigt an, ob die Eingänge des Addieres gleich sind. Bei Zweierkomplementdarstellung wird mit dem höchstwertigen Bit der Summe zugleich angezeigt, ob das Ergebnis positiv oder negativ ist. Diese beiden Status–Flags können vom Steueralgorithmus abgefragt werden, um Verzweigungen im Steuerablauf zu realisieren.

E.1.2 Benutzung des Programms

Das Programm wird wie folgt gestartet:

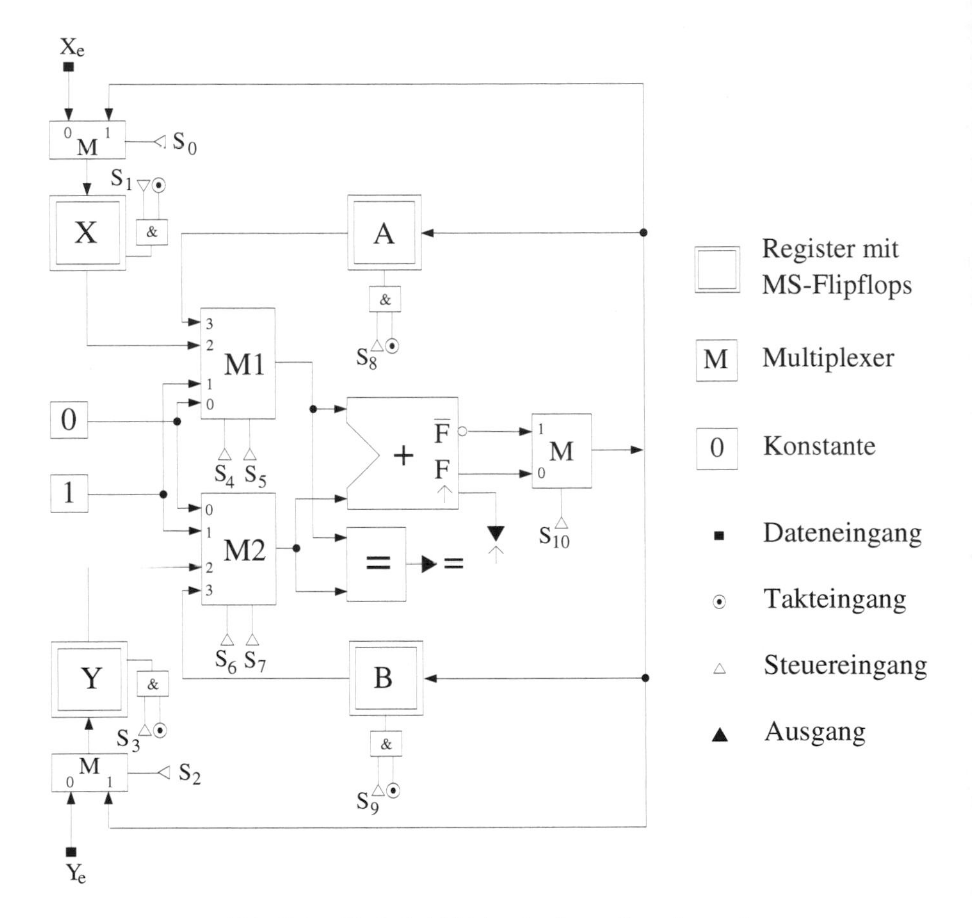

Abb. E.1.1: Blockschaltbild des simulierten Operationswerks

```
opw [-Optionen] [!Protokoll] [Dateiname]
```

Folgende Optionen sind möglich:

a: *Autodump*. Nach jedem Taktimpuls erfolgt eine Ausgabe sämtlicher Registerinhalte.

o: *Befehlsausgabe*. Diese Option ist nur im Programm–Modus wirksam. Hiermit werden die im Mikroprogramm `[Dateiname]` ausgeführten Befehle ausgegeben.

t: *Einzelschrittabarbeitung*. Jeder Befehl wird ausgegeben aber erst ausgeführt, nachdem man die Return–Taste gedrückt hat.

s: *Stackausgabe*. Immer wenn ein Mikroprogramm ein anderes aufruft, oder ein aufgerufenes endet, gibt die Simulation an, zu welchem Mikroprogramm verzweigt oder zurückgesprungen wird.

x: *Autoend.* Endet das zuerst gestartete Mikroprogramm, so wird auch die Simulation verlassen.
h: *hexadezimales* Zahlensystem voreingestellt.
b: *duales* Zahlensystem voreingestellt.
d: *dezimales* Zahlensystem voreingestellt.
?: eine *Hilfeseite* mit den wichtigsten Funktionen ausgeben.
??: eine zweite *Hilfeseite* ausgeben.

Falls keine Option zur Voreinstellung eines Zahlsystemes verwendet wird, nimmt das Programm die hexadezimale Notation an. Sollen Zahlen mit einem anderen als dem voreingestellten System verwendet werden, so muss das Zahlensystem explizit durch ein führendes Symbol spezifiziert werden.

Für `[!Protokoll]` kann eine Datei angegeben werden, in die ein Ablaufprotokoll der aktuellen Sitzung geschrieben wird.

E.1.3 Betriebsarten und Befehle

Das Programm unterscheidet zwei Betriebsarten: den *Interaktiv–Modus* und den *Programm–Modus.* Wird beim Aufruf der Simulation ein Mikroprogramm angegeben, so wird automatisch in den Programm–Modus geschaltet. Nur in diesem Modus sind Abfragen und Verzweigungen möglich. Im Interaktiv–Modus kann die Wirkung einzelner Steuerworte (Mikrobefehle) sehr einfach getestet werden. Dies ist für die Entwicklung von Mikroprogrammen hilfreich. Der Interaktiv–Modus meldet sich nach dem Start des Programms (ohne `[Dateiname]`) mit der Eingabe–Aufforderung aus Abb. E.1.2.

Nachdem ein Befehl eingegeben und ausgeführt wurde, wird der Befehls–Zähler erhöht und erneut eine Eingabe angefordert.

In beiden Betriebsarten kann mit der ESC–Taste das aktuell laufende Programm bzw. die Operation abgebrochen werden.

Interaktiv–Modus

Folgende Befehle kann das Programm im Interaktiv–Modus verarbeiten (hierbei bedeutet <x> eine x–Bit Zahl):

X= <16>: Dieser Befehl setzt den Eingang X auf den Wert der 16–Bit Zahl. Die Zahl muss nicht in voller Wortbreite angegeben werden. Mit diesem Befehl wird jedoch noch nicht das Register X gesetzt!

Y= <16>: Dito, für den Eingang Y.

S= <11>: Mit diesem Befehl wird das Steuerwort angegeben. Es setzt sich aus den 11 Steuereingängen S_0 bis S_{10} zusammen, deren Bedeutung dem Blockschaltbild zu entnehmen ist. Es muss immer 11 Bit umfassen, wobei nur die Zeichen '1', '0', 'X' und 'x' verwendet werden dürfen. Die Zeichen 'X' und 'x' haben zwar die gleiche Bedeutung wie '0', sie können jedoch verwendet werden, um zu verdeutlichen, dass gewisse Steuerbits im Folgenden Taktzyklus nicht von Bedeutung sind.

clock: Das Operationswerk wird getaktet und die Funktionen gemäß dem zuvor eingestellten Steuerwort ausgeführt.

```
F1 Befehle | F2 Optionen | F3 Steuerwort | F4 Aufbau | F5 Aufbau & Zustand |

Operationswerk-Zustand                                          Takt
 Dateneingänge                      Latches                       0
  Xe        Ye              X        Y        A        B
 $0000    $0000           $0000    $0000    $0000    $0000      Optionen
                                                                autodump off
                                                                comout   off
          Addierer                        Steuerwort            trace    off
 M1    +  M2    =  F        ± =      MX MY M1 M2 A B F          stackout off
 $0000 + $0000 = $0000      1 1   S= XX XX XX XX X X X          base = HEX
 Null     Null                                                  no logfile

Befehle, Ausgaben und Fehlermeldungen




1.Befehl:

• Operationswerk-Simulation •   Version 2.0 —— (c)1991-94 Schiffmann/Weiland
```

Abb. E.1.2: Anfangsbild des Programmes **opw**

dump: Die aktuellen Registerinhalte, die Status–Flags und das Steuerwort des Operationswerks werden ausgegeben.
print TEXT: Gibt einen TEXT aus.
quit: Die Simulation wird beendet.

Bei den Befehlen, die die Eingänge und das Steuerwort setzen, können auch kleine Buchstaben verwendet werden. Bis auf das Steuerwort können alle Zahlangaben in drei Zahlsystemen angegeben werden. Unterschieden werden die drei Systeme durch folgende Symbole vor der Zahlangabe:

$: Das Dollarzeichen kennzeichnet das hexadezimale System.
%: Das Prozentzeichen leitet binäre Zahlen ein.
#: Mit dem Doppelkreuz werden dezimale Angaben gemacht. Folgt dem Doppelkreuz ein Minuszeichen, so wird die Zahl in das Zweierkomplement gewandelt.

Diese Symbole können auch als Befehle verwendet werden.

Beispiel. Die Zahlen $9a, $9A, %10011010 und #154 haben alle den gleichen Wert.

Weiterhin stehen dem Benutzer im Interaktiv–Modus umfangreiche Hilfefenster zur Verfügung, die sämtliche Optionen, Befehle, das Steuerwort und den Aufbau des Operationswerkes betreffen. Diese Fenster können über die Funktionstasten erreicht werden (Abb. E.1.3).

Auch die Protokoll–Datei kann über den `log`–Befehl neu bestimmt, bzw. geschlossen werden, wenn dem Befehl kein Dateiname folgt.

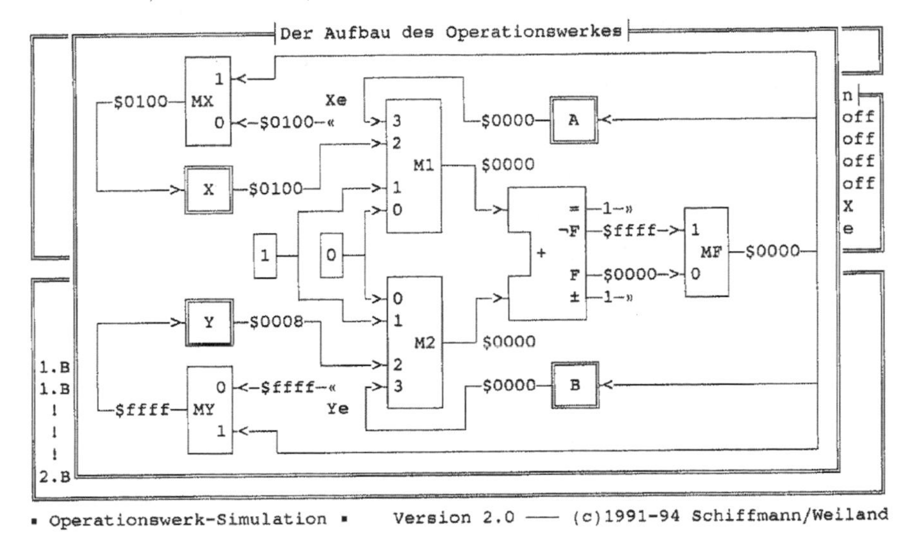

Abb. E.1.3: Beispiel für ein Hilfefenster (Aktueller Zustand)

Programm–Modus

Hier gibt es zusätzlich zum Interaktiv–Modus noch die folgenden Befehle bzw. Konstruktoren:

>label: Mit dem Größer–Pfeil werden Labels (Sprungmarken) definiert. Der Labeltext muss bündig am Zeichen beginnen und mit einem Leerzeichen vom weiteren Programmtext getrennt sein. Er darf bis auf den Doppelpunkt und das Semikolon jedes beliebige Zeichen enthalten.

; Kommentar: Alle nach einem Semikolon vorkommenden Zeichen bis zum Zeilenende werden ignoriert. Damit lassen sich die Steuerprogramme übersichtlicher und verständlicher gestalten.

EQ? label: Ist der Vergleichsausgang des Addierers gesetzt, so wird zu der Zeile gesprungen, die von label angegeben wird.

NEQ? label: Ist der Vergleichsausgang des Addierers nicht gesetzt, so wird zu der Zeile gesprungen, die von label angegeben wird.

PLUS? label: Ist das Ergebnis der letzten Addition positiv im Sinne der Zweierkomplementdarstellung, d.h. das höchstwertige Bit ist nicht gesetzt, so wird zu der Zeile gesprungen, die von label angegeben wird.

MINUS? label: Ist das Ergebnis der letzten Addition negativ im Sinne der Zweierkomplementdarstellung, d.h. das höchstwertige Bit ist gesetzt, so wird zu der Zeile gesprungen, die von label angegeben wird.

Ferner kann man in einem Mikroprogramm mehrere Befehle in eine Zeile schreiben, wenn man sie durch einen Doppelpunkt trennt.

E.2 RALU–Simulation

Im folgenden wird das Programm **ralu** beschrieben, das ein Rechenwerk (Register + ALU = RALU) simuliert. Damit wird es dem Leser ermöglicht, eigene Mikroprogramme zu entwickeln und zu testen. Auf der simulierten Hardware kann der Leser den Befehlssatz eines beliebigen Prozessors implementieren. Dieses Programm ist ähnlich aufgebaut wie das Programm **opw**, das bereits in Anhang E.1 vorgestellt wurde. Wir setzen die Kenntnis dieser Beschreibung hier voraus.

E.2.1 Aufbau der RALU

Die RALU besteht aus einer ALU und einem Registerfile mit 16x16–Bit Registern, von denen zwei Register als Operanden und ein Register für das Ergebnis einer ALU–Operation gleichzeitig adressiert werden können. Es handelt sich also um eine Drei–Adreß Maschine. Die ALU simuliert (bis auf zwei Ausnahmen) die Funktionen der integrierten 4–Bit ALU SN 74181. Man kann sich vorstellen, dass 4 solcher Bausteine parallel geschaltet wurden, um die Wortbreite von 16–Bit zu erreichen. Zwei weniger wichtige Operationen der ALU wurden durch Schiebe–Operationen ersetzt. Neben den (Daten–)Registern gibt es noch ein Statusregister, dessen Flags mit einer Prüfmaske getestet werden können. Der Aufbau der simulierten RALU ist in Abb. E.2.1 dargestellt.

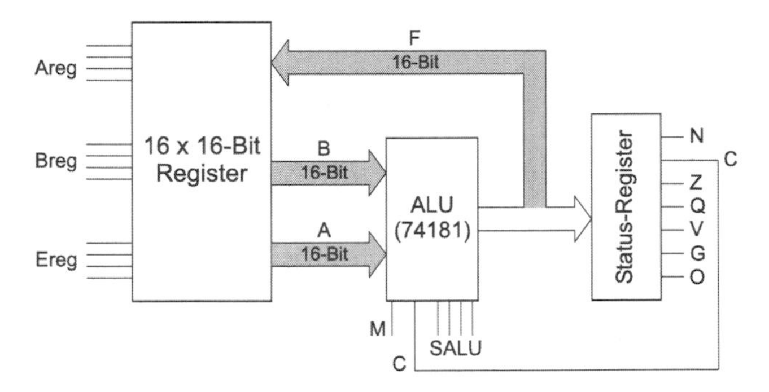

Abb. E.2.1: Blockschaltbild der simulierten RALU

E.2.2 Benutzung des Programms

Das Programm wird wie folgt gestartet:

```
ralu [-Optionen] [!Protokoll] [Dateiname]
```

Die möglichen Optionen wurden bereits in Anhang E.1 beschrieben. Das gleiche gilt für die möglichen Betriebsarten. Deshalb wird hier nicht näher darauf eingegangen.

Die RALU wird immer nach dem gleichen Schema gesteuert: Zu Beginn werden die Register mit Startwerten geladen. Dann wird ein Steuerwort vorgegeben, das eine ALU–Operation und die Operanden– und Ergebnisregister auswählt. Die so bestimmte Mikrooperation wird mit einem Takt–Befehl ausgeführt. Durch Hintereinanderschalten mehrerer Mikrobefehle kann schließlich die gewünschte Funktion schrittweise realisiert werden. Mit dem Befehl `quit` wird das Programm beendet.

E.2.3 Setzen von Registern

Mit dem Befehl `set` *Registernummer Konstante* können einzelne Register direkt mit Werten geladen werden. Die Registernummer kann hierbei Werte von 0 bis 15 annehmen und muss immer dezimal (ohne #) angegeben werden. Als Konstanten werden nur *positive* Zahlen in den drei möglichen Zahlendarstellungen akzeptiert. Die Zahlen müssen innerhalb des Wertebereiches 0 bis 65535 ($0000 bis $ffff) liegen.

Beispiel. Der Befehl `set 2 %10011` lädt Register 2 mit dem dezimalen Wert 19. Äquivalente Schreibweisen sind `set 2 #19` oder `set 2 $13`. Neben den Registern kann auch das Carry–Flag gesetzt werden. Hierzu dient der Befehl `carry 0` oder `carry 1`.

E.2.4 Steuerwort der RALU

Das Steuerwort der RALU wird mit dem Befehl `control` *Steuerwort* gesetzt. Das Steuerwort ist eine 17–Bit Zahl und setzt sich wie folgt aus 5 Teilwörtern zusammen:

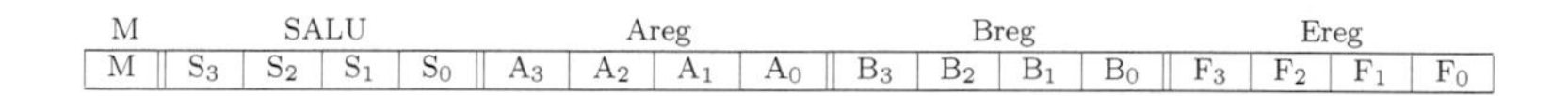

M	SALU				Areg				Breg				Ereg			
M	S_3	S_2	S_1	S_0	A_3	A_2	A_1	A_0	B_3	B_2	B_1	B_0	F_3	F_2	F_1	F_0

Hierbei sind:

- M: Modusbit der ALU. Ist M gelöscht, so werden arithmetische Operationen ausgeführt.
- SALU: Steuerwort der ALU, laut der nachfolgenden Tabelle der ALU–Funktionen.
- Areg: Adresse des Registers, dessen Inhalt dem Eingang A zugeführt werden soll.
- Breg: dito, für den Eingang B.
- Ereg: Adresse des Registers, in welches das Ergebnis der ALU geschrieben werden soll.

Steuerung	Rechenfunktionen		
SALU–Wort	M=1	M=0; Arithmetische Funktionen	
	Logische	C=0	C=1
$S_3\ S_2\ S_1\ S_0$	Funktionen	(kein Übertrag)	(mit Übertrag)
0 0 0 0	$F = \overline{A}$	$F = A$	$F = A + 1$
0 0 0 1	$F = \overline{A \vee B}$	$F = A \vee B$	$F = (A \vee B) + 1$
0 0 1 0	$F = \overline{A} \wedge B$	$F = A \vee \overline{B}$	$F = (A \vee \overline{B}) + 1$
0 0 1 1	$F = 0$	$F = -1$ (2erKompl.)	$F = 0$
0 1 0 0	$F = \overline{A \wedge B}$	$F = A + (A \wedge \overline{B})$	$F = A + (A \wedge \overline{B}) + 1$
0 1 0 1	$F = \overline{B}$	$F = (A \vee B) + (A \wedge \overline{B})$	$F = (A \vee B) + (A \wedge \overline{B}) + 1$
0 1 1 0	$F = A \oplus B$	$F = A - B - 1$	$F = A - B$
0 1 1 1	$F = A \wedge \overline{B}$	$F = (A \wedge \overline{B}) - 1$	$F = A \wedge \overline{B}$
1 0 0 0	$F = \overline{A} \vee B$	$F = A + (A \wedge B)$	$F = A + (A \wedge B) + 1$
1 0 0 1	$F = \overline{A \oplus B}$	$F = A + B$	$F = A + B + 1$
1 0 1 0	$F = B$	$F = (A \vee \overline{B}) + (A \wedge B)$	$F = (A \vee \overline{B}) + (A \wedge B) + 1$
1 0 1 1	$F = A \wedge B$	$F = (A \wedge B) - 1$	$F = A \wedge B$
1 1 0 0	$F = 1$	$F = A << B$ (rotate left)[1]	$F = A >> B$ (rotate right)
1 1 0 1	$F = A \vee \overline{B}$	$F = (A \vee B) + A$	$F = (A \vee B) + A + 1$
1 1 1 0	$F = A \vee B$	$F = (A \vee \overline{B}) + A$	$F = (A \vee \overline{B}) + A + 1$
1 1 1 1	$F = A$	$F = A - 1$	$F = A$

Beispiel. Soll die ALU die Register 3 und 4 UND–verknüpfen und dann das Ergebnis in Register 1 ablegen, so muss das Steuerwort wie folgt spezifiziert werden: `control %0101100110100000 1` oder `control $0b341` oder `control #45889` . Die letzte Darstellungsmöglichkeit des Steuerworts ist allerdings wenig übersichtlich.

E.2.5 Takten und Anzeigen der RALU

Nachdem das Steuerwort der RALU festgelegt und gesetzt worden ist, muss die RALU getaktet werden, um die gewünschten Funktionen auszuführen. Dies geschieht mit dem Befehl `clock`. Dabei wird dann die gewählte Operation ausgeführt und das Ergebnis in den Registerblock übertragen. Außerdem wird das Statusregister dem ALU–Ergebnis entsprechend aktualisiert.

dump–Befehl. Mit dem `dump`–Befehl werden alle Registerinhalte in hexadezimaler Darstellung sowie Statusregister und Steuerwort in binärer Darstellung angezeigt.

print–Befehl. Mit dem Ausgabebefehl `print`, kann ein Erklärungstext ausgegeben werden.

[1] Diese Notation bedeutet: Shifte den Eingang A um soviele Positionen nach links, wie der Wert am Eingang B angibt.

E.2.6 Statusregister und Sprungbefehle

Das Statusregister der RALU beinhaltet verschiedene Status–Flags, die besondere Eigenschaften von ALU–Ergebnissen festhalten. Das Register besteht aus 8 Bit, von denen nur 7 Bit belegt sind:

2^7	2^6	2^5	2^4	2^3	2^2	2^1	2^0
N	C	Z	Q	V	G	-	O

Diese 7 Flags sind:

N: Negativ–Flag. Dieses Flag ist gesetzt, wenn das Ergebniswort der ALU in der Zweierkomplementdarstellung eine negative Zahl ist.
C: Carry–Flag. Das Flag ist gesetzt, wenn ein Übertrag vorliegt.
Z: Zero–Flag. Gibt an, ob das Ergebnis gleich Null ist.
Q: Equal–Flag. Gesetzt, wenn die Inhalte der Register A und B übereinstimmen.
V: Overflow–Flag. Kennzeichnet einen Überlauf des darstellbaren Wertebereiches.
G: Greater–Flag. Gesetzt, wenn der Inhalt von Register A größer als der von Register B ist.
O: Odd–Flag. Gesetzt, wenn das Ergebnis der ALU eine ungerade Zahl ist.

Im Programm–Modus können die Inhalte der Flags getestet werden. Je nach ihrem Zustand verzweigt das Mikroprogramm zu einer Programm–Marke (Label). Auf diese Weise ist es z.B. möglich Schleifen zu programmieren. Steht zu Beginn einer Zeile das Symbol ">" und unmittelbar danach ein Wort, so wird diese Stelle als Sprungmarke definiert.

Der Befehl `jmpcond` *Prüfmaske Marke* bildet eine UND–Verknüpfung aus dem Statusregister und der 8 Bit Prüfmaske. Ist das Ergebnis dieser Verknüpfung ungleich Null, so wird die Marke angesprungen. Ansonsten wird der dem `jmpcond` folgende Befehl ausgeführt. Bei `jpncond` *Prüfmaske Marke* wird ebenfalls das Statusregister mit der Prüfmaske UND–verknüpft. Es wird allerdings zur Marke gesprungen, wenn das Ergebnis gleich Null ist.

Beispiele. Bei `jmpcond $40 loop` wird die Marke `loop` angesprungen, wenn das Carry–Bit gesetzt ist. Nach dem Befehl `jpncond $88 ok` wird die Programmausführung nur dann bei der Marke `ok` fortgesetzt, wenn weder das Negativ– noch das Overflow–Flag gesetzt sind. Die Befehle `jmpcond` und `jpncond` dürfen nur im Programm–Modus verwendet werden.

E.2.7 Kommentare und Verkettung von Befehlen

Mit diesen beiden Konstruktoren kann die Übersichtlichkeit von Mikroprogrammen verbessert werden. Mit dem Konstrukt ":" werden Befehle verkettet, d.h. sie dürfen innerhalb einer Zeile stehen.

Beispiel. `clock : dump` taktet zuerst die RALU und zeigt dann die Registerinhalte an.

Das Konstrukt ";" erlaubt es, die Mikroprogramme zu dokumentieren. Nach einem Semikolon wird der folgende Text bis zum Zeilenende ignoriert. Damit können Programme übersichtlicher und verständlicher werden.

Beispiel. `control $09120 ; Reg0=Reg1+Reg2` erläutert die Wirkung des angegebenen Steuerworts.

Sachverzeichnis

Druck und Bindung: Strauss GmbH, Mörlenbach